Python与人工智能编程

——基础与实验

微课视频版

张敏 编著

清华大学出版社

北京

内 容 简 介

本书主要面向 Python 编程零基础初学者,将基础知识归纳为 5 部分:Python 编程基础、重要的第三方库、机器学习基础与 Scikit-learn 框架、深度学习基础与 PyTorch 框架、基于大语言模型的自然语言处理编程。

本书具有实例丰富、操作性强、简单易学等特点。为了有效提升初学者的人工智能编程能力,强调"做中学",将 5 部分基础知识设计成 26 个上机实验,同时为每个实验部分安排实验作业,便于读者对人工智能基础知识的理解和掌握。

本书可作为高等院校计算机类相关专业的"人工智能"等课程的教材,也可作为感兴趣读者的自学读物,还可作为相关行业技术人员的参考用书。

图书在版编目(CIP)数据

Python 与人工智能编程:基础与实验:微课视频版 / 张敏编著. -- 北京:清华大学出版社,
2025. 2. -- (面向数字化时代高等学校计算机系列教材). -- ISBN 978-7-302-68277-6

Ⅰ. TP312.8;TP18

中国国家版本馆 CIP 数据核字第 2025FB5217 号

策划编辑:魏江江
责任编辑:葛鹏程 薛 阳
封面设计:刘 键
责任校对:刘惠林
责任印制:刘海龙

出版发行:清华大学出版社
   网   址:https://www.tup.com.cn, https://www.wqxuetang.com
   地   址:北京清华大学学研大厦 A 座   邮 编:100084
   社 总 机:010-83470000   邮 购:010-62786544
   投稿与读者服务:010-62776969, c-service@tup.tsinghua.edu.cn
   质量反馈:010-62772015, zhiliang@tup.tsinghua.edu.cn
   课件下载:https://www.tup.com.cn,010-83470236
印 装 者:小森印刷霸州有限公司
经 销:全国新华书店
开 本:185mm×260mm   印 张:15.75   字 数:396 千字
版 次:2025 年 2 月第 1 版   印 次:2025 年 2 月第 1 次印刷
印 数:1~1500
定 价:49.80 元

产品编号:106443-01

前言

党的二十大报告指出：教育、科技、人才是全面建设社会主义现代化国家的基础性、战略性支撑。必须坚持科技是第一生产力、人才是第一资源、创新是第一动力，深入实施科教兴国战略、人才强国战略、创新驱动发展战略，这三大战略共同服务于创新型国家的建设。高等教育与经济社会发展紧密相连，对促进就业创业、助力经济社会发展、增进人民福祉具有重要意义。2024年政府工作报告中明确提出发展"新质生产力"和开展"人工智能＋"行动，随着人工智能技术的发展和政府的高度重视，人工智能必将全面赋能各行各业。无论是发展"新质生产力"，还是实施"人工智能＋"行动，都必将高度依赖劳动者人工智能素质和技能的提高。可见在不久的将来，高等院校中将会全面普及人工智能教育。

编者长期面向西南民族大学全校本科生和研究生讲授"Python与人工智能"通识选修课，深感市面缺少一本面向非计算机专业的人工智能编程教程。本书结合多年教学和科研工作经验，将人工智能编程基础知识点总结为5部分、26个实验。本书可以作为高等院校非计算机专业和低年级计算机专业的人工智能编程参考书，读者可以通过上机实验来学习和掌握人工智能编程基础。

本书主要内容如下。

（1）实验1～实验5为Python编程基础，介绍Python开发环境搭建、主要语法。

（2）实验6～实验10为重要的第三方库，介绍数据分析三剑客（NumPy、Pandas、Matplotlib）。

（3）实验11～实验15为机器学习基础与Scikit-learn框架，介绍机器学习的基本概念，以及如何使用Scikit-learn实现数据分析的流程和框架。

（4）实验16～实验20为深度学习基础与PyTorch框架，以CNN、LSTM、DNN算法为例，介绍如何使用PyTorch框架开发人工智能应用。

（5）实验21～实验26为基于大语言模型的自然语言处理编程，介绍基于Hugging Face的大语言模型自然语言处理编程。

（6）实验26介绍简单有效的网络文本数据爬取方法。

本书特色如下。

（1）强调"做中学"：针对现有人工智能涉及较多数学理论和公式推导，而读者缺乏高等数学基础和编程基础的现状，本书将主要知识点转换为可以上机实际操作的实验，以通过上机练习学习人工智能编程知识。

（2）内容全面：涉及人工智能编程的主要知识点包括最新的大语言模型编程等。

（3）资源丰富：每个实验均配有代码、PPT和视频。

为便于教学，本书提供丰富的配套资源，包括教学大纲、教学课件、程序源码、习题答案、在线作业和微课视频。

资源下载提示

　　数据文件：扫描目录上方的二维码下载。

　　微课视频：扫描封底的文泉云盘防盗码，再扫描书中相应章节的视频讲解二维码，可以在线学习。

　　本书由西南民族大学计算机与人工智能学院的张敏组织策划、编写、统稿和完善，李忠瑞和张楦杰参与第 1 部分编写，李硕参与第 2 部分编写，王琳雅参与第 3 部分编写，麻航源参与第 4 部分编写，陈泉和张宇航参与第 5 部分编写。本书部分内容参考了网络资源，由于不能确定最原始出处，无法在参考文献中一一列出，在此对原作者表示由衷的感谢。本书得到"西南民族大学科研资助项目 2023KYZZ13S"资助。

　　由于人工智能发展日新月异，而编者时间和水平有限，书中不足和疏漏之处在所难免，敬请广大读者和专家批评指正。

编　者

2025 年 1 月

目录

资源下载

第 1 部分　Python 编程基础

实验 1　集成开发环境的安装及 Jupyter Notebook 的使用

1.1　下载 Anaconda 安装包 ··· 3
1.2　Anaconda 的安装步骤 ··· 4
1.3　Jupyter Notebook 的使用教程 ····································· 6
实验作业 1 ··· 10

实验 2　基础语法

2.1　Python 的语法基础 ·· 11
　　2.1.1　注释 ·· 11
　　2.1.2　代码缩进 ··· 12
　　2.1.3　代码编码规范 ··· 12
2.2　保留字与标识符 ·· 13
　　2.2.1　保留字 ·· 13
　　2.2.2　标识符 ·· 14
2.3　变量 ··· 14
2.4　基本数据类型 ·· 15
　　2.4.1　数字类型 ··· 15
　　2.4.2　布尔类型 ··· 15
　　2.4.3　字符串类型 ·· 16
　　2.4.4　Python 字符串的格式化输出 ·································· 17
　　2.4.5　数据类型转换 ··· 17
2.5　运算符 ·· 18
　　2.5.1　算术运算符 ·· 18
　　2.5.2　赋值运算符 ·· 19

2.5.3 比较(关系)运算符 ································· 20

2.5.4 逻辑运算符 ··································· 20

2.5.5 运算符的优先级 ······························· 21

2.6 Python 的 6 种基本数据结构 ···························· 21

2.6.1 列表创建 ···································· 22

2.6.2 列表索引、切片和遍历 ·························· 22

2.6.3 列表的函数与方法 ····························· 23

2.7 基本的输入和输出函数 ································ 24

2.7.1 使用 input()函数输入 ··························· 24

2.7.2 使用 print()函数输出 ··························· 24

2.8 Python 模块和包 ···································· 25

2.9 Python 文件操作 ···································· 26

实验作业 2 ··· 26

实验 3 / Python 控制语句与程序调试

3.1 控制语句 🎥 ······································ 27

3.2 程序调试 ·· 29

实验作业 3 ··· 30

实验 4 / 函数与异常处理

4.1 函数的创建和调用 🎥 ································ 31

4.1.1 创建函数 ···································· 31

4.1.2 调用函数 ···································· 32

4.2 参数传递 ·· 33

4.2.1 形式参数和实际参数 ··························· 33

4.2.2 位置参数 ···································· 35

4.2.3 关键字参数 ·································· 35

4.2.4 默认参数 ···································· 35

4.2.5 不定长参数 ·································· 36

4.3 返回值 ·· 37

4.4 变量的作用域 ····································· 38

4.4.1 局部变量 ···································· 38

4.4.2 全局变量 ···································· 38

4.5 匿名函数(lambda) ·································· 39

4.6 异常处理 ·· 40

4.6.1 常见异常 ···································· 40

4.6.2 异常处理语法 ································· 41

实验作业 4 ··· 42

实验 5　面向对象编程

5.1	面向对象编程概述 🎥	43
	5.1.1　对象	43
	5.1.2　类	44
	5.1.3　封装、继承和多态	44
5.2	类的定义和使用	45
	5.2.1　定义类	45
	5.2.2　创建类实例	45
	5.2.3　属性	45
	5.2.4　方法	46
	5.2.5　封装	46
	5.2.6　继承	46
	5.2.7　多态	47
实验作业 5		47

第 2 部分　重要的第三方库

实验 6　NumPy 基础知识

6.1	NumPy 简介和数据类型 🎥	51
6.2	创建 ndarray 数组对象	52
	6.2.1　使用 array() 函数创建 NumPy 数组	52
	6.2.2　使用 linspace 生成等间距的一维数组	54
	6.2.3　使用 zeros()、ones()、full()、empty() 函数创建 NumPy 数组	54
	6.2.4　使用 arange() 函数创建 NumPy 数组	55
	6.2.5　使用 random.rand() 函数生成随机数数组	55
	6.2.6　使用 asarray() 函数创建 NumPy 数组	56
	6.2.7　使用 numpy.reshape() 函数改变数组形状	57
实验作业 6		57

实验 7　NumPy 常用操作

7.1	数组元素操作 🎥	58
	7.1.1　切片索引	59
	7.1.2　高级索引	61
7.2	广播机制	62
7.3	NumPy 元素的基本操作	63

7.3.1　四则运算 63

7.3.2　幂运算和开方 64

7.3.3　逻辑运算 64

7.3.4　三角函数 64

7.3.5　条件表达式 64

实验作业 7 66

实验 8　Pandas 基础知识

8.1　Pandas 简介 🎥 67

8.2　Pandas 数据结构 68

8.2.1　一维数组 Series 68

8.2.2　二维数组 DataFrame 70

实验作业 8 72

实验 9　Pandas 常用操作

9.1　Pandas 数据导入 🎥 73

9.1.1　导入 Excel 数据 73

9.1.2　导入 CSV 文件 73

9.1.3　导入 HTML 网页 75

9.2　Pandas 常用数据处理方法 77

9.2.1　数据选择 77

9.2.2　数据删减 78

9.2.3　数据填充 79

9.2.4　数据可视化 82

9.2.5　apply 函数 83

实验作业 9 88

实验 10　Matplotlib 基础与实验

10.1　Matplotlib 常见图绘制 🎥 89

10.1.1　图形基础结构 89

10.1.2　绘制曲线图及散点图 94

10.1.3　绘制直方图和条形图 96

10.1.4　绘制饼图和雷达图 98

10.1.5　绘制 3D 图形 99

10.2　Matplotlib 高级应用及技巧 101

10.2.1　Matplotlib 的高级应用 101

10.2.2 Matplotlib 的优化技巧 ·················· 103

实验作业 10 ·················· 106

第 3 部分　机器学习基础与 Scikit-learn 框架

实验 11 　机器学习与 Scikit-learn 框架的基础知识

11.1　什么是机器学习 🎥 ·················· 109

11.2　机器学习的常见分类 ·················· 110

11.3　Scikit-learn 简介 ·················· 112

11.4　Scikit-learn 的常用数据集及应用 ·················· 114

实验作业 11 ·················· 116

实验 12 　Scikit-learn 开发流程及通用模板

12.1　Scikit-learn 开发流程 🎥 ·················· 117

12.2　Scikit-learn 开发通用模板一 ·················· 118

12.3　Scikit-learn 开发通用模板二 ·················· 120

12.4　Scikit-learn 开发通用模板三 ·················· 122

实验作业 12 ·················· 124

实验 13 　随机森林原理及应用

13.1　随机森林原理 🎥 ·················· 125

13.2　随机森林的优势和不足 ·················· 126

13.3　随机森林应用举例 ·················· 126

实验作业 13 ·················· 129

实验 14 　SVM 原理及应用

14.1　SVM 基本概念 🎥 ·················· 130

14.2　SVM 的优势和不足 ·················· 131

实验作业 14 ·················· 131

实验 15 　模型评估原理及应用

15.1　模型评估原理与流程 🎥 ·················· 132

15.1.1　模型评估原理 ·················· 132

15.1.2　模型评估基本知识 ·················· 133

15.1.3 评估流程 …………………………………………………………………… 133

15.2 模型评估的指标详述 ……………………………………………………………… 134

实验作业 15 …………………………………………………………………………… 138

第 4 部分　深度学习基础与 PyTorch 框架

实验 16　PyTorch 的开发环境配置及 Tensor 的基本操作

16.1 PyTorch 的开发环境配置 🎥◀ …………………………………………………… 141

16.2 Tensor 的基本操作 ……………………………………………………………… 147

　　16.2.1 创建 Tensor …………………………………………………………… 148

　　16.2.2 索引和切片 …………………………………………………………… 151

　　16.2.3 变形 …………………………………………………………………… 151

　　16.2.4 类型转换 ……………………………………………………………… 153

　　16.2.5 数学运算 ……………………………………………………………… 153

　　16.2.6 广播 …………………………………………………………………… 155

　　16.2.7 合并和堆叠 …………………………………………………………… 156

　　16.2.8 分割 …………………………………………………………………… 157

　　16.2.9 其他操作 ……………………………………………………………… 158

实验作业 16 …………………………………………………………………………… 160

实验 17　PyTorch 的开发流程与通用模板

17.1 PyTorch 的开发流程概述 🎥◀ ………………………………………………… 161

17.2 PyTorch 的通用模板 ……………………………………………………………… 161

实验作业 17 …………………………………………………………………………… 172

实验 18　卷积神经网络的简介及应用

18.1 CNN 的基础知识 🎥◀ …………………………………………………………… 173

18.2 CNN 的应用实例 ………………………………………………………………… 174

实验作业 18 …………………………………………………………………………… 181

实验 19　长短期记忆网络的简介及应用

19.1 LSTM 的基础知识 🎥◀ ………………………………………………………… 182

19.2 LSTM 的应用实例 ………………………………………………………………… 183

实验作业 19 …………………………………………………………………………… 194

实验 20 / 深度神经网络的简介及应用

20.1 DNN 的基础知识 🎥◀ ·· 195

20.2 DNN 的应用实例 ·· 195

实验作业 20 ··· 202

第 5 部分 基于大语言模型的自然语言处理编程

实验 21 / Hugging Face 框架

21.1 Hugging Face 的基础知识 🎥◀ ································ 205

21.2 Hugging Face 开发环境搭建 ································· 206

实验作业 21 ··· 207

实验 22 / Hugging Face 管道的介绍

22.1 Transformer 中管道的基本概念 🎥◀ ······················ 208

22.2 管道的基本组成和工作流程 ·································· 209

    22.2.1 管道的基本组成 ·· 209

    22.2.2 管道的工作流程 ·· 209

22.3 管道的功能和优势 ·· 210

    22.3.1 管道的功能 ·· 210

    22.3.2 管道的优势 ·· 210

22.4 Pipeline 任务列表 ·· 211

22.5 管道使用示例 ··· 211

实验作业 22 ··· 212

实验 23 / 文本分类

23.1 文本分类简述 🎥◀ ·· 213

23.2 文本分类的任务 ·· 213

23.3 文本分类方法 ··· 214

    23.3.1 基于规则的文本分类方法 ······························ 214

    23.3.2 基于机器学习的文本分类方法 ·························· 214

    23.3.3 基于深度学习的文本分类方法 ·························· 214

    23.3.4 基于预训练模型的文本分类方法 ························ 215

23.4 基于预训练模型的文本分类实战案例 ······················ 216

实验作业 23 ··· 218

实验 24 文本生成

24.1 文本生成简述 🎥 ···································· 219
24.2 文本生成的任务 ···································· 219
24.3 文本生成方法 ······································ 220
    24.3.1 基于规则的文本生成方法 ············ 221
    24.3.2 基于统计的文本生成方法 ············ 221
    24.3.3 基于预训练模型的文本生成方法 ······ 222
24.4 基于预训练模型的文本生成实战案例 ············ 223
实验作业 24 ··· 225

实验 25 模型微调

25.1 模型微调的定义 🎥 ································ 226
25.2 微调模型的目的和意义 ···························· 226
    25.2.1 模型微调目标 ······················ 227
    25.2.2 微调模型的优点 ···················· 227
25.3 不同微调方法的比较与分析 ······················ 227
25.4 模型微调的步骤 ·································· 228
25.5 使用 Trainer API 微调模型 ······················ 229
    25.5.1 Trainer 类概述 ···················· 230
    25.5.2 使用 Trainer 进行模型微调 ·········· 230
25.6 文本分类模型微调实战案例 ······················ 232
实验作业 25 ··· 236

实验 26 网络数据爬取

26.1 网络爬取助手 XPath Helper 🎥 ·················· 237
26.2 XPath 语法 ······································ 237
    26.2.1 XPath 语法应用举例 ················ 238
    26.2.2 实战收集网络评论数据 ·············· 238
实验作业 26 ··· 239

参考文献

参考文献 ·· 240

第1部分

Python编程基础

Python是一种面向对象的解释型计算机程序设计语言，由荷兰人 Guido van Rossum 于1989年发明。在"人工智能＋"的背景下，即使是非计算机专业的学生，掌握一门编程语言也非常必要。而 Python 语言学习难度低，语法简单，容易理解，非常适合编程基础为零的非计算机专业学生学习。Python语言的优点归纳如下。

（1）语法简洁清晰。Python的语法设计简洁明了，易于学习和使用。它采用强制用空白符作为语句缩进的方式，使得代码结构清晰易懂。

（2）解释型语言。Python是一种解释型语言，这意味着开发过程中没有了编译这个环节。Python解释器会将源代码解释成中间代码，再由解释器对中间代码进行解释运行。相对于编译型语言，解释型语言的程序执行效率相对较低。

（3）面向对象。Python是一种面向对象的程序设计语言，它以对象作为基本程序结构单位。这意味着在Python中，对象是程序运行时的基本成分。

（4）动态类型。Python是一种动态类型的语言。在运行期进行类型检查，也就是在编写代码的时候可以不指定变量的数据类型，具体类型根据指向的内存单元中的数据类型来决定。

（5）丰富的标准库。Python具有丰富和强大的库，提供了适用于各个主要系统平台的源码或机器码。它常被称为胶水语言，能够把用其他语言制作的各种模块（尤其是 C/C++）很轻松地连接在一起，非常适合初学者学习。

（6）自由软件。Python是一种自由软件，其源代码和解释器都遵循 Python 软件基金会许可证（Python Software Foundation License，PSFL）。

Python的应用非常广泛，包括但不限于 Web 开发、数据科学、人工智能、机器学习、网络爬虫、系统自动化、游戏开发等领域。由于 Python 的易学易用性，它在各个领域都有广泛的应用前景。Python 常用的 IDE（Integrated Development Environment，集成开发环境）包括PyCharm、VS Code 等。Jupyter Notebook 是一种交互式开发工具，可以用于数据清理、数据分析、可视化、机器学习建模等任务。它提供了一个环境，用户可以在里面写代码、运行代码、查看结果，并在其中可视化数据。Jupyter Notebook 是一个简单容易上手的开发工具，对初学者非常友好，也是本书主要采用的开发工具。

实验 1 集成开发环境的安装及 Jupyter Notebook 的使用

学习目标

- 下载并正确安装 Anaconda。
- 掌握基本的 Jupyter Notebook 操作。

Anaconda 是一个 Python 集成管理工具,实现了相关数据包的集成与管理,免去了大量的安装各种运算数据、算法包等麻烦,实现了一键式应用。

视频讲解

1.1 下载 Anaconda 安装包

(1)寻找 Anaconda 国内镜像源,如图 1.1 所示。通常可以直接百度搜索"Anaconda 镜像使用帮助",这里也推荐国内镜像源(清华镜像源)。

Name	Last Update	
AOSP ❓	2024-05-16 11:14	syncing
Adoptium ❓	2024-05-16 03:48	
CPAN ❓	2024-05-16 12:31	
CRAN ❓	2024-05-16 12:02	
CTAN ❓	2024-05-16 07:04	syncing
CocoaPods ❓	2024-05-16 14:05	
FreeCAD ⭕	2024-05-16 14:02	
GRID	2024-05-16 12:09	
KaOS	2024-05-16 13:11	
NetBSD ❓	2024-04-22 08:45	syncing
OpenBSD ❓	2024-05-16 14:01	
OpenMediaVault ❓	2024-05-15 20:22	
VSCodium ⭕	2024-05-16 14:02	
adobe-fonts	2024-05-15 20:14	
alpine ❓	2024-05-16 08:57	syncing
anaconda ❓	2024-05-16 05:26	
anthon ❓	2024-05-16 13:17	
aosp-monthly	2024-05-16 12:15	
apache	2024-05-16 14:49	

图 1.1 Anaconda 的国内镜像源

(2)单击黑色问号,出现安装包下载地址,如图 1.2 所示。

(3)选择自己计算机的对应版本,尽量选择最新版本下载并安装,如图 1.3 所示。

Anaconda 镜像使用帮助

Anaconda 是一个用于科学计算的 Python 发行版,支持 Linux, Mac, Windows,包含了众多流行的科学计算、数据分析的 Python 包。

Anaconda 安装包可以到 https://mirrors.tuna.tsinghua.edu.cn/anaconda/archive/ 下载。

TUNA 还提供了 Anaconda 仓库与第三方源 (conda-forge、msys2、pytorch等,查看完整列表,更多第三方源可以前往校园网联合镜像站查看) 的镜像,各系统都可以通过修改用户目录下的 `.condarc` 文件来使用 TUNA 镜像源。Windows 用户无法直接创建名为 `.condarc` 的文件,可先执行 `conda config --set show_channel_urls yes` 生成该文件之后再修改。

注: 由于更新过快难以同步,我们不同步 `pytorch-nightly`, `pytorch-nightly-cpu`, `ignite-nightly` 这三个包。

图 1.2　Anaconda 安装包的下载地址

Anaconda3-2024.02-1-Linux-aarch64.sh	798.5 MiB	2024-02-27 06:01
Anaconda3-2024.02-1-Linux-s390x.sh	391.8 MiB	2024-02-27 06:01
Anaconda3-2024.02-1-Linux-x86_64.sh	997.2 MiB	2024-02-27 06:01
Anaconda3-2024.02-1-MacOSX-arm64.pkg	697.4 MiB	2024-02-27 06:01
Anaconda3-2024.02-1-MacOSX-arm64.sh	700.0 MiB	2024-02-27 06:01
Anaconda3-2024.02-1-MacOSX-x86_64.pkg	728.7 MiB	2024-02-27 06:01
Anaconda3-2024.02-1-MacOSX-x86_64.sh	731.2 MiB	2024-02-27 06:01
Anaconda3-2024.02-1-Windows-x86_64.exe	904.4 MiB	2024-02-27 06:01
Anaconda3-4.0.0-Linux-x86.sh	336.9 MiB	2017-01-31 01:34
Anaconda3-4.0.0-Linux-x86_64.sh	398.4 MiB	2017-01-31 01:35

图 1.3　下载 Anaconda 安装包

1.2　Anaconda 的安装步骤

(1) 双击下载的 Anaconda 安装文件,打开如图 1.4 所示的安装页面,单击 Next 按钮。

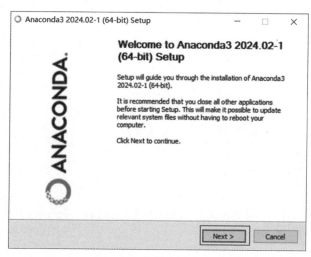

图 1.4　安装 Anaconda

(2) 单击 I Agree 按钮,如图 1.5 所示。

(3) 选中 All Users 单选按钮,再单击 Next 按钮,如图 1.6 所示。

(4) 安装在 E 盘:注意安装目录不要有中文、空格、特殊字符等,否则即使显示安装成功也可能无法正常使用,如图 1.7 所示。若 C 盘空间足够大,也可安装在 C 盘。

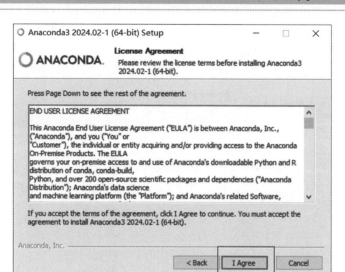

图 1.5　单击 I Agree 按钮

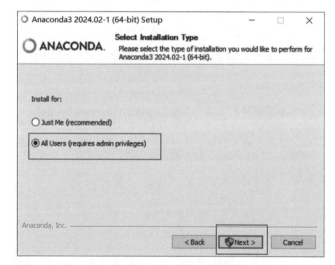

图 1.6　选择 All Users 单选按钮

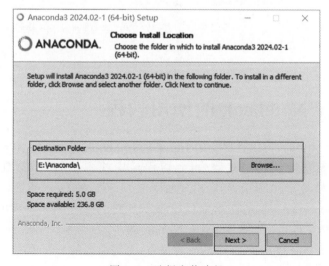

图 1.7　选择安装路径

(5) 如图 1.8 所示,建议前两个复选框都选中。第一个为自动配置环境变量,默认没有选上,建议手动勾选,否则需要手动配置环境变量。

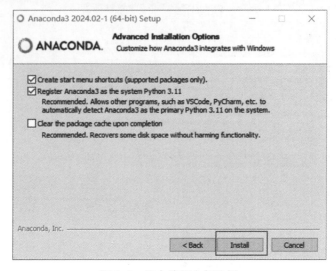

图 1.8　选中前两个复选框

(6) 单击 Install 按钮后等待进度条拉满即可,如图 1.9 所示。

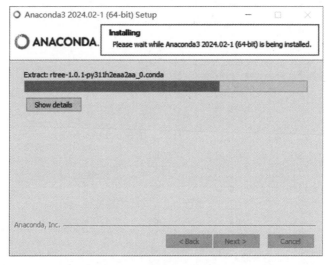

图 1.9　Anaconda 安装完成

1.3　Jupyter Notebook 的使用教程

Anaconda 安装成功后,可以直接使用 Jupyter Notebook。

(1) 手动打开系统默认的浏览器,再到应用栏中找到 Anaconda,在其子栏目中单击 Jupyter Notebook,如图 1.10 所示,随后出现如图 1.11 所示的 DOS 界面,系统会自动弹出如图 1.12 所示的界面。若没有自动打开图 1.12 所示界面,桌面上有自动跳出的命令行界面,复制红框中的地址到浏览器也可打开 Jupyter Notebook。

注意,之后在 Jupyter Notebook 中的所有操作,都请保持图 1.11 的终端不能关闭,因为一旦关闭终端,将无法使用 Jupyter Notebook。

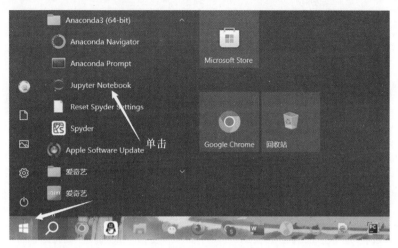

图 1.10　在应用栏中找到 Jupyter Notebook

图 1.11　选择 Jupyter Notebook

图 1.12　Jupyter Notebook 的打开页面

（2）打开 Jupyter Notebook，可以看到主面板，在菜单栏中有 Files、Running、Clusters 三个选项。常用的是 Files，可以在这里完成 Notebook 的新建、重命名、复制等操作，如图 1.13 和图 1.14 所示。

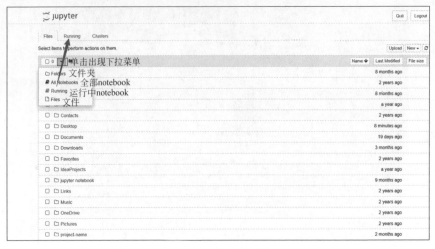

图 1.13　Jupyter Notebook 的打开页面 1

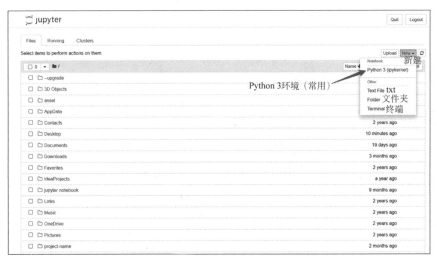

图 1.14　Jupyter Notebook 的打开页面 2

（3）单击 New 下拉菜单中的 Python 3 创建一个新文件 Untitled.ipynb。修改该文件名，如图 1.15 所示。

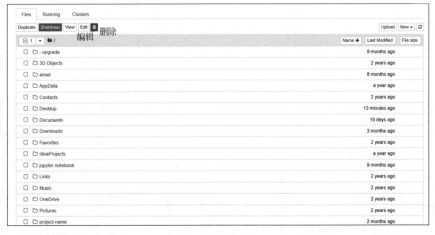

图 1.15　Jupyter Notebook 的打开页面 3

（4）单击新建文件后，可单击"Untitled"文本框重命名，如图 1.16 所示，打开页面如图 1.17 所示。

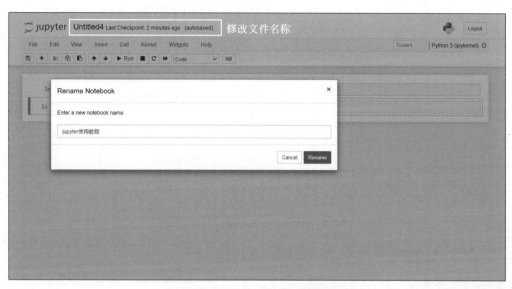

图 1.16 Jupyter Notebook 重命名

图 1.17 Jupyter Notebook 的打开页面 4

（5）Jupyter Notebook 的菜单栏如图 1.18 所示，具体功能如表 1.1 所示。

图 1.18 Jupyter Notebook 菜单栏

表 1.1　Jupyter Notebook 功能介绍

选　项	功　能
New Notebook	新建一个 Notebook
Open	在新的页面中打开主面板
Make a Copy	复制当前 Notebook 生成一个新的 Notebook
Rename	Notebook 重命名
Save and Checkpoint	将当前 Notebook 状态存为一个 Checkpoint
Revert to Checkpoint	恢复到此前存过的 Checkpoint
Print Preview	打印预览
Download as	下载 Notebook 存为某种类型的文件
Close and Halt	停止运行并退出该 Notebook

(6) Jupyter Notebook 工具栏说明,如图 1.19 所示。

图 1.19　Jupyter Notebook 工具栏介绍

(7) 现在可以使用 Jupyter Notebook 简单地编写一个程序,如图 1.20 所示。

图 1.20　Jupyter Notebook 执行结果

在 Jupyter Notebook 中输入 print("使用教程"),会打印出一条语句,如果成功打印没有报错,就说明开发环境安装成功。注意,在 Jupyter Notebook 中输入的符号,必须是在英文状态下输入的,只有引号里面才能输入中文,否则程序将会报错。

实验作业 1

1. 用 print 命令打印一串字符串:"学校＋专业＋姓名＋学号"。
2. 将文件重命名为 first.py,然后另存到桌面上。
3. 将本书提供的任意代码从计算机中导入 Jupyter Notebook 并执行。

实 验 2　基础语法

学习目标

- 掌握 Python 的语法特点。
- 掌握保留字与标识符。
- 掌握变量的用法。
- 掌握基本的数据类型。
- 掌握运算符与表达式。
- 掌握基本输入与输出。

本实验涉及的 Python 知识框架如图 2.1 所示。

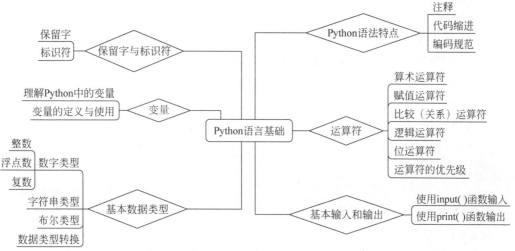

图 2.1　实验 2 知识框架图

2.1　Python 的语法基础

视频讲解

2.1.1　注释

Python 的注释分为单行注释和多行注释,如表 2.1 所示。

表 2.1　注释类型

类　　型	语　　法
单行注释	♯作为单行注释的符号,♯后面的内容都为注释内容,直到换行为止
多行注释	包含在 3 个单引号'''…'''或 3 个双引号"""…"""之间
中文编码声明注释	♯ coding＝编码
	♯ -∗- coding:编码 -∗-

【例 2.1】 注释类型。

```
# 这是单行注释
# - * - coding: UTF - 8 - * -                    # 表示编码为 UTF - 8
# coding = UTF - 8
'''
这是多行注释,使用 3 个单引号。
这是多行注释,使用 3 个单引号。
'''
"""
这是多行注释,使用 3 个双引号。
这是多行注释,使用 3 个双引号。
这是多行注释,使用 3 个双引号。
"""
```

2.1.2　代码缩进

Python 的代码块不使用花括号{}来控制类、函数以及其他逻辑判断,而是采用代码缩进和冒号":"区分代码之间的层次;缩进的空格数量是可变的,但是所有代码块语句必须包含相同的缩进空格数量,通常采用 4 个空格(一个 Tab 键)作为一个缩进量。

【例 2.2】 正确缩进。

```
if True:
    print("True")
else:
    print("False")
```

【例 2.3】 错误缩进。

```
if True:
    print("Answer")
    print("True")
else:
    print("Answer")
 print("False")                    # 没有严格缩进,在执行时会报错
```

2.1.3　代码编码规范

图 2.2 中右侧的代码段看上去比左侧的代码段更加规整,阅读起来也会比较轻松、畅快,这是一种最基本的代码编写规范。遵循一定的代码编写规则和命名规范可以使代码更加规范,对代码的理解与维护都会起到至关重要的作用。

Python 代码的编写规则以及命名规范如表 2.2 所示。

```
"""
@ 功能: 根据身高、体重计算BMI指数
@ author: 无语
@ create: 2024-04-21
"""
#输入身高和体重
height = float(input("请输入您的身高: "))
weight = float(input("请输入您的体重: "))
bmi = weight/(height * height) #计算BMI指数
print("您的BMI指数为: " + str(bmi)) #输出BMI指数
#判断身材是否合理
if bmi < 18.5:print("体重过轻")
if bmi >= 18.5 and bmi < 24.9:
    print("正常范围, 注意保持")
if bmi >=24.9 and bmi < 29.9: print("体重过重")
if bmi >=29.9:
    print("肥胖")
```

```
#输入身高和体重
height = float(input("请输入您的身高: "))
weight = float(input("请输入您的体重: "))
bmi = weight/(height * height) #计算BMI指数
print("您的BMI指数为: " + str(bmi)) #输出BMI指数
#判断身材是否合理
if bmi < 18.5:print("体重过轻")
if bmi >= 18.5 and bmi < 24.9:
    print("正常范围, 注意保持")
if bmi >=24.9 and bmi < 29.9: print("体重过重")
if bmi >=29.9:
    print("肥胖")
```

图 2.2 编码示例图

表 2.2 Python 代码的编写规则以及命名规范

编写规则	• 每个 import 语句只导入一个模块,尽量避免一次导入多个模块。 • 不要在行尾添加分号";",也不要用分号将两条命令放在同一行。 • 建议每行不超过 80 个字符,如果超过,建议使用圆括号"()"将多行内容隐式地连接起来,而不推荐使用反斜杠"\"进行连接。 • 使用必要的空行可以增加代码的可读性,一般在顶级定义(如函数或者类的定义)之间空两行,而方法定义之间空一行。另外,在用于分隔某些功能的位置也可以空一行。 • 通常情况下,运算符两侧、函数参数之间、","两侧建议使用空格进行分隔。 • 应该避免在循环中使用"+"和"+="运算符累加字符串。这是因为字符串是不可变的,这样做会创建不必要的临时对象。推荐将每个子字符串加入列表,在循环结束后使用 join()方法连接列表。 • 适当使用异常处理结构提高程序容错性,但不能过多依赖异常处理结构,适当的显式判断还是必要的
命名规范	• 字符组成:变量名可以由字母(包括英文字母 a~z、A~Z)、数字(0~9)和下画线(_)组成,起始字符的变量名必须以字母或下画线开始。 • 大小写敏感:Python 是大小写敏感的,这意味着 myVariable 和 myvariable 会被视为两个不同的变量。 • 关键字避免:变量名不能与 Python 的保留关键字相同,就像电话号码不能使用 119、110 等。 • 命名风格:变量使用小写字母和下画线连接单词是一种常见的命名习惯,如 my_variable_name;类名或函数一般采用驼峰式命名,如 MyClass;常量通常全部大写并使用下画线分隔单词,如 CONSTANT_VALUE。从命名就可以看出该变量或函数的作用和功能

2.2 保留字与标识符

2.2.1 保留字

保留字是 Python 语言中一些已经被赋予特定意义的单词,类似电话号码中的 110、119。开发程序时,不可以把这些保留字作为变量、函数、类、模块和其他对象的名称来使用。Python 语言中的保留字如下。

and	as	assert	break	class	continue
def	del	elif	else	except	finally
in	from	False	global	if	import
or	is	lambda	nonlocal	not	None
while	pass	raise	return	try	True
for	with	yield	async	await	

注意：Python 中所有保留字都区分字母大小写。

2.2.2 标识符

标识符可以简单地理解为一个名字,如每个人都有自己的名字,主要用来标识变量、函数、类、模块和其他对象的名称。Python 语言的标识符命名规则如下。

(1) 由字母、下画线"_"和数字组成,第一个字符不能是数字。

(2) 不能使用 Python 中的保留字。

(3) 区分字母大小写。

(4) Python 中以下画线开头的标识符有特殊意义,一般应避免使用相似的标识符。

① 以单下画线开头的标识符(如_width)表示不能直接访问的类属性,也不能通过"from xxx import *"导入。

② 以双下画线开头的标识符(如__add)表示类的私有成员。

③ 以双下画线开头和结尾的标识符是 Python 里的专用标识,如__init__()表示构造函数。

2.3 变量

在 Python 中,不需要先声明变量名及其类型,直接赋值即可创建各种类型的变量。但是变量的命名并不是任意的,应遵循以下几条规则。

(1) 变量名必须是一个有效的标识符。

(2) 变量名不能使用 Python 中的保留字。

(3) 慎用小写字母 l 和大写字母 O。

(4) 应选择有意义的单词作为变量名。

【例 2.4】 为变量赋值。

```
#为变量赋值可以通过等号(=)来实现。语法格式为
#变量名 = value
number = 1024              #创建整型变量 number 并赋值为 1024,该变量为数值型
Nickname = "碧海苍梧"       #字符串类型的变量
```

另外,Python 是一种动态类型的语言,也就是说,变量的类型可以随时变化。

【例 2.5】 变量的类型可以随时变化。

```
nickname = "碧海苍梧"       #字符串类型的变量
print(type(nickname))      #使用内置函数 type()可以返回变量类型,输出结果为<class 'str'>
nickname = 1024            #整型的变量
print(type(nickname))      #输出结果为<class 'int'>
```

2.4　基本数据类型

2.4.1　数字类型

Python 中的数字类型主要包括整数、浮点数和复数,如表 2.3 所示。

表 2.3　Python 的数字类型

数 字 类 型		说　　明
整数	十进制	如 123456,8886 等,十进制不能以 0 开头(除 0 以外)
	十六进制	由 0~9、A~F 组成,"逢十六进一",以 0x/0X 开头,如 0x25
	八进制	由 0~7 组成,"逢八进一",以 0o/0O 开头,如 0o123
	二进制	由 0 和 1 组成,"逢二进一",如 101、1101
浮点数		由整数部分和小数部分组成,用于处理包括小数的数,例如 1.43、2.7e2
复数		由实部＋虚部组成,用 j 或 J 表示虚部,如复数 3.14＋12.5j

【例 2.6】　将两个数相加,然后输出结果。

```
a = 3                           ♯第一个数
b = 4                           ♯第二个数
print(" % d",a + b)             ♯直接输出结果
print("a + b = {}".format(a + b))
'''与 C 语言不同的是,Python 新增格式化字符串的函数 str.format(),其基本语法是通过{}和:来代替
以前的 % 。format 函数不限参数个数且位置可以不按顺序。'''
```

【例 2.7】　根据身高、体重计算 BMI 指数。

```
height = 1.70                   ♯保存身高的变量,单位:米
print("您的身高{}米".format(height))
weight = 48.5                   ♯保存体重的变量,单位:千克
print("您的体重{}千克".format(weight))
bmi = weight / (height ** 2)    ♯用于计算 BMI 指数,公式:BMI = 体重/身高的平方
print("您的 BMI 指数为{}".format(bmi))
♯判断身材是否合理
if bmi < 18.5:
    print("您的体重过轻,需要适当增加体重")
if bmi >= 18.5 and bmi < 24.9:
    print("您的体重在正常范围内,保持良好的身体状态")
if bmi >= 24.9 and bmi < 29.9:
    print("您的体重过重,建议控制饮食并增加运动")
if bmi >= 29.9:
    print("您属于肥胖,建议寻求专业医生或营养师的帮助")
```

2.4.2　布尔类型

布尔类型主要用来表示真值或假值。在 Python 中,保留字 **True** 和 **False** 被解释为布尔值。另外,Python 中的布尔值可以转换为数值,True 表示 1,False 表示 0。

说明:Python 中的布尔类型的值可以进行数值运算,例如,"False＋1"的结果为 1。但是不建议对布尔类型的值进行数值运算。

在 Python 中,所有的对象都可以进行真值测试。其中,只有下面列出的几种情况得到的值为假,其他对象在 if 或者 while 语句中都表现为真。

(1) False 或 None。

(2) 数值中的零,包括 0、0.0、虚数 0。

(3) 空序列,包括字符串、空元组、空列表、空字典。

(4) 自定义对象的实例,该对象的 __bool__ 方法返回 False 或者 __len__ 方法返回 0。

2.4.3 字符串类型

字符串就是连续的字符序列,可以是计算机所能表示的一切字符的集合。在 Python 中,字符串属于不可变序列,通常使用单引号、双引号或者三引号括起来。这三种引号形式在语义上没有差别,只是在形式上有些差别。其中,单引号和双引号中的字符序列必须在一行上,而三引号内的字符序列可以分布在连续的多行上。

【例 2.8】 字符串类型。

```
title ='我喜欢的名言警句'                    #使用单引号,字符串内容必须在一行
mot_cn ="命运给予我们的不是失望之酒,而是机会之杯。"
#使用双引号,字符串内容必须在一行
#使用三引号,字符串内容可以分布在多行
mot_en = '''Our destiny offers not the cup of despair,
but the chance of opportunity.'''
print(title)      #输出结果:我喜欢的名言警句
print(mot_cn)    #输出结果:命运给予我们的不是失望之酒,而是机会之杯
print(mot_en)      """输出结果:Our destiny offers not the cup of despair,but the chance of
opportunity."""
```

Python 中的字符串还支持转义字符。转义字符是指使用反斜杠“\”对一些特殊字符进行转义。常用的转义字符如表 2.4 所示。

表 2.4 Python 中常用的转义字符

转 义 字 符	说　　　明
\	续行符
\n	换行符
\0	空
\t	水平制表符,用于横向跳到下一制表位
\"	双引号
\'	单引号
\\	一个反斜杠
\f	换页
\0dd	八进制数,dd 代表字符,如\012 代表换行
\xhh	十六进制数,hh 代表字符,如\x0a 代表换行

注意:如果在字符串定界符引号的前面加上字母 r(或 R),那么该字符串将原样输出,其中的转义字符将不进行转义。

【例 2.9】 使用不同转义字符打印输出。

```
print("失望之酒\n 机会之杯")      #失望之酒 机会之杯(\n 是回车符,分成两行显示)
print(r"失望之酒\n 机会之杯")     #失望之酒\x0a 机会之杯
print(R"失望之酒\x0a 机会之杯")   #失望之酒\x0a 机会之杯
```

2.4.4　Python 字符串的格式化输出

在 Python 中,字符串的格式化输出主要有以下几种方式。

1. % 操作符（C 样式）

【例 2.10】　这是最早期的格式化方式,类似于 C 语言的 printf 函数风格。

```
name = "Alice"
age = 25
print("My name is % s and I am % d years old." % (name, age))    # 输出结果: My name is Alice and
                                                                  # I am 25 years old.
```

2. str.format() 方法

【例 2.11】　在 Python 2.6 及更高版本中引入了更灵活的字符串格式化方式。

```
name = "Bob"
age = 303
print("My name is {} and I am {} years old.".format(name, age))
print("My name is {0} and I am {1} years old.".format(name, age))    # 使用位置索引
print("My name is {name} and I am {age} years old.".format(name = name, age = age))
                                                                     # 指定参数名称
```

3. f-string(formatted string literals)

【例 2.12】　从 Python 3.6 开始引入,f-string 提供了一种更直观且易于阅读的内插字符串表达式的方式。

```
name = "Charlie"
age = 35
print(f"My name is {name} and I am {age} years old.")    # 输出结果: My name is Charlie and I am
                                                         # 35 years old.
```

2.4.5　数据类型转换

Python 是动态类型语言(也称弱类型语言),不需要像 Java 或者 C 语言一样在使用变量前声明变量的类型。虽然 Python 不需要先声明变量的类型,但有时仍然需要用到类型转换。在 Python 中,进行数据类型转换的函数如表 2.5 所示。

表 2.5　Python 数据类型转换函数

函　　数	作　　用
eval(str)	字符串中的有效 Python 表达式,并返回表达式值。该函数常用,建议掌握,因为 input 函数接收用户输入后,即使用户从键盘输入数值型,input 返回值也是 string,可以用 eval 转换
int(x)	将 x 转换成整数类型
float(x)	将 x 转换成浮点数类型
str(x)	将 x 转换为字符串
repr(x)	将 x 转换为表达式字符串
chr(x)	将整数 x 转换为一个字符
ord(x)	将一个字符 x 转换为它对应的整数值
hex(x)	将一个整数 x 转换为一个十六进制的字符串
oct(x)	将一个整数 x 转换为一个八进制的字符串

【例 2.13】 使用 input 函数接收用户输入的两个数值,然后求和,并输出。

```
str_one = input("请输入第一个数")          # input 接收用户输入后返回值是 string
num_one = eval(str_one)                    # 使用 eval 对其进行强制转换
str_two = input("请输入第二个数")          # input 接收用户输入后返回值是 string
num_two = eval(str_two)                    # 使用 eval 对其进行强制转换
print("两个数之和为{}".format(num_one + num_two))
```

思考题:假设用户从键盘输入的是数值型,如 1、2.0、3 等,要是用户输入"张三""李四",怎么办呢? 如果这样,程序将报错! 简单来说,可以使用 **try…except** 捕捉用户的不正确输入,然后提示用户输入正确的语句,简单举例如下。

【例 2.14】 使用 **try…except** 捕捉用户的不正确输入,然后提示用户输入正确的语句。

```
str_one = input("请输入第一个数:")          # input 接收用户输入后返回值是 string
try:                                        # 可能发生异常的代码,写在 try 语句下面
    num_one = eval(str_one)                 # 使用 eval 对其强制转换
except:                                     # 发生异常时执行的代码
    print("请输入数值型!")
else:                                       # 没有发生异常时执行的代码
    print("输入正确数值,值为{}".format(num_one))
finally:                                    # 无论是否发生异常都会执行的代码
    print("无论你输入数值型还是字符串,我都要执行!")
```

程序执行结果如下。

```
请输入第一个数: aa
请输入数值型!
无论你输入数值型还是字符串,我都要执行!
```

2.5 运算符

运算符是一些特殊的符号,主要用于数学计算、比较大小和逻辑运算等。Python 的运算符主要包括算术运算符、赋值运算符、比较(关系)运算符、逻辑运算符和位运算符。使用运算符将不同类型的数据按照一定的规则连接起来的式子,称为表达式。例如,使用算术运算符连接起来的式子称为算术表达式,使用逻辑运算符连接起来的式子称为逻辑表达式。下面介绍一些常用的运算符。

2.5.1 算术运算符

算术运算符是处理四则运算的符号,常用的算术运算符如表 2.6 所示。

表 2.6 算术运算符

运 算 符	说 明	实 例	结 果
+	加	12.45+15	27.45
−	减	4.56−0.26	4.3
*	乘	5 * 3.6	18.0
/	除	7/2	3.5
%	求余,即返回除法的余数	7%2	1

续表

运　算　符	说　　明	实　　例	结　　果
//	取整除,即返回商的整数部分	7//2	3
**	幂,即返回 x 的 y 次方	2 ** 4	16,即 2^4

说明：在算术运算符中使用%求余,如果除数(第二个操作数)是负数,那么取得的结果也是一个负值。

【例 2.15】　计算学生成绩的分差及平均分。

```
#某学员三门课程成绩:Python—95,English—92,C 语言—89
#编程实现:求 Python 课程和 English 课程的分数差;求 3 门课程的平均分
python = 95                          #定义变量,存储 Python 课程的分数
english = 92                         #定义变量,存储 English 课程的分数
c = 89                               #定义变量,存储 C 语言课程的分数
sub = python - c                     #计算 Python 课程和 English 课程的分数差
avg = (python + english + c)/ 3      #计算平均成绩
print("Python 课程和 English 课程的分数差:{}".format(sub))
print("3 门课的平均分:{}".format(avg))
```

程序执行结果如下。

```
Python 课程和 English 课程的分数差:6 分
3 门课的平均分:92.0 分
```

说明：在 Python 2.x 中,除法运算符“/”的执行结果与 Python 3.x 不一样。在 Python 2.x 中,如果操作数为整数,则结果也将截取为整数。而在 Python 3.x 中,计算结果为浮点数。例如,7/2 在 Python 2.x 中结果为 3,而在 Python 3.x 中结果为 3.5。

2.5.2　赋值运算符

赋值运算符主要用来为变量等赋值。使用时,可以直接把基本赋值运算符“＝”右边的值赋给左边的变量,也可以进行某些运算后再赋值给左边的变量。在 Python 中常用的赋值运算符如表 2.7 所示。

表 2.7　赋值运算符

运　算　符	说　　明	举　　例	展　开　形　式
＝	简单的赋值运算	x＝y	x＝y
＋＝	加赋值	x＋＝y	x＝x＋y
－＝	减赋值	x－＝y	x＝x－y
* ＝	乘赋值	x * ＝y	x＝x * y
/＝	除赋值	x/＝y	x＝x/y
%＝	取余数赋值	x%＝y	x＝x%y
** ＝	幂赋值	x ** ＝y	x＝x ** y
//＝	取整除赋值	x//＝y	x＝x//y

注意：混淆 ＝ 和 ＝＝ 是编程中最常见的错误之一。

2.5.3 比较(关系)运算符

比较运算符也称为关系运算符,用于对变量或表达式的结果进行大小、真假等比较。如果比较结果为真,则返回 True;如果为假,则返回 False。比较运算符通常用在条件语句中作为判断的依据。Python 中的比较运算符如表 2.8 所示。

表 2.8 比较运算符

运 算 符	作 用	举 例	结 果
>	大于	'a'> 'b'	False
<	小于	156 < 456	True
= =	等于	'c' = = 'c'	True
! =	不等于	'y'! = 't'	True
>=	大于或等于	479 >=426	True
<=	小于或等于	62.45 <=45.5	False

【例 2.16】 使用比较运算符比较大小关系。

```
python = 95                   # 定义变量,存储 Python 课程的分数
english = 92                  # 定义变量,存储 English 课程的分数
c = 89                        # 定义变量,存储 C 语言课程的分数
# 输出 3 个变量的值
print("python = {},english = {},c = {}".format(python,english,c))
print("python < english 的结果:{}".format(python < english))      # 小于操作
```

程序执行结果如下。

```
python = 95 english = 92 c = 89
python < english 的结果: False
```

2.5.4 逻辑运算符

逻辑运算符不常用,是对真和假两种布尔值进行运算,运算后的结果仍是一个布尔值,Python 中的逻辑运算符主要包括 and(逻辑与)、or(逻辑或)、not(逻辑非)。表 2.9 列出了逻辑运算符的用法和说明。

表 2.9 逻辑运算符

运 算 符	含 义	用 法	结 合 方 向
and	逻辑与	opl and op2	从左到右
or	逻辑或	opl or op2	从左到右
not	逻辑非	not op	从右到左

使用逻辑运算符进行逻辑运算时,其运算结果如表 2.10 所示。

表 2.10 运算结果

表达式 1	表达式 2	表达式 1 and 表达式 2	表达式 1 or 表达式 2	not 表达式 1
True	True	True	True	False
True	False	False	True	False
False	False	False	False	True
False	True	False	True	True

【例 2.17】　某手机店在每周二的 10 点至 11 点和每周五的 14 点至 15 点,对华为 Mate 10 系列手机进行折扣让利活动,想参与折扣活动的顾客要在时间上满足两个条件:周二 10：00 a.m.～11：00 a.m.,周五 2：00 p.m.～3：00 p.m.。这里用到了逻辑关系,Python 中提供了这样的逻辑运算符来进行逻辑运算。

```
print("\n手机店正在打折,活动进行中……")              ＃输出提示信息
strweek = input("请输入中文星期(如星期一)：")        ＃输入星期,如星期一
intTime = int(input("请输入时间中的小时(范围:0～23)："))  ＃输入时间
＃判断是否满足活动参与条件(使用了 if 条件语句)
if (strweek == "星期二" and (intTime >= 10 and intTime <= 11)) or (strweek == "星期五" and
(intTime >= 14 and intTime <= 15)):
    print("恭喜您,获得了折扣活动参与资格,快快选购吧！")   ＃输出提示信息
else:
    print("对不起,您来晚一步,期待下次活动……")          ＃输出提示信息
＃代码注释
'''(1)第 2 行代码中,input()函数用于接收用户输入的字符序列。
(2)第 3 行代码中,由于 input()函数返回的结果为字符串类型,所以需要进行类型转换。
(3)第 5 行和第 7 行代码使用了 if else 条件判断语句,该语句主要用来判断程序是否满足某种条件。
该语句将在实验 3 进行详细讲解,这里只需要了解即可。
(4)第 5 行代码中对条件进行判断时,使用了逻辑运算符 and、or 和比较运算符 ==、>=、<= '''
```

2.5.5　运算符的优先级

运算符的优先级,是指在应用中哪一个运算符先计算,哪一个运算符后计算,与数学的四则运算应遵循的"先乘除,后加减"是一个道理。

Python 的运算符的运算规则是:优先级高的运算先执行,优先级低的运算后执行,同一优先级的操作按照从左到右的顺序进行。也可以像四则运算那样使用圆括号,括号内的运算最先执行。表 2.11 按从高到低的顺序列出了运算符的优先级。同一行中的运算符具有相同优先级,此时它们的结合方向决定求值顺序。

表 2.11　运算符优先级

运　算　符	说　　明
**	幂
~、+、-	取反、正号和负号
*、/、%、//	算术运算符
+、-	算术运算符
≪、≫	位运算符中的左移和右移
&	位运算符中的位与
^	位运算符中的位异或
|	位运算符中的位或
<、<=、>、>=、!=、==	比较运算符

2.6　Python 的 6 种基本数据结构

Python 有 6 种基本数据结构,具体如表 2.12 所示。其中有 3 种可变数据类型(列表、字典、集合)和 3 种不可变数据类型(数值型、字符串、元组)。可变数据类型可以简单理解为其值可以再修改。

表 2.12　Python 的 6 种基本数据结构的定义及特点

数据结构的名称	如何定义	特点
Number 数值型(整数型 int、浮点数 float、复数 complex、布尔型 bool)	♯直接给变量赋值 _Data = 123	用于存储数值型,如人的年龄、体重等
String(字符串),常用	_str ="我爱祖国" ♯字符串元素在引号""中	用于存储文本数据,不可变,如姓名
List(列表),常用	Stu_list = ["张三",183,65,"男"] ♯列表元素在方括号[]中,中间元素以逗号隔开	列表是可变有序序列,允许存储不同类型的元素,可以随意地增加、删除或修改元素
Dictionary(字典),常用	Stu_dic = {"name":"张三","height":183,"weight":65,"sex":"男"} ♯字典元素在花括号{}中,中间元素♯以逗号隔开,字典以"键:值"出现	字典是无序的键值对集合,键必须是不可变类型,而值可以是任意类型。可以通过键来高效查找、添加和删除项目,而不是通过索引
Tuple(元组),常用	tup = (1, "two", 3.0)	元组也是有序序列,但它不可变,一旦创建便无法修改其内容。虽然与列表相似,但元组通常用于表示不应改变的数据集合
Set(集合),不常用	st = {1, 2, 3, 4}	集合是一个无序且不包含重复元素的集合。它可以用来做数学集合理论相关的操作,如求并集、交集、差集等,而且集合内的元素是唯一的,自动去重

注意:里面的标点符号,一定要在英文状态输入,否则会出现"invalid character"错误。

由于列表最常用,本节以列表为例演示其常见操作,其他数据结构操作类似。

2.6.1　列表创建

列表常用的创建方法有三种:直接定义法、列表推导式、内置函数 list()。

(1) **直接定义法**。通过方括号[]包裹元素,并用逗号(,)分隔各个元素,即可创建一个列表。

```
my_list = [1, 2, 3, 'apple', 'banana']          ♯直接创建
```

(2) **列表推导式**(List Comprehension)。列表推导式是创建新列表的简洁方式,尤其适合根据现有数据结构生成新的列表。

```
numbers = [i for i in range(10)]          ♯创建包含 0~9 的整数列表
```

(3) **内置函数 list()**。可以将其他序列类型(如元组、字符串)转换为列表,也可以接收一个可迭代对象作为参数创建列表。

```
string_example = "Hello"
list_from_string = list(string_example)          ♯ ['H', 'e', 'l', 'l', 'o']
```

2.6.2　列表索引、切片和遍历

(1) **列表索引**。列表是一种有序的数据结构,可以通过索引来访问、修改或删除其中的元

素。列表的索引是从 0 开始的,这意味着第一个元素索引是 0,第二个元素索引是 1,以此类推。
Python 列表还支持负索引,−1 表示最后一个元素,−2 表示倒数第二个元素,以此类推。

【例 2.18】　列表索引。

```
my_list = [10, 20, 30, 40, 50]
print(my_list[0])              ♯输出:10(获取第一个元素)
print(my_list[1])              ♯输出:20(获取第二个元素)
```

（2）**列表切片**。原则就是"左闭右开",左边数据包含,右边数据不包含。

【例 2.19】　列表切片。

```
print(my_list[1:3])            ♯输出:[20, 30](获取从第二个元素到第三个元素结束的部分列表)
print(my_list[:3])             ♯输出:[10, 20, 30](获取从开始到第三个元素结束的部分列表)
print(my_list[3:])             ♯输出:[40, 50](获取从第四个元素开始到列表末尾的部分列表)
```

（3）**列表遍历**。for 循环与成员变量 in 结合遍历,是最常见的方式。

【例 2.20】　列表遍历。

```
my_list = [10, 20, 30, 40, 50]
for x in my_list:
    print(x, end = " ")        ♯输出结果为 10 20 30 40 50; end = ""表示元素之间用空格隔开
```

2.6.3　列表的函数与方法

函数与方法是两个不同的概念,方法是自身具有的功能,而函数是需要和别人一起合作才能实现某种功能,列表往往作为参数。列表常见的函数及其功能如表 2.13 所示。

表 2.13　列表常见函数及功能

函　　数	功　　能	函　　数	功　　能
len(list)	列表元素个数	min(list)	返回列表元素最小值
max(list)	返回列表元素最大值	list(seq)	将元组转换为列表

【例 2.21】　返回 my_list＝[10,20,30,40,50]的最大值。

```
my_list = [10, 20, 30, 40, 50]
print(max(my_list))           ♯输出值为 50
```

列表常见方法及功能如表 2.14 所示。

表 2.14　列表常见方法及功能

方　　法	功　　能
list. append(obj)	在列表末尾添加新的对象
list. count(obj)	统计某个元素在列表中出现的次数
list. insert(index, obj)	将对象插入列表
list. sort(key＝None, reverse＝False)	对原列表进行排序
list. clear()	清空列表

【例 2.22】　在 my_list ＝ [10,20,30,40,50]的最后位置插入 60,具体代码如下。

```
my_list = [10, 20, 30, 40, 50]
my_list.insert(5,60)
print(my_list)                    ♯输出结果为[10, 20, 30, 40, 50, 60]
```

2.7 基本的输入和输出函数

基本输入和输出是指平时从键盘上输入字符,然后在屏幕上显示。从第一个 Python 程序开始,一直在使用 print()函数向屏幕上输出一些字符,这就是 Python 的基本输出函数。除了 **print()函数**,Python 还提供了一个用于进行标准输入的 **input()函数**,其返回值为 string,用于接收用户从键盘上输入的内容。

2.7.1 使用 input()函数输入

1. 带有提示信息

```
♯如果想提供一个提示让用户知道应该输入什么,可以在 input()函数内放置该提示信息
name = input("请输入您的姓名:")
```

2. 类型转换

```
'''input()函数得到的始终是字符串类型。如果需要用户输入数字并进行数值计算,需要显式地将输入
转换为相应的数据类型,如整数或浮点数'''
age = eval(input("请输入您的年龄:"))
weight = eval(input("请输入您的体重(千克):"))
```

3. 异常处理

```
'''当尝试将用户输入转换为数字时,如果输入的不是有效数字(例如,用户输入的是含有非数字字符的
字符串),eval()函数将会抛出 ValueError 异常。因此,在实际编程中,通常需要捕获这类异常,确保程
序能正确处理非法输入'''
try:
    age = eval(input("请输入您的年龄:"))
except ValueError:
    print("无效输入!请确保您输入的是一个整数。")
```

2.7.2 使用 print()函数输出

(1)基础打印: 打印单个字符串或者变量的值。

```
print("Hello, World!")            ♯输出 Hello,World!
my_var = 123
print(my_var)                     ♯输出 123
```

(2)打印多个值。

```
♯默认情况下,多个参数之间会自动用空格分隔
print("Hello,", "World!")         ♯输出 Hello,World!
print(1, 2, 3)                    ♯输出 123
```

（3）使用空格而非换行符在同一行打印多个值。

```
print("apple", end = "")
print("banana", end = "")
print("cherry")                          # 输出 apple banana cherry
```

（4）自定义分隔符。

```
# 使用 sep 参数设置多个值之间的分隔符
print("apple", "banana", "cherry", sep = ", ")      # 输出 apple, banana, cherry
```

（5）自定义结束符。

```
# 使用 end 参数设置打印结束后添加的字符,默认是换行符\n,可以改为其他字符
print("apple", end = ",")
print("banana", end = ",")
print("cherry")                          # 每一行以逗号隔开,常用
```

（6）格式化输出。

```
# 使用 format()方法进行字符串格式化
name = "Alice"
age = 25                                 # 输出 apple, banana, cherry
print("My name is {} and I am {} years old.".format(name, age))   # Python 特有格式化输出,常用
# 或者在 Python 3.6 及以上版本使用 f - string
print(f"My name is {name} and I am {age} years old.")
```

（7）打印到文件。

```
# 通过 file 参数将输出重定向至文件
with open("output.txt", "w") as f:
    print("Some text to write to file.", file = f)
```

综上所述,print()函数非常灵活,能够适应多种输出需求,是 Python 编程中非常基础且重要的输出手段。

2.8   Python 模块和包

模块和包是 Python 组织和复用代码的重要工具。随着项目规模的增长,将代码按照功能模块化并组织成包,可以提高代码的可读性、可维护性和重用性。

模块：在 Python 中,一个模块就是一个包含 Python 代码(. py)的文件。模块可以包含函数、类等,模块可以被别的程序通过 import 语句导入。

包：Python 中的一种更高层次的组织代码的方式,它是由多个模块组成的目录结构。

这里以“结巴分词”工具为例,介绍如何导入包和使用包。

（1）安装包：在 Jupyter Notebook 中输入“! pip install jieba”,安装结巴分词工具。

（2）先导入 jieba,然后使用 jieba 分词。

【例 2.23】 导入包。

```
import jieba
res = jieba.cut("中华人民共和国万岁!")      # jieba 的具体应用本节不详述
for x in res:
    print(x, end = " ")                    # 结果为:中华 人民 共和国 万岁 !
```

Python 的模块和包的内容非常多,对初学者来说,知道如何安装包和使用包就足够了。

2.9 Python 文件操作

在 Python 中,with open as 语句是一种上下文管理协议,用于更安全、简捷地打开和关闭文件。它确保即使在处理文件的过程中发生异常,文件也会在退出代码块时被正确关闭,从而避免资源泄露问题。以下是使用 with open as 进行文件操作的基本例子。

(1) 打开文件并读取内容。

```python
with open('example.txt', 'r') as file:          # 'r'为只读模式
    content = file.read()
    print(content)
```

(2) 打开文件并逐行读取。

```python
with open('example.txt', 'r') as file:
    for line in file:
        print(line.strip())                      # 去掉每行末尾的换行符
```

(3) 打开文件进行写入或追加。

写入模式('w')会覆盖原有文件内容,如果文件不存在则创建。

```python
with open('output.txt', 'w') as file:
    file.write('This will overwrite any existing content.')
```

追加模式('a')会在文件末尾添加内容,如果文件不存在则创建。

```python
with open('log.txt', 'a') as log_file:
    log_file.write('New log entry.\n')
```

实验作业 2

1. 通过程序在 C 盘下面创建一个文件 swun.txt,然后写入数据"我爱伟大祖国!"。
2. 利用结巴分词工具,从 swun.txt 中读取数据然后进行分词。
3. 从键盘通过 input()函数输入两个数,求和后将结果输出。

学习目标

- 了解条件控制语句。
- 了解循环控制语句。
- 了解循环控制语句中的辅助语句。
- 了解程序调试步骤。

本实验将要涉及的 Python 控制语句与程序调试框架如图 3.1 所示。

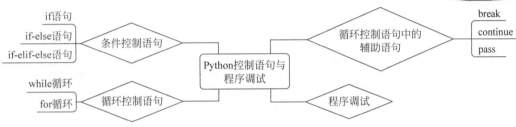

图 3.1　实验 3 知识框架图

3.1　控制语句

Python 中的控制语句是用来控制程序流程的关键结构,具体内容如表 3.1 所示。

视频讲解

表 3.1　Python 控制语句语法与举例

名　称	语　法	举　例
条件控制语句: if 语句	if 语句:用于基于单个条件执行相应代码块 if condition: 　　statement(s)	age = 21 if age >= 18: 　　print("成年人") ♯如果 age 变量的值大于或等于18, ♯则会输出"成年人"

条件控制语句: if-else 语句	if-else 语句:除了满足条件执行语句外,还可以在条件不满足时执行另一段代码
	if condition:
	　　statement(s)
	else:
	　　alternative_statement(s)
		score = 85
		if score >= 90:
		　　print("优秀")
		else:
		　　print("一般")

条件控制语句: if-elif-else	if-elif-else 结构:用于检查多个条件,并执行第一个条件为真的相关代码块
	if condition1:
	　　statement(s)
	elif condition2:
	　　other_statement(s)
	else:
	　　default_statement(s)
		score = 85
		if score >= 90:
		　　print("优秀")
		elif score >= 60:
		　　print("及格")
		else:
		　　print("不及格")

名　　称	语　　法	举　　例

循环控制语句:
while 循环
	while 循环:只要给定的条件为真,就会重复执行一个代码块
	while condition:
	　　statement(s)
		#打印从 1 到 10 的整数,使用 while
		# 循环和条件判断
		counter = 1
		while counter <= 10:
		　　print(counter)
		　　counter += 1

循环控制语句:
for 循环
	for 循环主要用于遍历序列(如列表、元组、字符串)或其他可迭代对象,常与成员函数 in 联合使用
	for variable in iterable:
	　　statement(s)
		#遍历列表并打印每个元素
		numbers = [1, 2, 3, 4, 5]
		for number in numbers:
		　　print(number)

循环控制语句中的辅助语句:break	break 出现在程序中,程序将立即跳出当前循环,不再执行循环体中剩余的语句	for i in range(10):
		　　if i == 5:
		　　　　break
		　　print(i)
		#输出结果:0 1 2 3 4

循环控制语句中的辅助语句:continue	当 continue 语句被执行时,程序将跳过当前循环体中 continue 之后的所有语句,直接进入下一轮循环的迭代	for i in range(10): 　　if i % 2 == 0: #如果i是偶数 　　　　continue 　　print(i) #输出结果:1 3 5 7 9

循环控制语句中的辅助语句:pass	程序什么都不做	for i in range(10):
		　　if i % 2 == 0:
		　　　　pass #对于偶数,目前
		# 不执行任何操作

【例 3.1】 从键盘输入成绩,并给出评分(小于 60 分为不及格;60~90 分为合格;90 分以上为优秀)。

```
score = input("请输入分数:")
score = eval(score) #转换为数值型
if score >= 90:
    print("你输入的分值为{},评语为:优秀".format(score))
elif(score >= 60):
    print("你输入的分值为{},评语为:合格".format(score))
else:
    print("你输入的分值为{},评语为:不及格".format(score))
```

【例 3.2】 分别使用 while 循环和 for 循环,求 100 以内所有整数的和。

```
#while 循环实现
sum = 0                          #需要一个变量求和
num = 0                          #需要一个变量作为加数
while(num <= 100):
    sum += num
    num += 1                     #一定要改变 num 的值,否则会进入死循环
print("100 以内所有整数的和为:{}".format(sum))
#for 循环实现
sum = 0      #重新初始化 sum 变量,否则 for 循环结果为 10100
for x in range(101): #range 生成公差为 1 的等差数列,但不包括 101
```

```
        sum += x
print("100 以内所有整数的和为:{}".format(sum))
```

程序执行结果如下。

```
100 以内所有整数的和为: 5050
100 以内所有整数的和为: 5050
```

3.2　程序调试

程序出错一般分为语法错误和逻辑错误,如果是语法错误,编译器会直接提醒,相对比较简单。如果是逻辑错误,编译器不会报警,但是程序执行结果和程序员想要的结果有差异,这个时候就需要用到程序调试。由于 Jupyter Notebook 需要依赖第三方软件才能实现可视化程序调试,因此本节介绍如何使用 Spyder 调试程序,如果装了 Anaconda,Spyder 也会自动安装。

使用 Spyder 调试程序的步骤如图 3.2 所示。

(1) **设置断点,打开 Python 脚本文件**。在想要暂停执行的代码行左侧单击,设置一个断点。在该行的左侧会出现一个红点,表示已成功设置断点。

(2) **启动调试器**。在 Spyder 的顶部菜单中,选择 Run→Debug file,或者直接单击工具栏上的绿色虫子图标(通常带有“Debug”字样),将启动调试会话,并在到达第一个断点时暂停执行。

(3) **控制执行流程**。一旦程序暂停在断点处,就可以使用调试工具栏中的按钮来控制执行流程。这些按钮通常包括 Step into(进入函数内部)、Step over(执行当前行但不进入函数)、Step out(跳出当前函数)以及 Continue(继续执行直到下一个断点)。

(4) **查看变量值**。在变量查看器(Variable Explorer)窗口中,可以看到当前作用域内所有变量的值。也可以在调试控制台(Debug Console)中直接输入变量名来查看其值。

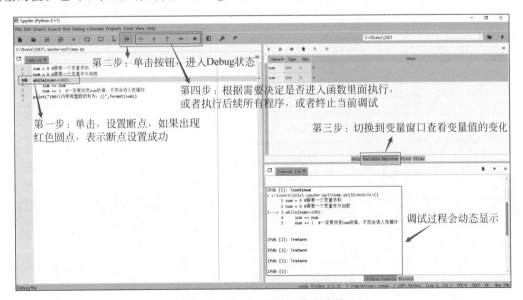

图 3.2　Spyder 调试程序的步骤

实验作业 3

1. 计算 100 以内(包括 100)所有偶数的和。
2. 用 Spyder 单步执行,查看每一步的变化。

实验4 函数与异常处理

学习目标

- 掌握函数的定义和调用。
- 掌握异常处理的方法和语法。

本实验将对如何定义和调用函数及函数的参数、变量的作用域、匿名函数、常用的异常处理语句等进行详细介绍,涉及的知识框架如图4.1所示。

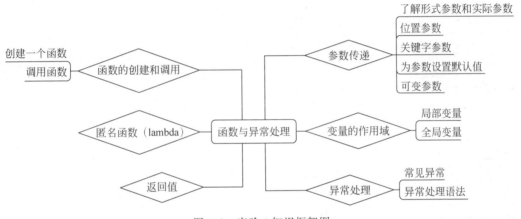

图4.1 实验4知识框架图

4.1 函数的创建和调用

在Python中,函数的应用非常广泛。在前面已经多次接触过函数。例如,用于输出的print()函数、用于输入的input()函数及用于生成一系列整数的range()函数,这些都是Python内置的标准函数,可以直接使用。除了可以直接使用的标准函数外,Python还支持自定义函数。即通过将一段有规律的、重复的代码定义为函数,来达到一次编写、多次调用的目的。使用函数可以提高代码的重复利用率。

4.1.1 创建函数

创建函数也称定义函数,可以理解为创建一个具有某种用途的工具。通常使用def关键字实现,具体的语法格式如下。

```
def functionname([parameterlist]):
    [''' comments ''']
    [functionbody]
```

其参数说明如下。

- functionname：函数名称，在调用函数时使用。
- parameterlist：可选参数，用于指定向函数中传递的参数。如果有多个参数，各参数间使用逗号","分隔。如果不指定，则表示该函数没有参数，在调用时也不指定参数。
- '''comments'''：可选参数，表示为函数指定注释，注释的内容通常是说明该函数的功能、要传递的参数的作用等，可以为用户提供友好提示和帮助的内容。
- functionbody：可选参数，用于指定函数体，即该函数被调用后，要执行的功能代码。如果函数有返回值，可以使用 return 语句返回。

注意：函数体"functionbody"和注释"'''comments'''"相对于 def 关键字必须保持一定的缩进。

说明：如果想定义一个什么也不做的空函数，可以使用 pass 语句作为占位符。

【例 4.1】 定义一个过滤危险字符的函数 filterchar()，代码如下。

```python
import re                                      #导入 Python 的 re 模块
def filterchar(string):
    '''功能:过滤危险字符(如黑客),并将过滤后的结果输出
       about:要过滤的字符串
       没有返回值
    '''
    pattern = r'(黑客)|(抓包)|(监听)|(Trojan)'   #模式字符串
    sub = re.sub(pattern,'@_@', string)          #进行模式替换
    print(sub)
```

运行上面的代码，将不显示任何内容，也不会抛出异常，因为 filterchar()函数还没有被调用。

4.1.2 调用函数

调用函数也就是执行函数。如果把创建的函数理解为创建一个具有某种用途的工具，那么调用函数就相当于使用该工具。调用函数的基本语法格式如下。

```
function_name([parameters value])
```

其参数说明如下。

- function_name：函数名称，要调用的函数名称必须是已经创建好的。
- parameters value：可选参数，用于指定各个参数的值。如果需要传递多个参数值，则各参数值间使用逗号","分隔。如果该函数没有参数，则直接写一对圆括号。

例如，调用例 4.1 中创建的 filterchar()函数，可以使用下面的代码。

```python
about = '我是一名程序员,喜欢看黑客方面的图书,想研究一下 Trojan。'
filterchar(about)
```

调用 filterchar()函数后，将显示如下结果：我是一名程序员，喜欢看@_@方面的图书，想研究一下@_@。

4.2　参数传递

在调用函数时,大多数情况下,主调用函数和被调用函数之间有数据传递关系,这就是有参数的函数形式。函数参数的作用是传递数据给函数使用,函数利用接收的数据进行具体的操作处理。函数参数在定义函数时放在函数名称后面的一对圆括号中,如图4.2所示。

图 4.2　函数参数定义

4.2.1　形式参数和实际参数

1. 通过作用理解

形式参数和实际参数在作用上的区别如下。

(1) 形式参数:在定义函数时,函数名后面括号中的参数为"形式参数"。

(2) 实际参数:在调用一个函数时,函数名后面括号中的参数为"实际参数",也就是将函数的调用者提供给函数的参数称为实际参数。

通过图4.3可以更好地理解形式参数和实际参数。

图 4.3　函数参数调用

根据实际参数的类型不同,可以分为**值传递**和**引用传递**。其中,当实际参数为不可变对象时,进行值传递;当实际参数为可变对象时,进行的是引用传递。实际上,值传递和引用传递的基本区别就是,进行值传递后,改变形式参数的值,实际参数的值不变;而进行引用传递后,改变形式参数的值,实际参数的值也一同改变。

【**例 4.2**】　定义一个名称为 demo 的函数,然后为 demo()函数传递一个字符串类型的变量作为参数(代表值传递),并在函数调用前后分别输出该字符串变量,再为 demo()函数传递列表类型的变量作为参数(代表引用传递),并在函数调用前后分别输出该列表。

```
# 定义函数
def demo(obj):
    print("原值: ",obj)
    obj += obj
# 调用函数
print(" ========= 值传递 ======== ")
mot = "唯有在被追赶的时候,你才能真正地奔跑."      # 字符串是不可变数据类型
print("函数调用前: ",mot)
demo(mot)                                          # 函数调用后,mot 不变
print("函数调用后: ",mot)
```

```
print( "========= 引用传递 ======= ")
list1 - ['绮梦','冷伊一','香凝','黛兰']                    #列表list是可变数据类型
print("函数调用前: ",list1)
demo(list1)              #函数调用后,执行obj += obj,使列表长度变为原来的2倍
print("函数调用后:",list1)
```

程序执行结果如图4.4所示。

```
=========值传递=========
函数调用前:  唯有在被追赶的时候,你才能真正地奔跑。
原值:  唯有在被追赶的时候,你才能真正地奔跑。
函数调用后:  唯有在被追赶的时候,你才能真正地奔跑。
=========引用传递=========
函数调用前: ['绮梦', '冷伊一', '香凝', '黛兰']
原值: ['绮梦', '冷伊一', '香凝', '黛兰']
函数调用后: ['绮梦', '冷伊一', '香凝', '黛兰', '绮梦', '冷伊一', '香凝', '黛兰']
```

图 4.4　程序执行结果

从图 4.4 可以看出,在进行值传递时,改变形式参数的值后,实际参数的值不改变;在进行引用传递时,改变形式参数的值后,实际参数的值也发生改变。

2. 通过比喻理解

函数定义时参数列表中的参数就是形式参数,而函数调用时传递进来的参数就是实际参数。就像剧本选主角一样,剧本的角色相当于形式参数,而演角色的演员就相当于实际参数。

【例 4.3】　根据身高和体重计算 BMI 指数。

```
def fun_bmi(person, height,weight):
    '''功能:根据身高和体重计算BMI指数
        person:姓名
        height:身高,单位:米
        weight:体重,单位:千克
    '''
    print(person +"的身高: " + str(height) + "米\t体重: " + str(weight) + "千克")
    bmi = weight/(height * height)            #用于计算BMI指数,公式为:BMI = 体重/身高的平方
    print(person + "的BMI指数为: " + str(bmi))          #输出BMI指数
    #判断身材是否合理
    if bmi < 18.5:
        print("您的体重过轻~@_@~\n")
    if bmi >= 18.5 and bmi < 24.9:
        print("正常范围,注意保持( - _ - )\n")
    if bmi >= 24.9 and bmi < 29.9:
        print("您的体重过重~@_@~\n")
    if bmi >= 29.9:
        print("肥胖^@_@^\n")
# ****************************** 调用函数 ****************************** #
fun_bmi("路人甲",1.83,60)                            #计算路人甲的BMI指数
fun_bmi("路人乙",1.60,50)                            #计算路人乙的BMI指数
```

程序执行结果如下。

```
路人甲的身高: 1.83 米   体重: 60 千克
路人甲的BMI指数为: 17.916
您的体重过轻~@_@~
路人乙的身高: 1.6 米    体重: 50 千克
路人乙的BMI指数为: 19.531
正常范围,注意保持( - _ - )
```

从该实例代码和程序执行结果可以看出：

（1）定义一个根据身高、体重计算 BMI 指数的函数 fun_bmi()，在定义函数时指定的变量 person、height 和 weight 称为形式参数。

（2）在函数 fun_bmi()中根据形式参数的值计算 BMI 指数，并输出相应的信息。

（3）在调用 fun_bmi()函数时，指定的"路人甲"、1.83 和 60 等都是实际参数，在函数执行时，这些值将被传递给对应的形式参数。

4.2.2　位置参数

位置参数也称必备参数，必须按照正确的顺序传到函数中，即调用时的数量和位置必须和定义时是一样的。

（1）数量必须与定义时一致。在调用函数时，指定的实际参数的数量必须与形式参数的数量一致，否则将抛出 TypeError 异常，提示缺少必要的位置参数。

（2）位置必须与定义时一致。在调用函数时，指定的实际参数的位置必须与形式参数的位置一致，否则将产生以下两种结果。

① 抛出 TypeError 异常。抛出异常的情况主要是因为实际参数的类型与形式参数的类型不一致，并且在函数中，这两种类型还不能正常转换。

② 产生的结果与预期不符。在调用函数时，如果指定的实际参数与形式参数的位置不一致，但是它们的数据类型一致，那么就不会抛出异常，而是产生结果与预期不符的问题。

4.2.3　关键字参数

关键字参数是指使用形式参数的名字来确定输入的参数值。通过该方式指定实际参数时，不再需要与形式参数的位置完全一致。只要将参数名正确书写即可。这样可以避免用户需要牢记参数位置的麻烦，使得函数的调用和参数传递更加灵活方便。

例如，调用上述实例中编写的 fun_bmi(person,height,weight)函数，通过关键字参数指定实际参数，代码如下。

```
fun_bmi(height = 1.83,weight = 60,person = "路人甲")          #计算路人甲的 BMI 指数
```

路人甲的身高：1.83米　　体重：60千克
路人甲的BMI指数为：17.916330735465376
您的体重过轻`@_@`

图 4.5　程序执行结果

函数调用后，程序执行结果如图 4.5 所示。

从上面的结果中可以看出，虽然在指定实际参数时，顺序与定义函数时不一致，但是程序执行结果与预期是一致的。

4.2.4　默认参数

调用函数时，如果没有指定某个参数将抛出异常，可以为参数设置默认值，即在定义函数时，直接指定形式参数的默认值。这样，当没有传入参数时，则直接使用定义函数时设置的默认值。定义带有默认值参数的函数的语法格式如下。

```
def functionname(…, [parameter1 = defaultvalue1]):
    [functionbody]
```

其参数说明如下。

- functionname：函数名称，在调用函数时使用。
- parameter1 = defaultvalue1：可选参数，用于指定向函数中传递的参数，并且为该参数设置默认值为 defaultvalue1。
- functionbody：可选参数，即该函数被调用后要执行的功能代码。

注意：在定义函数时，指定默认形式参数必须在所有参数的最后，否则将产生语法错误。

【例 4.4】 修改上述实例中定义的根据身高和体重计算 BMI 指数的函数 fun_bmi()，为其第三个参数指定默认值，修改后的代码如下。

```
def fun_bmi(height,weight,person = "路人"):
    '''功能:根据身高和体重计算 BMI 指数
        person:姓名
        height:身高,单位:米
        weight:体重,单位:千克
    '''
    print("{}的身高:{}米\t体重:{}千克".format(person,height.weight))
    bmi = weight/ ( height * height)        #用于计算 BMI 指数,公式为:BMI = 体重/身高的平方
    print("{}的 BMI 指数为:{}".format(person,bmi))        #输出 BMI 指数
    #判断身材是否合理
    if bmi < 18.5:
        print("您的体重过轻~@_@~\n")
    if bmi > = 18.5 and bmi < 24.9:
        print("正常范围,注意保持( - _ - )\n")
    if bmi > = 24.9 and bmi < 29.9:
        print("您的体重过重~@_@~\n")
    if bmi > = 29.9:
        print("肥胖^@_@^\n")
```

然后调用该函数，不指定第一个参数。

```
fun_bmi(1.73,60)                #计算 BMI 指数
```

程序执行结果如图 4.6 所示。

```
路人的身高: 1.73米        体重: 60千克
路人的BMI指数为: 20.04744562130375
正常范围, 注意保持 (-_-)
```

图 4.6 程序执行结果

4.2.5 不定长参数

在 Python 中，存在参数不能确定的情况，这时就需要用到不定长参数。定义可变参数有两种形式：一种是 * parameter，另一种是 ** parameter。不定长参数须在固定参数后面。

（1）不定长位置参数：使用单星号(*)表示。当函数调用时传入比预期更多的位置参数时，这些额外的位置参数会被收集到一个元组(tuple)中。

【例 4.5】 不定长位置参数。

```
def example_function(arg1, * args):                #定义函数
#args 是一个包含额外位置参数的元组
    example_function(1, 2, 3, 4, 5)                #调用函数
#1 赋值给 arg1,剩余的数据全部打包成一个元组赋值给 args,args = (2, 3, 4, 5)
```

（2）不定长关键字参数：使用双星号（ ∗∗ ）表示。这些参数以键值对的形式传递，并被收集到一个字典中。

【例 4.6】 不定长关键字参数。

```
def example_function(arg1, arg2, ∗∗ kwargs):
# kwargs 是一个包含额外关键字参数的字典
example_function(1, "two", m = 23, n = 56)          # 调用函数
# 在函数内部,kwargs = {"m": 23, "n": 56}
```

4.3　返回值

函数返回值的作用就是将函数的处理结果返回给调用它的程序。在 Python 中，可以在函数体内使用 **return 语句**为函数指定返回值，该返回值可以是任意类型，并且无论 return 语句出现在函数的什么位置，只要得到执行，就会立即结束函数的执行。

return 语句的语法格式如下。

```
return [value]
# 参数说明:
# value:可选参数,用于指定要返回的值,可以返回一个值,也可以返回多个值
# 说明:当函数中没有 return 语句,或者省略了 return 语句的参数时,将返回 None
```

为函数指定返回值后，在调用函数时，可以把它赋给一个变量（如 result），用于保存函数的返回结果。如果返回一个值，那么 result 中保存的就是返回的一个值，该值可以为任意类型，如果返回多个值，那么 result 中保存的是一个元组。

【例 4.7】 模拟结账功能——计算实付金额。

```
'''场景模拟:
    某商场年中促销,优惠如下:
    满 500 元可享受 9 折优惠,满 1000 元可享受 8 折优惠,满 2000 元可享受 7 折优惠,满 3000 元可享
    受 6 折优惠。根据以上商场促销活动,计算优惠后的实付金额。'''
def fun_checkout (money):
    '''功能:计算商品合计金额并进行折扣处理
    money:保存商品金额的列表
    返回商品的合计金额和折扣后的金额
    '''
    money_old = sum(money)                           # 计算合计金额
    money_new = money_old
    if 500 <= money_old < 1000:                      # 满 500 元可享受 9 折优惠
        money_new = '{ :.2f}'.format(money_old ∗ 0.9)
    elif 1000 <= money_old <= 2000 :                 # 满 1000 元可享受 8 折优惠
        money_new = '{ :.2f}'.format(money_old ∗ 0.8)
    elif 2000 <= money_old <= 3000:                  # 满 2000 元可享受 7 折优惠
        money_new = '{:.2f}'.format(money_old ∗ 0.7)
    elif money_old >= 3000:                          # 满 3000 元可享受 6 折优惠
        money_new = '{:.2f}'.format(money_old ∗ 0.6)
    return money_old, money_new                      # 返回总金额和折扣后的金额
# ∗∗∗∗∗∗∗∗∗∗∗∗∗∗∗∗∗∗∗∗∗ 调用函数 ∗∗∗∗∗∗∗∗∗∗∗∗∗∗∗∗∗∗∗∗∗∗∗∗∗∗∗∗∗∗ #
print( "\n 开始结算……\n")
list_money = []                                      # 定义保存商品金额的列表
```

```
while True :
    # 请不要输入非法的金额,否则将抛出异常
    inmoney = float(input("输入商品金额(输入 0 表示输入完毕):"))
    if int(inmoney) == 0:
        break                                              # 退出循环
    else:
        list_money . append(inmoney)                       # 将金额添加到金额列表中
money = fun_checkout( list_money)                          # 调用函数
print("合计金额:", money[0],"应付金额: ", money[1])          # 显示应付金额
```

程序执行结果如图 4.7 所示。

开始结算……

输入商品金额(输入0表示输入完毕):299
输入商品金额(输入0表示输入完毕):87
输入商品金额(输入0表示输入完毕):467
输入商品金额(输入0表示输入完毕):709
输入商品金额(输入0表示输入完毕):23
输入商品金额(输入0表示输入完毕):56
输入商品金额(输入0表示输入完毕):0
合计金额: 1641.0 应付金额: 1312.80

图 4.7 程序执行结果

4.4 变量的作用域

变量的作用域是指程序代码能够访问该变量的区域。如果超出该区域,再访问时就会出现错误。在程序中,一般会根据变量的"有效范围"将变量分为"全局变量"和"局部变量"。

4.4.1 局部变量

局部变量是指在函数内部定义并使用的变量,它只在函数内部有效。函数内部的变量只在函数运行时才会创建,在函数运行之前或者运行完毕之后,所有的变量就都不存在了。所以,如果在函数外部使用函数内部定义的变量,就会出现抛出 NameError 异常。

【例 4.8】 定义一个名为 f_demo 的函数,在该函数内部定义变量 message(称为局部变量),并为其赋值,然后输出该变量,最后在函数体外部再次输出 message 变量,代码如下。

```
def f_demo() :
    message = '唯有在被追赶的时候,你才能真正地奔跑。'
    print('局部变量 message = ',message)                    # 输出局部变量的值
f_demo()                                                    # 调用函数
print('局部变量 message = ',message)                         # 在函数体外输出局部变量的值
```

运行上面的代码将显示异常,因为 message 定义在函数体内,该变量只能在函数体中使用,在外部不能使用该变量。

4.4.2 全局变量

全局变量为能够作用于函数内外的变量。全局变量主要有以下两种情况。

(1) 如果一个变量在函数外定义,那么不仅在函数外可以访问到,在函数内也可以访问到,在函数体以外定义的变量是全局变量。

【例 4.9】 定义一个全局变量 message,然后定义一个函数,在该函数内输出全局变量

message 的值,代码如下。

```
message = '唯有在被追赶的时候,你才能真正地奔跑.'          # 全局变量
def f_demo( ) :
    print('函数体内:全局变量 message = ',message)          # 在函数体内输出全局变量的值
f_demo()                                                  # 调用函数
print('函数体外:全局变量 message = ',message)             # 在函数体外输出全局变量的值
```

程序执行结果如图 4.8 所示。

函数体内:全局变量message = 唯有在被追赶的时候,你才能真正地奔跑。
函数体外:全局变量message= 唯有在被追赶的时候,你才能真正地奔跑。

图 4.8　程序执行结果

（2）在函数体内定义,并且使用 global 关键字修饰后,该变量也就变为全局变量。在函数体外也可以访问到该变量,并且在函数体内还可以对其进行修改。

【例 4.10】　定义两个同名的全局变量和局部变量,并输出它们的值,代码如下。

```
message = '唯有在被追赶的时候,你才能真正地奔跑.'          # 全局变量
print('函数体外: message = ',message)                     # 在函数体外输出全局变量的值
def f_demo():
    global message
    message = '命运给予我们的不是失望之酒,而是机会之杯。'  # 局部变量
    print('函数体内: message = ',message)                 # 在函数体内输出局部变量的值
f_demo()                                                  # 调用函数
print('函数体外: message = ',message)                     # 在函数体外输出全局变量的值
```

程序执行结果如图 4.9 所示。

函数体外: message = 唯有在被追赶的时候,你才能真正地奔跑。
函数体内: message = 命运给予我们的不是失望之酒,而是机会之杯。
函数体外: message = 命运给予我们的不是失望之酒,而是机会之杯。

图 4.9　程序执行结果

4.5　匿名函数(lambda)

匿名函数是指没有名字的函数,应用在需要一个函数但又不想费神去命名这个函数的场合。在 Python 中,使用 lambda 表达式创建匿名函数,其语法格式如下。

```
result = lambda [arg1 [ ,arg2,…,argn]]:expression
```

参数说明如下。

result：用于调用 lambda 表达式。

[arg1[,arg2,…,argn]]：可选参数,用于指定要传递的参数列表,多个参数间使用逗号","分隔。

expression：必选参数,用于指定一个实现具体功能的表达式。如果有可选参数,那么在该表达式中将应用这些参数。

注意：使用 lambda 表达式时,参数可以有多个,用逗号","分隔,但是表达式只能有一个,即只能返回一个值。此外,不能包含多行代码或复合语句(如 for 循环、while 循环、if 语句等)。

【例 4.11】 应用 lambda 实现对爬取到的秒杀商品信息进行排序。

假设采用爬虫技术获取某商城的秒杀商品信息,并保存在列表中,现需要对这些信息进行排序,排序规则是优先按秒杀金额升序排列,对重复的秒杀信息按折扣比例降序排列。

```
bookinfo = [('不一样的卡梅拉(全套)',22.50,120),('零基础学 Android',65.10,89.80),
    ('摆渡人',23.40,36.00),('福尔摩斯探案全集 8 册',22.50,128)]
print('爬取到的商品信息:\n',bookinfo,'In')
bookinfo.sort(key = lambda x:(x[1],x[1]/x[2]))        #按指定规则进行排序
'''x[1]是价格,x[1]/x[2]是价格与定价的比值,按照元组中的价格进行排序,若两个商品的价格相同,
则按价格与定价的比值进行排序'''
print('排序后的商品信息:ln',bookinfo)
```

程序执行结果如图 4.10 所示。

```
爬取到的商品信息:
 [('不一样的卡梅拉（全套）', 22.5, 120), ('零基础学Android', 65.1, 89.8), ('摆渡人', 23.4, 36.0), ('福尔摩斯探案全集8册', 22.5, 128)]
排序后的商品信息:
 [('福尔摩斯探案全集8册', 22.5, 128), ('不一样的卡梅拉（全套）', 22.5, 120), ('摆渡人', 23.4, 36.0), ('零基础学Android', 65.1, 89.8)]
```

图 4.10 程序执行结果

4.6 异常处理

在程序运行过程中,经常会遇到各种各样的错误,这些错误统称为"异常"。这些异常有的是开发者将关键字输错导致的。这类错误多数产生的是 SyntaxError：invalid syntax(无效的语法),这将直接导致程序不能运行。这类异常是显式的,在开发阶段很容易被发现。还有的通常和使用者的误操作有关,如应该输入数字,用户却输入文本字符。

4.6.1 常见异常

Python 中常见的异常如表 4.1 所示。

表 4.1 Python 中常见的异常

异 常	描 述
NameError	尝试访问一个没有声明的变量引发的错误
IndexError	索引超出序列范围引发的错误
IndentationError	缩进错误
ValueError	传入的值错误
KeyError	请求一个不存在的字典关键字引发的错误
IOError	输入输出错误(如要读取的文件不存在)
ImportError	当 import 语句无法找到模块或 from 无法在模块中找到相应的名称时引发的错误
AttributeError	尝试访问未知的对象属性引发的错误
TypeError	类型不合适引发的错误
MemoryError	内存不足
ZeroDivisionError	除数为 0 引发的错误

4.6.2　异常处理语法

在 Python 中,try 和 except 语句块用于异常处理。try 块包含可能引发异常的代码,而 except 块则包含处理这些异常的代码。如果 try 块中的代码引发了异常,程序会跳过剩余的代码,转而执行相应的 except 块。图 4.11 说明了异常处理语句各子句的执行关系。

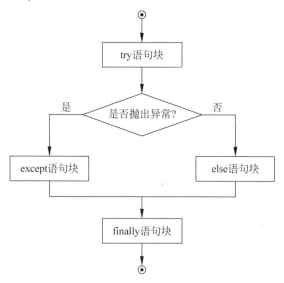

图 4.11　异常处理语句执行过程

【例 4.12】　异常处理举例。

```python
try:
    #尝试执行可能会引发异常的代码,可能会发生异常的代码都需要写到 try 语句下面
    x = 1 / 0              #这会引发一个 ZeroDivisionError 异常
except ZeroDivisionError:
    #处理 ZeroDivisionError 异常
    print("不能除以零,请检查你的代码。")
except Exception as e:
    '''处理其他类型的异常,except 块可以捕获多种不同类型的异常,并且可以根据需要添加多个 except 块来处理不同的异常类型'''
    print(f"发生了一个错误: {e}")
else:
    '''如果没有异常发生,执行这里的代码。else 块是可选的,它会在 try 块成功执行(即没有引发异常)后执行'''
    print("没有异常发生,代码执行成功。")
finally:
    #finally 块也是可选的,无论是否发生异常,都会执行这里的代码
    print("这部分总是会执行。")
```

程序执行结果如下。

```
不能除以零,请检查你的代码。
这部分总是会执行。
```

实验作业 4

实现不定长数据的求和,数据从键盘输入,具体要求如下。

(1) 用户输入数据个数不确定,全部放入列表中。

(2) 使用 eval 将输入数据转换为数值型,如果不是输入数值型,可以使用 try…except 来处理,并提醒用户。

(3) 写一个不定长参数的求和函数,通过该求和函数返回结果。

(4) 调用函数显式打印。

视频讲解

学习目标

- 了解面向对象的基本概念。
- 了解面向对象的三大特点。
- 了解面向对象编程的定义与使用。

5.1　面向对象编程概述

面向对象编程(Object-Oriented Programming,OOP)是一种程序设计的范式,它使用对象(通常是类的实例)组织代码和数据。面向对象编程是一种以对象为中心的思想,其中,对象包含数据(属性)和方法(函数),这些对象通过交互完成任务。

什么是面向过程? 简单来讲,面向过程就是分析出解决问题所需要的步骤,然后用函数将这些步骤一步一步实现,使用时依次调用就可以了。

什么是面向对象? 面向对象是把构成问题的事物分解成各个对象,建立对象的目的不是完成一个步骤,而是描述某个事物在整个解决问题的步骤中的行为。

【例 5.1】　将大象装进冰箱。

```
# 面向过程:
打开冰箱 → 存储大象 → 关上冰箱
对于面向过程思想,强调的是过程(动作)
# 面向对象:
对于面向对象思想,强调的是对象(实体)
冰箱打开 → 冰箱存储大象 → 冰箱关上
```

面向过程和面向对象的优缺点如表 5.1 所示。

表 5.1　面向过程和面向对象的优缺点

面向过程的优缺点	面向对象的优缺点
优点:性能比面向对象高,如单片机、嵌入式开发、Linux/UNIX 等一般采用面向过程开发,性能是最重要的因素	优点:易维护、易复用、易扩展,由于面向对象有封装、继承、多态性的特性,因此可以设计出低耦合的系统,使系统更加灵活、更加易于维护
缺点:没有面向对象易维护、易复用、易扩展	缺点:性能比面向过程低

5.1.1　对象

对象是一个抽象概念,可以表示任意存在的事物。在 Python 中,一切都是对象,即不仅是具体的事物称为对象,字符串、函数等也都是对象。通常将对象划分为两部分,即静态部分与动态部分。静态部分为属性;动态部分指对象行为,即对象执行的动作。以对象"人"为例,人的性别是静态属性,人跑步则是动态行为。

5.1.2 类

类是封装对象的属性与行为的载体,也就是说,具有相同属性和行为的一类实体被称为类。

如图 5.1 所示,雁群是大雁类,大雁具有喙、翅膀、爪子等属性。喝水、飞行、睡觉则是行为。而一只从北往南飞的大雁则被视为大雁类的一个对象。

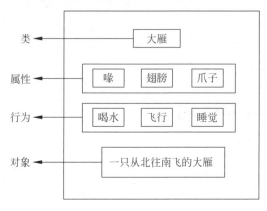

图 5.1 对象属性图示

5.1.3 封装、继承和多态

1. 封装

封装是面向对象编程的核心,将对象的属性与行为封装起来,载体就是类。类通常会隐藏一些实现的细节,如用户使用计算机,只需要从键盘输入得到一些输出,而不需要关注计算机内部是怎么工作的。封装思想保证了类内部数据的完整性,使用该类的用户不能直接看到类中的数据结构,只能执行公开的数据,避免了对内部数据的影响,其特性如图 5.2 所示。

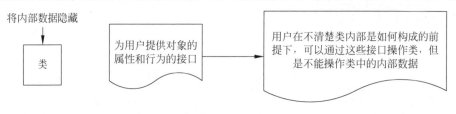

图 5.2 封装特性

2. 继承

在 Python 中,可以把平行四边形类看作继承了四边形类后产生的类,其中,将类似平行四边形的类称为子类,将类似四边形的类称为父类或超类。值得注意的是,在阐述平行四边形和四边形的关系时,可以说平行四边形是特殊的四边形,但不能说四边形是平行四边形。同理,Python 中可以说子类的实例都是父类的实例,但不能说父类的实例是子类的实例,四边形类的层次结构示意图如图 5.3 所示。

综上所述,继承是实现重复利用的重要手段,子类通过继承复用了父类的属性和行为的同时又添加了子类特有的属性和行为。

图 5.3　四边形类的层次结构示意图

矩形　　菱形　　平行四边形　　梯形

3. 多态

多态是指相同的函数与方法在不同的类中有不同的表现形式,是一种使用对象的方式。子类重写父类方法,调用不同子类对象的相同父类方法,可以产生不同的执行结果。有了多态,更容易编写出通用的代码,开发出通用的程序,以适应需求的不断变化。

例如,动物都可以发出声音,但不同动物的声音并不相同。通常可以定义一个父类 Animal,其中有一个 make_sound 方法用于输出动物的声音。如何实现不同的动物的不同声音呢? 这里从父类 Animal 中继承多个子类(如 Dog、Cat 和 Bird 等)。即使子类都使用相同的 make_sound 方法,但可以输出不同的声音。

5.2　类的定义和使用

5.2.1　定义类

在 Python 中,使用 class 关键字来定义类,其基本结构如下。

```
class ClassName:                    #定义一个类
        pass
```

5.2.2　创建类实例

通过类可以创建对象,对象是类的一个实例。系统会调用类的构造方法 __init__ 对属性(变量)进行初始化。构造方法的第一个参数通常是 self,表示实例本身。

【例 5.2】　创建类实例。

```
class Dog:
    def __init__(self, name, age):
        self.name = name
        self.age = age
#创建类的实例
my_dog = Dog("Buddy", 3)
```

5.2.3　属性

类可以包含属性,它们是对象的特征或状态。属性是通过 self 关键字绑定到对象的。

```
class Dog:
    def __init__(self, name, age):
        self.name = name             #实例属性
        self.age = age
```

5.2.4 方法

方法是类中定义的函数,用于执行特定的操作。方法的第一个参数通常是 self,用于引用对象本身。

【例5.3】 调用对象的方法。

```python
class Dog:
    def __init__(self, name, age):
        self.name = name
        self.age = age
    def bark(self):
        print(f"{self.name} is barking!")
#调用对象的方法
my_dog = Dog("Buddy", 3)
my_dog.bark()                    # Buddy is barking!
my_dog.name()                    # 这里的 name 不是私有属性,对象可以直接访问
dog = Dog("Buddy")               # 实例化对象
dog.get_name()                   # 调用内部方法访问私有属性
dog._name()                      # 执行报错。因为_name 是私有属性,对象不能直接访问
```

5.2.5 封装

封装是指将对象的状态和行为封装在一起,隐藏内部实现的细节。封装通常是通过使用私有(private)成员和受保护(protected)成员来实现的。

(1)私有成员:以双下画线(__)开始的成员(属性和方法)为私有,它们只能在类的内部被访问。

(2)受保护成员:以单下画线(_)开始的成员为受保护,它们可以被子类访问,但不应该被外部直接访问。

【例5.4】 实现封装。

```python
class Dog:
    def __init__(self, name):
        self._name = name               #封装属性

    def get_name(self):
        return self._name               #封装方法
```

5.2.6 继承

继承是面向对象编程中的一个核心概念。继承允许一个类(子类或派生类)从另一个类(父类或基类)中继承属性和方法,这种模块化的方式提高了代码的重用性和可维护性。父类(基类)提供属性和方法的类,子类(派生类)继承父类的属性和方法的类,其基本语法如下。

```python
class Animal:
    def __init__(self, name, age):
        self.name = name
        self.age = age
```

```
class Dog(Animal):
    def __init__(self, name, age, breed):
        super().__init__(name, age)          # 使用 super 调用父类的__init__方法
        self.breed = breed                    # 给剩下的属性赋值
# 示例使用
my_dog = Dog('Rex', 5, 'Labrador')
print(my_dog.name)                            # 输出：Rex
print(my_dog.age)                             # 输出：5
print(my_dog.breed)                           # 输出：Labrador
class Animal:
    def speak(self):
        raise NotImplementedError("子类必须实现 speak 方法")
class Dog(Animal):
    def speak(self):
        return "Woof!"
class Cat(Animal):
    def speak(self):
        return "Meow!"
```

5.2.7　多态

多态允许不同类的对象对相同的方法做出不同的响应,这提高了代码的灵活性和可维护性。

```
def perform_speak(animal):
    """接受任何 Animal 类的子类实例,并调用它们的 speak 方法"""
    print(animal.speak())
# 使用
dog = Dog()
cat = Cat()
perform_speak(dog)          # 输出：Woof!,执行相同的函数却得到不同的结果即多态
perform_speak(cat)          # 输出：Meow!,执行相同的函数却得到不同的结果即多态
```

实验作业 5

1. 定义一个名为 Rectangle 的类,它有两个属性 width 和 height,以及两个方法 area 和 perimeter。

2. 实例化 Rectangle 对象 rect,并设置其宽度为 5,高度为 10。

3. 调用 rect 对象的 area 和 perimeter 方法计算并打印矩形的面积和周长。

## 第2部分

重要的第三方库

Python 第三方库是由 Python 社区或第三方开发者提供的可重复使用的代码包,可以为开发者提供各种各样的功能和工具,从而减少开发时间和成本。Python 第三方库可以使开发者快速地实现特定的功能,而不必从头开始编写每个功能。Python 提供了大量的第三方库,覆盖了众多领域,使得开发者可以自由地选择使用这些库以满足实际需求。下面将为读者提供关于 NumPy、Pandas 和 Matplotlib 这 3 个 Python 数据处理和可视化库的基础知识及常用操作的介绍。

(1) NumPy 是一个强大的数值计算库,专为处理大型多维数组和矩阵而设计。读者将学习如何使用 NumPy 进行数组的创建、操作及各种数学运算。

(2) Pandas 是一个广泛用于数据分析的库,尤其适用于处理结构化数据。读者将学习如何使用 Pandas 创建和操作数据表格(DataFrame),进行数据清理、整理、合并等操作,并利用 Pandas 进行有效的数据分析。

(3) Matplotlib 是一个强大的绘图库,可以使读者进入数据可视化的世界。通过对各种图表的创建、定制及展示技巧的学习,读者将掌握如何将数据可视化,从而更直观地进行数据分析与展示。

本部分的内容不仅为读者打下了坚实的数据科学基础,还为其后续深入学习数据分析和可视化技术提供了有力的支持。

- 了解 NumPy 的基础知识。
- 初步认识 NumPy 的核心对象：NumPy 数组及基本操作。

本实验先向读者介绍 NumPy 的相关背景及基础知识，理解 NumPy 是 Python 中用于科学计算的基础库，提供了高性能的多维数组对象以及用于处理数组的工具。初步认识 NumPy 数组，为实验 7 的学习打下基础。

视频讲解

6.1　NumPy 简介和数据类型

NumPy(Numerical Python)是 Python 语言的一个扩展程序，支持大量的维度数组与矩阵运算，此外，也针对数组运算提供大量的数学函数库。NumPy 的前身 Numeric 最早是由 Jim Hugunin 与其他协作者共同开发，2005 年，Travis Ol-iphant 在 Numeric 中结合了另一个同性质的程序库 Numarray 的特色，并加入了其他扩展而开发了 NumPy。NumPy 为开放源代码并且由许多协作者共同维护开发。Python 作为数据分析和人工智能编程的首选语言，Python 厥功至伟。如果装了 Anaconda，NumPy 会自动安装，可以直接使用。

NumPy 是一个运行速度非常快的数学库，主要用于数组计算，包含以下部分。

（1）一个强大的 N 维数组对象 ndarray。

（2）广播功能函数。

（3）整合 C/C++/FORTRAN 代码工具。

（4）线性代数、傅里叶变换、随机数生成等功能。

NumPy 的优势如下。

（1）对于同样的数值计算任务，使用 NumPy 要比直接编写 Python 代码便捷得多。

（2）NumPy 中数组的存储效率和输入输出性能均远远优于 Python 中等价的基本数据结构，且能够提升性能是与数组中的元素成比例的。

（3）NumPy 的大部分代码都是 C 语言编写的，其底层算法在设计时就有着优异的性能，这使得 NumPy 比纯 Python 代码高效。

NumPy 常用数据类型如表 6.1 所示。NumPy 支持的数据类型比 Python 内置的类型要多很多，基本上可以和 C 语言的数据类型对应，其中部分类型对应为 Python 内置的类型。

表 6.1　部分数据类型

数 据 类 型	备　　　注
bool	布尔型数据类型(True 或 False)
int_	默认的数据类型(类似 C 中的 long，int32 或 int64)
intc	与 C 的 int 类型一样，一般是 int32 或 int64

数 据 类 型	备　　注
intp	用于索引的整数类型
int8	字节(−128～127)
int16	整数(−32 768～32 767)
int32	整数(−2 147 483 648～2 147 483 647)
int64	整数(−9 223 372 036 854 775 808～9 223 372 036 854 775 807)
uint8	无符号整数(0～255)
uint16	无符号整数(0～65 535)
uint32	无符号整数(0～4 294 967 295)
uint64	无符号整数(0～18 446 744 073 709 551 615)
float_	float64 类型的简写
float16	半精度浮点数,包括 1 个符号位,5 个指数位,10 个尾数位
float32	单精度浮点数,包括 1 个符号位,8 个指数位,23 个尾数位
float64	双精度浮点数,包括 1 个符号位,11 个指数位,52 个尾数位
complex_	complex128 类型的缩写,即 128 位复数
complex64	复数,表示双 32 位浮点数(实数部分和虚数部分)
complex128	复数,表示双 64 位浮点数(实数部分和虚数部分)

　　ndarray 对象简介如图 6.1 所示,NumPy 最重要的特点是其 N 维数组对象 ndarray,它是一系列同类型数据的集合。与列表不同,列表元素可以不一致,NumPy 所有元素类型必须相同。以 0 下标为开始进行集合中元素的索引;ndarray 对象是用于存放同类型元素的多维数组,且其中的每个元素在内存中都有相同存储大小的区域。ndarray 的组成如图 6.1 所示。

图 6.1　ndarray 的组成

6.2　创建 ndarray 数组对象

6.2.1　使用 array() 函数创建 NumPy 数组

　　numpy. array(object,dtype＝None,copy＝True,order＝None,subok＝False,ndmin＝0)
各参数说明如表 6.2 所示。

表 6.2　array() 函数的参数说明

参　　数	说　　明
object	数组或嵌套的数列
dtype	数组元素的数据类型,可选
copy	对象是否需要复制,可选

续表

参　　数	说　　明
order	创建数组的样式,C 为行方向,F 为列方向,A 为任意方向(默认)
subok	默认返回一个与基类类型一致的数组
ndmin	指定生成数组的最小维度

通过前文可知,数组元素的数据类型有多种,在 dtype 中有其对应的缩写,如表 6.3 所示。

表 6.3　数据类型的缩写

数 据 类 型	缩　　写
bool	?,b1
int8	b,i1
uint8	B,u1
int16	h,i2
uint16	H,u2
int32	i,i4
uint32	I,u4
int64	q,i8
uint64	Q,u8
float16	f2,e
float32	f4,f
float64	f8,d
complex64	F4,F
complex128	F8,D
Str	a,S(可以在 S 后面添加数字表示字符串长度)
Unicode	U
Object	O
void	V

【例 6.1】　使用 dtype 中的已有类型生成数组并打印查看。

```
import numpy as np
a1 = np.array([1,2,3,4,5],dtype = "float16")
a2 = np.array([1,2,3,4,5],dtype = "f2")        # 使用 f2 缩写表示 float16
print(a1)
print(a2)
```

程序执行结果如图 6.2 所示。

此时尽管输入的是整型,但是输出受到 dtype 影响,都变为 float 型;且使用缩写与使用全称程序执行结果一致。

```
[1. 2. 3. 4. 5.]
[1. 2. 3. 4. 5.]
```
图 6.2　程序执行结果

【例 6.2】　使用 dtype 创建自己所需的类型,即创建一个 user 类型的数据类型,其中包括姓名、工号、薪资。

```
    user = np.dtype([("name","S20"),("id","i2"),("pay","f4")])   # 利用 dtype 生成自己的数据
# 类型
    a3 = np.array([("zhangsan","1001","3000.0"),("lisi","1002","3555.5")],dtype = user)
    print(a3)
```

程序执行结果如图 6.3 所示。

```
[(b'zhangsan', 1001, 3000. ) (b'lisi', 1002, 3555.5)]
```

图 6.3   程序执行结果

6.2.2   使用 linspace 生成等间距的一维数组

```
numpy.linspace(start, stop, num = 50, endpoint = True, retstep = False, dtype = None, axis = 0)
```

各参数说明如下。

(1) start:序列的起始值,必须要填。

(2) stop:序列的终止值,如果 endpoint 为 True,则该值包含于数列中。必须要填。

(3) num:生成的样本数,默认是 50。非负整数,表示在 start 和 stop 之间(包括两者,如果 endpoint 为 True)要生成的等间距样本的数量,为可选参数。

(4) endpoint:该值为 True 时,数列中包含 stop 值,否则不包含,默认为 True。

(5) retstep:如果为 True,则返回(samples,step),其中,step 是样本之间的间距,默认为 False。

(6) dtype:输出数组的类型。如果未给出 dtype,则从输入的其他参数推断数据类型。

(7) axis:在计算的维度上存储样本,仅在 dtype 被设置为结构化数据类型时有效。

返回值:

(1) samples:num 个等间距样本,在闭区间[start,stop]或开区间[start,stop)(取决于 endpoint)内均匀分布。

(2) 如果 retstep 为 True,则同时返回(samples,step)。

【例 6.3】   生成 0~10 的包含 5 个数字的等差数列,包含终点 10。

```
import numpy as np
arr1 = np.linspace(0, 10, 5)
print(arr1)                        #输出:[ 0.  2.5 5.  7.5 10. ]
```

6.2.3   使用 zeros()、ones()、full()、empty()函数创建 NumPy 数组

在 NumPy 库中,zeros()、ones()、full()和 empty()是用于创建具有特定形状和初始值的数组的函数。empty()函数的作用是创建一个指定形状的未初始化的数组,由于未初始化,所以输出是随机值。zeros()、ones()、full()类似于 empty(),创建指定形状的数组,不过 zeros()以 0 来初始化,ones()以 1 来初始化,其中的 1 和 0 默认为浮点数,full()函数可以以自己指定的值来填充,所以会多一个参数 fill_value。

```
numpy.zeros(shape, dtype = float, order = 'C')
#举例:a = np.zeros((2, 3))            #创建一个2×3的全0数组
numpy.ones(shape, dtype = float, order = 'C')
#举例:b = np.ones((2, 3))            #创建一个2×3的全1数组
numpy.full(shape, fill_value, dtype = None, order = 'C')
#举例:c = np.full((2, 3), 7)            #创建一个2×3的数组,所有元素都是7
numpy.empty(shape, dtype = float, order = 'C')
#举例:d = np.empty((2, 3))            #创建一个2×3的未初始化数组
"""
shape: 整数或整数元组,用于定义返回数组的形状.
```

dtype:可选参数,用于指定数组的数据类型,默认为 float。
order:可选参数,指定多维数组的内存布局,'C'表示 C 风格(行优先),'F'表示 FORTRAN 风格(列优先),默认为'C'。
"""

【例 6.4】 创建 3 行 2 列且用 0 初始化的数组。

```
import numpy as np        ♯使用 np.zeros 函数创建一个 3×2 的二维数组,数组中所有元素初始化为 0
a1 = np.zeros([3,2])
print(a1)
```

程序执行结果如图 6.4 所示。

```
[[0. 0.]
 [0. 0.]
 [0. 0.]]
```

图 6.4　程序执行结果

6.2.4　使用 arange()函数创建 NumPy 数组

```
numpy.arange([start,] stop[, step,], dtype = None)
```

各参数说明如表 6.4 所示。

表 6.4　arange()函数参数说明

参　　数	说　　明
start	起始值,默认为 0
stop	终止值(不包含)
step	步长,默认为 1
dtype	返回 ndarray 的数据类型,如果没有提供则使用输入数据的类型

该函数根据 start 与 stop 指定的范围及 step 设定的步长,生成一个 ndarray。

【例 6.5】 使用 arange()函数生成一个范围为 1~9、步长为 2、元素数据类型为浮点型的一维数组。

```
import numpy as np
a1 = np.arange(1,9,2,"f2")                    ♯输出步长为2,数值小于9的等差数列
print(a1)
```

程序执行结果如图 6.5 所示。

```
[1. 3. 5. 7.]
```

图 6.5　程序执行结果

6.2.5　使用 random.rand()函数生成随机数数组

这个函数可以生成任意维度的数组,数组元素的范围为 0~1,参数里面如果有一个数字则代表数组是一维的,如果有两个数字则代表数组是二维的,如果有三个数字则代表数组是三维的。

rand()函数只能生成 0~1 的浮点数,randint()函数生成的是自己指定范围的整数。

```
numpy.random.randint(low, high = None, size = None, dtype = 'l')
```

各参数说明如表 6.5 所示。

表 6.5　random.randint()函数参数说明

参　　数	说　　明	参　　数	说　　明
low	包含的下界	size	元素个数
high	不包含的上界	dtype	元素类型

【例 6.6】　生成 0~9 的 5 个随机数。

```
import numpy as np          #使用 np.random.randint 函数生成一个包含 5 个随机整数的一维数组,
                            #其取值范围为[0,10)
arr = np.random.randint(0,10,5)
print(arr)
```

程序执行结果如图 6.6 所示。

[3 7 4 7 1]

图 6.6　程序执行结果

6.2.6　使用 asarray()函数创建 NumPy 数组

使用 asarray()函数从已有数组中创建数组:numpy.asarray 类似 numpy.array,但 numpy.asarray 参数只有三个,比 numpy.array 少两个。

```
numpy.asarray(arr, dtype = None, order = None)
```

各参数说明如下。

(1) arr:需要被转换成数组的输入数据,它可以是列表、元组列表、元组、元组的元组、列表和数组的元组。

(2) dtype:这是一个可选参数,用于指定返回数组的数据类型。如果未指定,则数据类型会根据输入数据自动推断。

(3) order:这也是一个可选参数,用于指定数组在内存中的布局方式,即行优先(C 风格)或列优先(FORTRAN 风格)。默认值为'C'。

返回值:

函数返回一个 ndarray 对象,即 arr 参数的数组形式。如果输入 arr 已经是一个匹配 dtype 和 order 的 ndarray,则不会进行复制操作;如果 arr 是 ndarray 的子类,则返回的是基类的 ndarray。

【例 6.7】　使用 asarray 函数将列表和元组转换为 NumPy 数组。

```
import numpy as np
#将列表转换为 numpy 数组
list_data = [1, 2, 3]
array_data = np.asarray(list_data)
print(array_data)                      #程序执行结果为[1 2 3]
#将元组转换为 numpy 数组
tuple_data = (4, 5, 6)
array_data = np.asarray(tuple_data)
print(array_data)                      #程序执行结果为[4 5 6]
```

此外还有 frombuffer()、fromiter() 等函数,可自行查阅相关资料。

6.2.7 使用 numpy. reshape() 函数改变数组形状

numpy. reshape 是 NumPy 库中的一个函数,用于改变数组的形状而不改变其数据。这意味着用户可以将一个数组重塑为具有不同维度的新数组,但新数组中的元素总数必须与原始数组中的元素总数相同。

```
numpy. reshape(a, newshape, order = 'C')
```

各参数说明如下。

(1) a 是要重塑的数组。

(2) newshape 是一个整数或元组,用于定义新数组的形状。例如,newshape=(2,3)会将数组重塑为 2 行 3 列的二维数组。如果 newshape 中有一个维度被设置为−1,则该维度的大小将自动计算,以确保新数组中的元素总数与原始数组相同。

(3) order 是可选参数,指定元素在数组中的读取顺序。'C'表示按行(C 风格),'F'表示按列(FORTRAN 风格),'A'表示按原顺序(如果数组 a 是 FORTRAN 风格的内存布局,则按列(FORTRAN 风格)进行读取/写入;否则按行(C 风格)进行读取/写入),'K' 表示按元素在内存中出现的顺序。

【例 6.8】 生成 6 个公差为 1 的整数等差数列,并使用 reshape 转换为 2×3 的矩阵。

```
# 创建一个一维数组
a = np. arange(6)
print("原始数组:")
print(a)
# 输出: [ 0 1 2 3 4 5]
# 将数组重塑为 2 行 3 列的二维数组
b = a. reshape(2, 3)
print("重塑后的数组:")
print(b)
# 输出:
# [[ 0 1 2]
#  [ 3 4 5]]
```

实验作业 6

1. 使用 np. random. randn 生成 3 行 4 列的二维数组,元素从标准正态分布中随机抽取。
2. 使用 reshape 将第 1 题的结果变成 2 行 6 列的二维数组。

学习目标

- 了解 NumPy 的创建、索引及广播机制。

本实验带领读者掌握 NumPy 数组并能准确使用,了解 NumPy 的模块,学习这些可以帮助读者掌握 NumPy 库的基本概念、数组操作技巧以及在数据科学、机器学习等领域中使用 NumPy 进行高效数据处理的能力。

视频讲解

7.1　数组元素操作

在 Python 中,最基本的数据结构是序列,它包含 6 种内建序列,即字符串、列表、元组、Unicode 字符串、buffer 对象、xrange 对象。序列中的每个元素都要有一个唯一的编号作为它们的"标识",这个编号被称为索引,在使用时,可以通过索引取到序列的值,语法为序列[索引],这里需要注意的是序列中的索引是从 0 开始编号的。

在 NumPy 中,切片(Slicing)是一种从数组中提取元素子集的方式,其语法类似于 Python 列表的切片。所以有一个概念为切片(Slice),顾名思义,就是"切下来一个连续的片区",切片是对序列的一种高级索引方法,和前面讲到的普通索引的区别在于普通索引只取出序列中一个下标对应的元素,而切片取出序列中一个范围对应的元素。

下面用几个例子加深对这两种索引的理解。

对于普通索引,图 7.1 可明确表示出其含义。

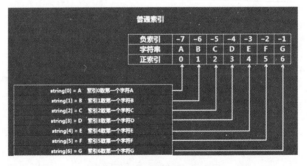

图 7.1　普通索引解释图

【例 7.1】　普通索引示例。

这里新建一个字符串的变量。

```
# 新建一个字符串变量
string = 'ABCDEFG'
```

取第一个元素,对应的索引为 0,即

```
# 取一个索引
string[0]
```

程序执行结果如图 7.2 所示。

对于切片索引,图 7.3 可明确表示出其含义。

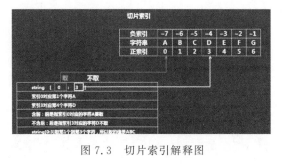

```
[4]: string = 'ABCDEFG'
     string[0]

[4]: 'A'
```

图 7.2 程序执行结果

图 7.3 切片索引解释图

切片索引的语法为

序列[前索引:后索引]

【例 7.2】 切片索引示例。

```
#新建一个字符串变量
string = 'ABCDEFG'
#取第 1~3 个字符
string[0:3]
```

程序执行结果如图 7.4 所示。

'ABC'

图 7.4 程序执行结果

7.1.1 切片索引

1. 新生成索引数组切片

切片是通过内置的 slice() 函数,并设置 start、stop 及 step 参数进行,从原数组中切割出一个新数组,本质上是通过切片来实现索引。

【例 7.3】 通过 slice() 函数进行切片。

```
import numpy as np
#使用 np.array 创建一个包含整数的 NumPy 数组
a = np.array([1,3,5,7,9,11,13,15,17,18,19])
#创建一个切片对象,取值范围为[2,8),步长为 2
s = slice(2,8,2)
#使用切片对象 s 对数组 a 进行切片操作,并打印切片后的结果
print(a[s])
```

例如,slice(2,8,2) 的含义是从 2 到 7,步长为 2,因而也就得到 2,4,6。通过 slice() 函数得到需要的下标索引,进而通过索引得到对应的元素。因为序列中的索引是从 0 开始编号的,所以在变量 a 中,索引为 2 的元素是 5,索引为 4 的元素是 9,索引为 6 的元素是 13。程序执行结果如图 7.5 所示。

```
[6]: a=np.array([1,3,5,7,9,11,13,15,17,18,19])
     s=slice(2,8,2)
     print(a[s])

[ 5  9 13]
```

图 7.5 程序执行结果

2. 直接在原数组上通过索引切片

这里与例 7.2 较为相似,第一个数代表 start,第二个数代表 end,第三个数代表 step,不同点在于这里是用冒号进行分隔。

【例 7.4】 通过冒号切片 NumPy 数组。

```python
import numpy as np
# 使用 np.array 创建一个包含整数的 NumPy 数组
a = np.array([1,3,5,7,9,11,13,15,17,18,19])
# 对数组 a 进行切片操作,取值范围为[2,8),步长为 2
b = a[2:8:2]
print(b)
```

a[2:8:2]的含义为从 2 到 7、步长为 2,因而也就得到 2、4、6。在变量 a 中,索引为 2 的元素是 5,索引为 4 的元素是 9,索引为 6 的元素是 13。程序执行结果如图 7.6 所示。

使用这种方法表达时,冒号里面的某些参数可以省略,具体省略规则如下。

如果只放置一个参数,如[2],将返回与该索引相对应的单个元素;如果只放置一个参数加冒号,如[2:],表示从该索引开始以后,默认步长 1,即该项以后的所有项都将被提取,同样,如果冒号在前,如[:6],表示从该索引开始往前,默认步长为 1,即该项前端所有项都将被提取;如果使用了两个参数,如[2:6],则提取两个索引之间的项。上述表示的是一维数组的切片,那么在二维数组上是否也同样适用呢?这里用一个例子来验证。

【例 7.5】 通过冒号切片 NumPy 数组。

```python
import numpy as np
a = np.array([[1,2,3],[3,4,5],[4,5,6]])
print(a)
# 从某个索引处开始切割
print('从数组索引 a[1:] 处开始切割')
print(a[1:])
```

运行此代码,程序执行结果如图 7.7 所示。

```
[ 5  9 13]
```

图 7.6   程序执行结果

```
[[1 2 3]
 [3 4 5]
 [4 5 6]]
从数组索引 a[1:] 处开始切割
[[3 4 5]
 [4 5 6]]
```

图 7.7   程序执行结果

从程序执行结果可以看出,在多维数组中,冒号切片同样适用,例子中的[1:]表示数组[1,2,3]整体的后面的所有数据。这里对上述代码进行一个修改,代码如下。

【例 7.6】 多维数组中使用冒号切片。

```python
import numpy as np
a = np.array([[1,2,3],[3,4,5],[4,5,6]])
print("第 2 列元素")
print (a[...,1])              # 第 2 列元素
print("第 2 行元素")
print(a[1,...])               # 第 2 行元素
print("第 2 列及右边的所有元素")
print(a[...,1:])              # 第 2 列及右边的所有元素
```

第2列元素
[2 4 5]
第2行元素
[3 4 5]
第2列及右边的所有元素
[[2 3]
 [4 5]
 [5 6]]

图 7.8　程序执行结果

运行此代码,程序执行结果如图 7.8 所示。

通过观察上述程序执行结果,读者可以总结出使用省略号的场景:多维数组切片可以通过省略号完成,省略号意味着"所有"的意思,通过这种操作可以获得列。以二维数组为例,索引的第一个数字代表行,第二个数字代表列。例如,在[…,1]中,行索引由…代替,即所有行的意思,列数为 1,即第二列,因此[…,1]代表取第二列的所有元素。

7.1.2　高级索引

1. 整型数组索引

索引一般包含两个列表,第一个列表代表行,第二个列表代表列,按如图 7.9 所示一一对应。

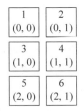

即提取[0,0][1,1][2,0]这3个位置上的元素

图 7.9　索引表表示

【例 7.7】　使用整型数组索引。

```python
import numpy as np
#创建一个二维 NumPy 数组 x,形状为(3,2)
x = np.array([[1, 2], [3, 4], [5, 6]])
#使用整数数组索引对数组 x 进行索引
#选择 x 中每行的特定列:
#第 1 行选择第 0 列的元素
#第 2 行选择第 1 列的元素
#第 3 行选择第 2 列的元素
y = x[[0,1,2], [0,1,0]]
print(x)
print(y)
```

程序执行结果如图 7.10 所示。

在 x 中,[0,0]位置的元素为 1,[1,1]位置的元素为 4,[2,0]位置的元素为 5,与程序执行结果相对应。

2. 布尔索引

布尔索引相当于可以加一个筛选条件,从而筛选出想要的元素。

【例 7.8】　使用布尔索引。

```python
import numpy as np
#创建一个二维数组 x,形状为(4,3)
x = np.array([[0, 1, 2],[3, 4, 5],[6, 7, 8],[9, 10, 11]])
print('我们的数组是:')
print(x)
print('\n')
print('大于 3 的元素是:')
#使用布尔索引选取数组 x 中所有大于 3 的元素
print(x[x > 3])
```

[[1 2]
 [3 4]
 [5 6]]
[1 4 5]

图 7.10　程序执行
结果

程序执行结果如图 7.11 所示。

```
我们的数组是:
[[ 0  1  2]
 [ 3  4  5]
 [ 6  7  8]
 [ 9 10 11]]

大于 3 的元素是:
[ 4  5  6  7  8  9 10 11]
```

图 7.11　程序执行结果

由此可见,可以通过筛选条件筛选出需要的元素。

7.2　广播机制

广播(Broadcast)是 NumPy 对不同形状(shape)的数组进行数值计算的方式,对数组的算术运算通常在相应的元素上进行。如果两个数组 a 和 b 形状相同,即满足 a.shape==b.shape,那么 a * b 的结果就是 a 与 b 数组对应位相乘,这就要求数组维数相同且各维度的长度相同。

【例 7.9】　创建两个一维数组,将其相乘。

```python
import numpy as np
# 创建一个一维 NumPy 数组 a
a = np.array([1,2,3,4])
# 创建另一个一维 NumPy 数组 b
b = np.array([10,20,30,40])
# 对数组 a、b 进行元素级乘法操作
# 对应元素相乘,结果存储在数组 c 中
c = a * b
print(c)
```

程序执行结果如图 7.12 所示。

但是,如果两个形状不同的数组怎么做运算呢? 在 NumPy 中,为了保持数组形状相同,它设计了一种广播机制,这个机制的核心是对形状较小的数组在横向或纵向上进行一定次数的重复,使其与形状较大的一方数组拥有相同的维度。

```
[ 10  40  90 160]
```

图 7.12　程序执行结果

【例 7.10】　创建两个数组并相加。

```python
import numpy as np
# 创建一个二维 NumPy 数组 a,形状为(4,3)
a = np.array([[0,0,0],
              [1,1,1],
              [2,2,2],
              [3,3,3]])
# 创建一个一维 NumPy 数组 b,形状为(3,)
b = np.array([0,1,2])
# 对二维数组 a 和一维数组 b 进行广播操作
# 一维数组 b 将会自动扩展到二维数组 a 的形状
# 进行元素级的加法操作,结果存储在数组中
print(a + b)
```

程序执行结果如图 7.13 所示。

通过上文发现,数组 b 在数组 a 的每一维上面都进行了相加操作,接着用图 7.14 来了解 b 数组如何通过广播做到与数组 a 保持同一维度。

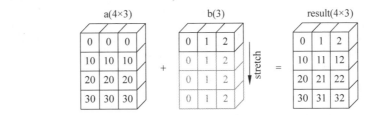

```
[[0 1 2]
 [1 2 3]
 [2 3 4]
 [3 4 5]]
```

图 7.13 程序执行结果   图 7.14 数组广播图解

观察图 7.14 发现,4×3 的数组与 1×3 的数组进行相加操作,等于将数组 b 在二维上重复 4 次后进行运算。通过这个例子相信读者已经对广播机制有了初步的了解,广播的规则如下。

(1) 如果两个数组在维度上不匹配,则其中一个数组的形状会沿着长度为 1 的维度进行扩展,以匹配另一个数组的形状。

(2) 如果两个数组在任何维度上的大小都不一致,且其中一个数组在该维度上的大小为 1,则该数组会被复制扩展到与另一个数组大小相同的维度。

(3) 如果两个数组在所有维度上都不匹配,且没有任何一个维度等于 1,则此时会引发错误。

下面利用实例更清楚地理解上述规则。

【例 7.11】 创建一个 2 行 3 列的数组 M 和 1 行 3 列的数组 N。

```
import numpy as np
#创建一个形状为(2,3)的二维数组 M,所有元素初始化为 1
M = np.ones((2,3))
print(M)
#创建一个一维数组 N,包含 0~2 的整数,形状为(3,)
N = np.arange(3)
print(N)
#打印数组 M、N 的形状
print(M.shape)
print(N.shape)
```

程序执行结果如图 7.15 所示。

```
[[1. 1. 1.]
 [1. 1. 1.]]
[0 1 2]
(2, 3)
(3,)
```

图 7.15 程序执行结果

观察上述程序执行结果发现,N 数组的形状是不足的,所以需要在前面加 1 补齐,即 N. shape→(1,3),然后进行相加运算。

7.3 NumPy 元素的基本操作

7.3.1 四则运算

在 Numpy 数组中,可以使用基本的算术运算符(+,−,*,/)对它进行元素级运算。

【例 7.12】 对 NumPy 数组进行四则运算。

```
import numpy as np
a = np.array([1, 2, 3])
b = np.array([4, 5, 6])
#加法
c = a + b                      #结果是[5 7 9]
#减法
d = a - b                      #结果是[- 3 - 3 - 3]
#乘法
e = a * b                      #结果是[4 10 18]
#除法
f = a / b                      #结果是[0.25 0.4 0.5]
```

7.3.2 幂运算和开方

【例 7.13】 使用 ** 运算符进行幂运算,使用 np. sqrt()函数计算平方根。

```
#幂运算
g = a ** 2                     #结果是[1 4 9]
#开方
h = np.sqrt(a)                 #结果是[1. 1.41421356 1.73205081]
```

7.3.3 逻辑运算

在 NumPy 数组中可以对它执行元素级的逻辑运算,如比较操作。

【例 7.14】 对 NumPy 数组进行比较操作。

```
#比较操作
k = a < b                      #结果是[True True True]
```

7.3.4 三角函数

NumPy 提供了各种三角函数,如 np. sin(),np. cos(),np. tan()等。

【例 7.15】 对 NumPy 数组进行三角函数运算。

```
#将数组中的每个元素视为弧度值,并计算其正弦值
radians = np.array([0, np.pi/2, np.pi])
sine_values = np.sin(radians)          #结果是[0. 1. 0.]
```

7.3.5 条件表达式

【例 7.16】 使用 np. where()函数根据条件选择数组中的元素。

```
#根据条件选择元素值
condition = a > 2                      #结果是[False False True]
result = np.where(condition, a, b)     #如果 a 中的元素大于 2,则选择 a 中的元素,否则选择 b
#中的元素
```

NumPy 的知识点总结如图 7.16 所示,由于篇幅有限,本书仅涉及 NumPy 重要知识点。

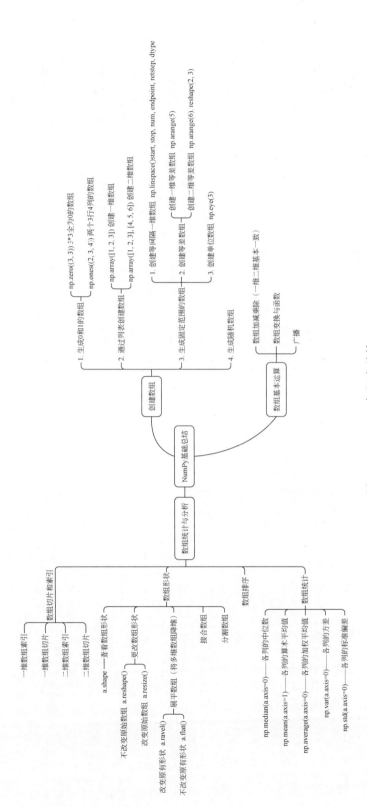

图 7.16　NumPy 知识点总结

实验作业 7

1. 使用 arange 生成公差数列为 1 的 20 个整数等差数列,并使用 reshape 将上面 20 个数变成 4 行 5 列的二维矩阵。

2. 取出第 1 行和第 3 行数据相加,第 2 行和第 4 行数据相加,放入新的矩阵取名为 sum_matrix。

学习目标

- *初步了解 Pandas。*
- *初步了解 Pandas 的数据类型。*

前面系统地学习了 NumPy，在 NumPy 的使用中，往往需要 Pandas 的配合，Pandas 究竟是什么呢？本实验向读者初步介绍 Pandas，让读者对 Pandas 有一些基本了解。

8.1　Pandas 简介

Pandas 为 Python＋data＋analysis 的组合缩写，是 Python 中基于 NumPy 和 Matplotlib 的第三方数据分析库，与 NumPy 和 Matplotlib 共同构成了 Python 数据分析的基础工具包，享有"数据分析三剑客"之名。正因为 Pandas 是在 NumPy 基础上实现的，所以其核心数据结构与 NumPy 的 ndarray 十分相似，但 Pandas 与 NumPy 的关系不是替代，而是互为补充。Pandas 在数据处理上比 NumPy 更加强大和智能，具有如下特点。

（1）Pandas 是基于 NumPy 的一种工具，为了解决数据分析任务而创建。

（2）Pandas 纳入了大量库和一些标准的数据模型，提供了高效地操作大型数据集所需的工具。Pandas 提供了大量能使用户快速便捷地处理数据的函数和方法。

（3）Pandas 是使 Python 成为强大而高效的数据分析环境的重要因素之一。

（4）Pandas 的强大让人毋庸置疑，它是一个集数据审阅、处理、分析、可视化于一身的工具，非常好用。

利用 Pandas 处理数据分析的流程为：读取数据—数据清洗—分析建模—结果展示。

（1）读取数据：Pandas 提供强大的 IO 读取工具，CSV 格式、Excel 文件、数据库等都可以非常简便地读取，对于大数据，Pandas 也支持大文件的分块读取。

（2）数据清洗：Pandas 把各种数据类型的缺失值统一称为 NaN，Pandas 提供了许多方便快捷的方法来处理这些缺失值。

（3）分析建模：Pandas 自动且明确的数据对齐特性，非常方便地使新的对象可以正确地与一组标签对齐，有了这个特性，Pandas 就可以非常方便地将数据集进行拆分—重组操作。

（4）结果展示：Pandas 提供了内置的绘图功能，可以直接使用 DataFrame 和 Series 对象的 plot 方法进行快速的可视化，同时也可以与 Matplotlib 结合进行更加复杂的可视化操作。

综上所述，NumPy 和 Pandas 在数据处理方面各有优劣，需要根据实际需求选择合适的库。如果需要处理结构化数据，如表格型数据或时间序列数据等，可以使用 Pandas；如果需要进行数值计算、模型建立等科学计算问题，则可以使用 NumPy。在实际应用中，两者也可以结合使用，以充分发挥各自的优势。如果安装了 Anaconda，Pandas 不用单独安装即可使用。在 Jupyter Notebook 中，通常使用如下方法导入 Pandas 包：

```
import pandas as pd
```

Pandas 的核心数据结构有两种,即一维的 Series 和二维的 DataFrame,两者的关系就像表格中的行与整个表的关系。

Series 即一维数组,与 Python 中标准数据结构 List 很像,可以把它想象为表格中的列。对于列数据,用户可以做什么? 可以取任意行的数据,可以取指定行的数据,还可以修改相应的数据,这在 Series 中也可以实现,对应的分别是 Series 的切片、索引和修改。

DataFrame 即二维数组,也可以说是表。同样地,也可以将它理解成整个表格。想象一下,对于表格数据,用户可以做什么? 可以对列增删改,可以对行增删改,当然也可以对“单元格”数据进行操作。

Pandas 支持了非常丰富的文件类型,也就是说,它可以读取和保存多种类型的数据,如 Excel 文件、CSV 文件、JSON 文件、SQL 文件,甚至 HTML 文件等,用户获取数据很方便。Pandas 的数据处理主要是对一些不规则数据进行处理。Pandas 的主要功能如图 8.1 所示。

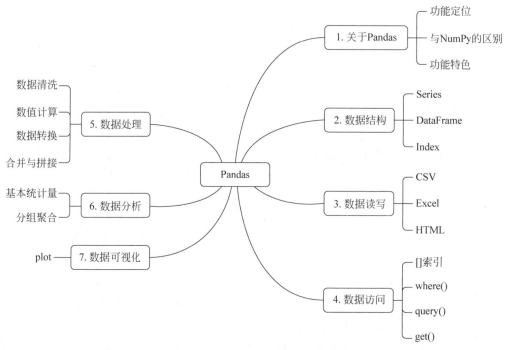

图 8.1　Pandas 的主要功能

8.2　Pandas 数据结构

8.2.1　一维数组 Series

Pandas 中,Series 类似表格中的列,可以保存任何数据类型。

```
pandas.Series(data, index, dtype, copy)
```

各参数说明如表 8.1 所示。

表 8.1　Series 参数说明

参　　数	说　　明
data	一维数组,ndarray 类型或普通列表等
index	数据索引标签,如果不指定默认从 0 开始
dtype	数据类型
name	设置数据集名称
copy	是否复制数据,默认为 False

1. Series 的创建

【例 8.1】　通过列表创建一个数组,用于存储姓名。

```
import pandas as pd
#创建一个包含姓名的列表 a
a = ["Zhangsan","Lisi","Wangwu"]
#使用 pd.Series 将列表 a 转换为 Pandas 的 Series 对象
#Series 是一种类似一维数组的对象,带有标签(索引)
print(pd.Series(a))
```

程序执行结果如图 8.2 所示。

从程序执行结果可以看出,其自动编排索引,且默认索引从 0 开始,但是发现这里 dtype 是 object,变量 a 中输入的是 str 类型,为什么会出现这个问题呢? 其原因在于 ndarray,在 ndarray 中,每个元素必须要有相同的字节,如 int64、float64 都是 8 字节,而 str 类型的长度是不固定的,因此它们所占的字节也不固定,所以类型就变成了 object。

下面将其他参数加上,代码如下。

【例 8.2】　通过其他信息创建 Series。

```
import pandas as pd
#创建一个包含姓名的列表 a
a = ["Zhangsan","Lisi","Wangwu"]
#使用 pd.Series 将列表 a 转换为 Pandas 的 Series 对象
# index 指定了 Series 的索引标签为"1","2","3"
#name 指定了 Series 的名称为"student"
#copy = 1 表示将列表 a 复制一份作为 Series 的基础数据
b = pd.Series(a,index = ["1","2","3"],name = "student",copy = 1)
print(b)
```

将索引标签改为 1,2,3,程序执行结果如图 8.3 所示。

```
0    Zhangsan
1        Lisi
2      Wangwu
dtype: object
```

图 8.2　程序执行结果

```
1    Zhangsan
2        Lisi
3      Wangwu
Name: student, dtype: object
```

图 8.3　程序执行结果

通过观察发现,索引变成了前面设置的 1,2,3,相应的数据集名字也变成了前面设置的 student。

2. Series 的数据检索

在 Series 中,用户可以通过索引来查询数据。

【例 8.3】　通过索引查询数据。

```
import pandas as pd
#创建一个包含键值对的字典 a
#键为整数,值为字符串
a = {1: "Zhangsan", 2: "Lisi", 3: "Wangwu"}
#使用 pd.Series 将字典 a 转换为 Pandas 的 Series 对象
#字典的键作为 Series 的索引,字典的值作为 Series 的元素
b = pd.Series(a)
#打印 Series 对象 b 中索引为 2 的元素
print(b[2])
```

程序执行结果如图 8.4 所示。

这里设置了索引值,索引值为 2 对应的数据为 Lisi。

`Lisi`

图 8.4　程序执行结果

8.2.2　二维数组 DataFrame

Pandas 是 Python 编程语言中用于数据分析和操作的流行库。DataFrame 是 Pandas 提供的一个核心数据结构,用于存储和操作表格型数据(即具有行和列的数据)。DataFrame 可以看作一个二维的、大小可变的、有潜在异构类型的表格数据结构,类似于 SQL 表或 Excel 电子表格。

【例 8.4】　DataFrame 的使用。

(1) 创建 DataFrame。

```
import pandas as pd
#从字典创建 DataFrame
#字典的键作为 DataFrame 的列名
#字典的值作为对应列的数据
data = {'Name': ['Alice', 'Bob', 'Charlie'],        #列'Name'的数据
        'Age': [25, 32, 18],
        'City': ['New York', 'Paris', 'London']}     #列'City'的数据
#使用 pd.DataFrame 将字典 data 转换为 Pandas 的 DataFrame 对象
df = pd.DataFrame(data)
print(df)
```

程序执行结果如图 8.5 所示。

```
    Name  Age      City
0   Alice   25  New York
1     Bob   32     Paris
2  Charlie   18    London
```

图 8.5　程序执行结果

(2) 访问数据:可以通过列名或行索引来访问 DataFrame 中的数据。

```
#访问单个列
#使用列名访问 DataFrame 中的单列,返回一个 Series 对象
names = df['Name']
print(names)
#访问多列
#使用列名访问 DataFrame 中的多列,返回一个包含所选列的 DataFrame
subset = df[['Name', 'Age']]
print(subset)
#访问特定行
#使用整数位置索引访问 DataFrame 中的特定行,返回该行的 Series 对象
#.iloc 用于基于整数位置(从 0 开始)进行行和列的选择
```

```
row = df.iloc[0]
print(row)
#访问特定位置的元素
#使用整数行索引和列名访问 DataFrame 中的特定单元格的值
#.at 用于基于标签(索引和列名)进行单个元素的快速访问
value = df.at[0, 'Age']      #访问第一行(索引 0)中'Age'列的值
print(value)
```

程序执行结果如图 8.6 所示。

```
0        Alice
1          Bob
2      Charlie
Name: Name, dtype: object
          Name  Age
0        Alice   25
1          Bob   32
2      Charlie   18
Name        Alice
Age            25
City     New York
Name: 0, dtype: object
25
```

图 8.6 程序执行结果

(3) 数据操作：Pandas 提供了丰富的数据操作功能，如筛选、排序、分组、合并等。

```
#筛选数据
#根据条件筛选 DataFrame 中的行
#这里只选择'Age'列大于 20 的行
filtered_df = df[df['Age'] > 20]
#排序数据
#根据指定列对 DataFrame 进行排序
#这里按'Age'列的值升序排序
sorted_df = df.sort_values(by = 'Age')
#分组数据
#按指定列对 DataFrame 进行分组,并计算每组的统计信息
#这里按'City'列分组,并计算每组中'Age'列的平均值
grouped_df = df.groupby('City')['Age'].mean()
#合并数据(假设有另一个 DataFrame df2)
#根据共同列将两个 DataFrame 合并
#这里基于'Name'列进行合并
merged_df = pd.merge(df, df2, on = 'Name')
```

(4) 缺失数据处理：Pandas 提供了处理缺失数据(NaN)的功能。

```
#检查缺失值
#使用 isnull()方法检查 DataFrame 中的缺失值
#.values.any()检查是否存在任何缺失值
#如果存在缺失值,则返回 True; 否则返回 False
has_nans = df.isnull().values.any()
#删除包含缺失值的行
#使用 dropna()方法删除任何包含缺失值的行
#结果是一个没有缺失值的 DataFrame
df_clean = df.dropna()
#填充缺失值
#使用 fillna()方法填充缺失值
#method = 'ffill'表示使用前一个有效值填充缺失值(前向填充)
df_filled = df.fillna(method = 'ffill')
```

（5）导出数据：可以将 DataFrame 导出为多种格式，如 CSV、Excel、SQL 等。

```
# 导出为 CSV 文件
df.to_csv('data.csv', index = False)
# 导出为 Excel 文件(需要安装 openpyxl 或 xlwt)
df.to_excel('data.xlsx', index = False)
```

以上是 DataFrame 的常用操作，Pandas 提供了大量其他功能，包括时间序列处理、数据重塑、性能优化等，使其成为数据分析和科学计算的强大工具。这里不再赘述。

实验作业 8

1. 创建一个字典，用于表示 DataFrame 数据，并将其转换为 DataFrame。

```
data = {
    'Name': ['张三', '李四', '王五', '陈六'],
    'Age': [25, 32, 35, 40],
    'Salary': [50000, 60000, 70000, 80000]
}
```

2. 使用 NumPy 的 mean 函数求出所有人的 'Salary' 平均值。

3. 求出每个人的薪水与平均值之间的差距，新的列名取名为 'Salary_gap'，重新加入 DataFrame，并打印出新的 DataFrame。

实验 9　Pandas常用操作

学习目标

- 掌握 Pandas 的两个核心数据结构。
- 掌握 Pandas 的常用数据处理方法。
- 了解数据可视化。

本实验带领读者学习 Pandas 的两个主要数据结构——Series 和 DataFrame；学习使用 Pandas 读取各种数据源的数据，包括 CSV 文件、Excel 文件、SQL 数据库等，掌握一些基本方法；了解如何使用 Pandas 内置的绘图功能进行简单的数据可视化。

视频讲解

9.1　Pandas 数据导入

Pandas 支持非常丰富的文件类型，它可以读取和保存多种类型的数据。

9.1.1　导入 Excel 数据

Excel 数据常常导入的是 .xls 或 .xlsx 文件。

语法结构：

```
pd.read_excel(io,sheet_name,header)
```

其中，io 表示 .xls 或 .xlsx 的文件路径或类文件对象，一定要是文件的真实路径；sheet_name 表示工作表；header 默认值为 0，取第一行的值为列名，数据为除列名以外的数据，如果数据不包含列名，则设置 header＝None。

【例 9.1】　导入 Excel 数据。

```
import pandas as pd
# 导入 Excel 数据
data = pd.read_excel(r"C:\Users\JOLY\Desktop\test.xlsx",sheet_name = 0,header = 0)
print(data)
```

程序执行结果如图 9.1 所示。

9.1.2　导入 CSV 文件

除了 Excel 文件，CSV 文件是 Pandas 的另一种重要文件形式，可用记事本打开。

语法结构：

```
pd.read_csv(filepath_or_buffer,sep = ',',header,names = None,usecols = None,skip_blank_lines =
True,nrows = None,encoding = None)
```

各参数解释如下。

```
[14]: import pandas as pd
      #导入Excel数据
      data=pd.read_excel(r"C:\Users\JOLY\Desktop\test.xlsx",sheet_name=0,header=0)
      print(data)
```

```
                                      成长记录补录模板 Unnamed: 1  \
      0                                           学号        姓名
      1                                      1000001      学生1
      2                                      1000002      学生2
      3                                      1000003      学生3
      4  1、以上为示范数据,请勿删除,请从第7行开始添加数据,\n2、如果补录时间为时间点,结束时间...           NaN

               Unnamed: 2          Unnamed: 3     Unnamed: 4 Unnamed: 5  \
      0              开始时间                结束时间             内容     活动一级分类
      1  2017-05-09 00:00:00                 NaN  参加学生会歌唱比赛奖励      文体活动
      2  2017-05-09 00:00:00  2017-06-09 00:00:00  奖励学生户外运动成绩      工作履历
      3  2017-05-09 00:00:00  2017-06-09 00:00:00   学生打扫卫生奖励      志愿公益
      4                 NaN                 NaN          NaN        NaN

        Unnamed: 6 Unnamed: 7 Unnamed: 8 Unnamed: 9 Unnamed: 10
      0     活动二级分类      活动等级       奖励内容       学分类型       发放学分值
      1       文体活动       校级       NaN     文体活动学分        0.01
      2       工作履历      院系级     一等奖、二等奖    工作成长积分           2
      3       志愿公益      院系级       NaN     志愿者工时           5
      4        NaN       NaN       NaN       NaN        NaN
```

图 9.1　程序执行结果

(1) filepath_or_buffer：字符串、文件路径，也可以是 URL 链接。

(2) sep：每行数据内容的分隔符号，CSV 中常用','分隔。

(3) header：指定作为列名的行，默认值为 0，即取第一行的值为列名。数据为除列名以外的数据，若数据不包含列表，则设置 header＝None。

(4) names：用来指定列的名称，类似列表的序列，不允许有重复值。

(5) usecols：用来获取指定列名的数据。

(6) skip_blank_lines：跳过指定行数。

(7) nrows：用于指定需要读取的行数，常用于较大的数据。

(8) encoding：字符串，默认值为 None，文件的编码格式。

【例 9.2】　使用 read_csv()函数导入 CSV 文件。

```
import pandas as pd
df = pd.read_csv(r"C:\Users\JOLY\Desktop\los_census.csv",sep = ',',encoding = 'utf - 8')
pd.set_option('display.unicode.east_asian_width',True)           #规则格式
print(df)
```

程序执行结果如图 9.2 所示。

```
     Zip Code  Total Population  Median Age  Total Males  Total Females  \
0      91371                 1        73.5            0              1
1      90001             57110        26.6        28468          28642
2      90002             51223        25.5        24876          26347
3      90003             66266        26.3        32631          33635
4      90004             62180        34.8        31302          30878
..       ...               ...         ...          ...            ...
314    93552             38158        28.4        18711          19447
315    93553              2138        43.3         1121           1017
316    93560             18910        32.4         9491           9419
317    93563               388        44.5          263            125
318    93591              7285        30.9         3653           3632

     Total Households  Average Household Size
0                   1                    1.00
1               12971                    4.40
2               11731                    4.36
3               15642                    4.22
4               22547                    2.73
..                ...                     ...
314              9690                    3.93
315               816                    2.62
316              6469                    2.92
317               103                    2.53
318              1982                    3.67

[319 rows x 7 columns]
```

图 9.2　程序执行结果

9.1.3　导入 HTML 网页

语法结构：

```
pd.read_html(io, match = '. + ', flavor, header, encoding)
```

各参数解释如下。

(1) io：字符串、文件路径，也可以是 URL 链接，网址不接受 https。

(2) match：正则表达式。

(3) flavor：解释器，默认为'lxml'。

(4) header：指定列标题所在的行。

(5) encoding：文件的编码格式。

注：导入 HTML 网页数据时只能导入 table 标签的数据。

【例 9.3】　使用 read_html()函数导入·HTML 网页。

```
import pandas as pd
url = 'http://www.espn.com/nba/salaries'
#pd.read_html 返回的是一个 DataFrame 的列表，选择其中一个 DataFrame
df_list = pd.read_html(url, header = 0)
#如果有多个 DataFrame，可以选择其中一个，或者合并多个 DataFrame
df = df_list[0]
print(df)
#将数据保存为 CSV 文件，确保文件名合法
df.to_csv('nba_player_salaries.csv', index = False)
```

程序执行结果如图 9.3 所示。

```
    RK                      NAME                      TEAM        SALARY
0    1         Stephen Curry, PG    Golden State Warriors   $51,915,615
1    2         Kevin Durant, PF             Phoenix Suns   $47,649,433
2    3          LeBron James, SF       Los Angeles Lakers   $47,607,350
3    4          Nikola Jokic, C           Denver Nuggets   $47,607,350
4    5            Joel Embiid, C       Philadelphia 76ers   $46,900,000
5    6          Bradley Beal, SG             Phoenix Suns   $46,741,590
6    7   Giannis Antetokounmpo, PF        Milwaukee Bucks   $45,640,084
7    8        Damian Lillard, PG          Milwaukee Bucks   $45,640,084
8    9         Kawhi Leonard, SF             LA Clippers   $45,640,084
9   10            Paul George, F             LA Clippers   $45,640,084
10  RK                      NAME                      TEAM        SALARY
11  11          Jimmy Butler, SF               Miami Heat   $45,183,960
12  12        Klay Thompson, SG    Golden State Warriors   $43,219,440
13  13           Rudy Gobert, C   Minnesota Timberwolves   $41,000,000
14  14         Fred VanVleet, PG          Houston Rockets   $40,806,300
15  15         Anthony Davis, PF       Los Angeles Lakers   $40,600,080
16  16           Luka Doncic, PG         Dallas Mavericks   $40,064,220
17  17          Zach LaVine, SG            Chicago Bulls   $40,064,220
18  18            Trae Young, PG            Atlanta Hawks   $40,064,220
19  19         Tobias Harris, PF       Philadelphia 76ers   $39,270,150
20  20        Pascal Siakam, PF          Toronto Raptors   $37,893,408
21  RK                      NAME                      TEAM        SALARY
22  21           Ben Simmons, PG           Brooklyn Nets   $37,893,408
23  22          Kyrie Irving, PG         Dallas Mavericks   $37,037,037
24  23           Jrue Holiday, PG          Boston Celtics   $36,861,707
```

图 9.3　程序执行结果

通过上述内容可知，一个 DataFrame 结构大致由三部分组成，分别是列名称、索引和数据。

接下来学习针对 DataFrame 的基本操作。在本章中，不会刻意强调 Series，因为前面在 DataFrame 上学习的大多数方法和技巧都适用于对 Series 进行处理。在前例中已经读取了

一个外部数据,这是洛杉矶的人口普查数据。有些时候,读取的文件很大,如果全部输出预览这些文件,既不美观,又很耗时。Pandas 提供了 head()和 tail()方法,帮助用户只预览一小块数据。

【例 9.4】 使用 df.head()函数预览前 5 条数据。

```
import pandas as pd
df = pd.read_csv(r"C:\Users\JOLY\Desktop\los_census.csv", sep = ',', encoding = 'utf - 8')
pd.set_option('display.unicode.east_asian_width', True)          # 规则格式
print(df.head())
```

程序执行结果如图 9.4 所示。

```
      Zip Code  Total Population  Median Age  Total Males  Total Females  \
0     91371                    1        73.5            0              1
1     90001                57110        26.6        28468          28642
2     90002                51223        25.5        24876          26347
3     90003                66266        26.3        32631          33635
4     90004                62180        34.8        31302          30878

      Total Households  Average Household Size
0                    1                    1.00
1                12971                    4.40
2                11731                    4.36
3                15642                    4.22
4                22547                    2.73
```

图 9.4　程序执行结果

【例 9.5】 使用 df.tail()函数预览后 n 条数据。

```
import pandas as pd
df = pd.read_csv(r"C:\Users\JOLY\Desktop\los_census.csv", sep = ',', encoding = 'utf - 8')
pd.set_option('display.unicode.east_asian_width', True)          # 规则格式
print(df.tail(5))
```

程序执行结果如图 9.5 所示。

```
        Zip Code  Total Population  Median Age  Total Males  Total Females  \
314     93552                38158        28.4        18711          19447
315     93553                 2138        43.3         1121           1017
316     93560                18910        32.4         9491           9419
317     93563                  388        44.5          263            125
318     93591                 7285        30.9         3653           3632

        Total Households  Average Household Size
314                 9690                    3.93
315                  816                    2.62
316                 6469                    2.92
317                  103                    2.53
318                 1982                    3.67
```

图 9.5　程序执行结果

Pandas 还提供统计和描述性方法,方便用户从宏观的角度了解数据集。describe()相当于对数据集进行概览,会输出该数据集每一列数据的计数、最大值、最小值等。预览数据集的实现代码如下。

【例 9.6】 使用 describe()函数预览数据集。

```
import pandas as pd
df = pd.read_csv(r"C:\Users\JOLY\Desktop\los_census.csv", sep = ',', encoding = 'utf - 8')
pd.set_option('display.unicode.east_asian_width', True)          # 规则格式
print(df.describe())
```

程序执行结果如图 9.6 所示。

```
           Zip Code  Total Population  Median Age  Total Males   \
count    319.000000        319.000000  319.000000   319.000000
mean   91000.673981      33241.341693   36.527586  16391.564263
std      908.360203      21644.417455    8.692999  10747.495566
min    90001.000000          0.000000    0.000000      0.000000
25%    90243.500000      19318.500000   32.400000   9763.500000
50%    90807.000000      31481.000000   37.100000  15283.000000
75%    91417.000000      44978.000000   41.000000  22219.500000
max    93591.000000     105549.000000   74.000000  52794.000000

           Total Females  Total Households  Average Household Size
count         319.000000        319.000000              319.000000
mean        16849.777429      10964.570533                2.828119
std         10934.986468       6270.646400                0.835658
min             0.000000          0.000000                0.000000
25%          9633.500000       6765.500000                2.435000
50%         16202.000000      10968.000000                2.830000
75%         22690.500000      14889.500000                3.320000
max         53185.000000      31087.000000                4.670000
```

图 9.6　程序执行结果

9.2　Pandas 常用数据处理方法

9.2.1　数据选择

在数据预处理过程中往往会对数据集进行切分,只将需要的某些行、列,或者数据块保留下来,输出到下一个流程中。这也就是所谓的数据选择,或者数据索引。由于 Pandas 的数据结构中存在索引、标签,所以可以通过多轴索引完成对数据的选择。

1. 基于索引选择（iloc 方法）

当新建一个 DataFrame 之后,如果未自己指定行索引或者列对应的标签,那么 Pandas 会默认从 0 开始以数字的形式作为行索引,并以数据集的第一行作为列对应的标签。其实,这里的列也有数字索引,默认也是从 0 开始,只是未显示出来。

首先可以基于数字索引对数据集进行选择,这里使用 Pandas 中的 df.iloc 方法,这种方法可接收的类型为整数、整数构成的列表、布尔数组、可返回索引值的参数或索引。同样以上面的洛杉矶的人口普查数据为例,这里选择前三行的数据,代码如下。

【例 9.7】　打印输出 CSV 文件中的前三行数据。

```
import pandas as pd
df = pd.read_csv(r"C:\Users\JOLY\Desktop\los_census.csv", sep = ',', encoding = 'utf - 8')
pd.set_option('display.unicode.east_asian_width', True)        # 规则格式
print(df.iloc[:3])
```

程序执行结果如图 9.7 所示。

```
   Zip Code  Total Population  Median Age  Total Males  Total Females   \
0     91371                 1        73.5            0              1
1     90001             57110        26.6        28468          28642
2     90002             51223        25.5        24876          26347

   Total Households  Average Household Size
0                 1                    1.00
1             12971                    4.40
2             11731                    4.36
```

图 9.7　程序执行结果

2. 基于标签名称选择（loc 方法）

除了上述方法，也可以根据标签对应的名称进行选择，用到的方法为 df. loc,其可以接收的类型为单个标签、列表或数组包含的标签、切片对象、布尔数组和可返回标签的函数和参数。同样以上面的洛杉矶的人口普查数据为例，选择前三行的数据，代码如下。

【例 9.8】 打印输出 CSV 文件中的前三行数据。

```python
import pandas as pd
# 从 CSV 文件读取数据到 DataFrame
df = pd.read_csv(r"C:\Users\JOLY\Desktop\los_census.csv", sep = ',', encoding = 'utf - 8')
pd.set_option('display.unicode.east_asian_width', True)        # 规则格式
# 打印指定列的数据
# 使用 .loc 选择所有行和指定的列名
print(df.loc[:, ['Zip Code', 'Total Polulation', 'Median Age']])
```

程序执行结果如图 9.8 所示。

```
    Zip Code Total Population  Median Age
0      91371                1        73.5
1      90001            57110        26.6
2      90002            51223        25.5
3      90003            66266        26.3
4      90004            62180        34.8
..       ...              ...         ...
257    91711            35705        38.6
258    91722            34409        34.0
259    91723            18275        35.0
260    91724            26184        37.9
261    91731            2959...       NaN

[262 rows x 3 columns]
```

图 9.8 程序执行结果

9.2.2 数据删减

虽然可以通过数据选择方法从一个完整的数据集中获取到需要的数据，但有的时候直接删除不需要的数据更加简单直接。在 Pandas 中，以 .drop 开头的方法都与数据删减有关。

DataFrame.drop 可以直接删除数据集中指定的列和行。一般在使用时指定 labels 标签参数，然后再通过 axis 指定按列(axis=1)或按行(axis=0)删除即可。当然，也可以通过索引参数删除数据，具体可查看官方文档。

【例 9.9】 删除 CSV 文件中的两列。

```python
import pandas as pd
df = pd.read_csv(r"C:\Users\JOLY\Desktop\los_census.csv", sep = ',', encoding = 'utf - 8')
pd.set_option('display.unicode.east_asian_width', True)        # 规则格式
# 删除指定的列
# 使用 drop()方法删除列,labels 参数指定要删除的列名
# axis = 1 表示对列进行操作,删除列'Procedure'和'Total Males'
# 返回一个新的 DataFrame,其中不包含这些列
print(df.drop(labels = ['Median Age', 'Total Males'], axis = 1))
```

程序执行结果如图 9.9 所示。

DataFrame.drop_duplicates 则通常用于数据去重，即剔除数据集中的重复值。使用方法非常简单，默认情况下，它会根据所有列删除重复的行。也可以使用 subset 指定要删除的特定列上的重复项，要删除重复项并保留最后一次出现，可使用 keep = 'last'。除此之外，另一个

```
     Zip Code  Total Population  Total Females  Total Households  \
0       91371                 1              1                 1
1       90001             57110          28642             12971
2       90002             51223          26347             11731
3       90003             66266          33635             15642
4       90004             62180          30878             22547
..        ...               ...            ...               ...
314     93552             38158          19447              9690
315     93553              2138           1017               816
316     93560             18910           9419              6469
317     93563               388            125               103
318     93591              7285           3632              1982

     Average Household Size
0                      1.00
1                      4.40
2                      4.36
3                      4.22
4                      2.73
..                      ...
314                    3.93
315                    2.62
316                    2.92
317                    2.53
318                    3.67

[319 rows x 5 columns]
```

图 9.9　程序执行结果

用于数据删减的方法 DataFrame. dropna 也十分常用,其主要的用途是删除缺少值,即数据集中空缺的数据列或行。

9.2.3　数据填充

　　既然提到了数据删减,反之则可能会遇到数据填充的情况。而对于一个给定的数据集而言,一般不会乱填数据,而更多的是对缺失值进行填充。在真实的生产环境中,需要处理的数据文件往往没有想象中的那么美好。其中,很大概率会遇到的情况就是缺失值。缺失值主要是指数据丢失的现象,也就是数据集中的某一块数据不存在。除此之外,存在但明显不正确的数据也被归为缺失值一类。例如,在一个时间序列数据集中,某一段数据突然发生了时间流错乱,那么这一小块数据就是毫无意义的,可以被归为缺失值。

　　那么,应该怎样检测缺失值呢?

　　在 Pandas 中,为了更方便地检测缺失值,将不同类型数据的缺失均采用 NaN(Not a Number)标记,在时间序列中,时间戳丢失采用 NaT(Not a Time)标记。

　　在 Pandas 中,检测缺失值时主要用两个方法——isna()和 notna(),返回值为布尔值,用于判断是否为缺失值。

　　这里使用 NumPy 库生成一个9行5列的二维数组,其中的元素均为[0,1)区间中均匀分布的随机数。

　　【例 9.10】　设置缺失值。

```
import pandas as pd
#随机生成9行5列的二维数组,列名为 ABCDE
df = pd.DataFrame(np.random.rand(9, 5), columns = list('ABCDE'))
#插入 T 列,并打上时间戳
df.insert(value = pd.Timestamp('2023 - 11 - 20'), loc = 0, column = 'Time')
```

```
#将 1, 3, 5 列的 2,4,6,8 行置为缺失值
df.iloc[[1, 3, 5, 7], [0, 2, 4]] = np.nan
#将 2, 4, 6 列的 3,5,7,9 置为缺失值
df.iloc[[2, 4, 6, 8], [1, 3, 5]] = np.nan
print(df)
```

程序执行结果如图 9.10 所示。

【例 9.11】 通过 isna()确定数据集中的缺失值。

```
import pandas as pd
#随机生成 9 行 5 列的二维数组,列名为 ABCDE
df = pd.DataFrame(np.random.rand(9, 5), columns = list('ABCDE'))
#插入 T 列,并打上时间戳
df.insert(value = pd.Timestamp('2023 - 11 - 20'), loc = 0, column = 'Time')
#将 1, 3, 5 列的 2,4,6,8 行置为缺失值
df.iloc[[1, 3, 5, 7], [0, 2, 4]] = np.nan
#将 2, 4, 6 列的 3,5,7,9 置为缺失值
df.iloc[[2, 4, 6, 8], [1, 3, 5]] = np.nan
print(df.isna())
```

程序执行结果如图 9.11 所示。

	Time	A	B	C	D	E
0	2023-11-20	0.808417	0.476993	0.020072	0.833157	0.013136
1	NaT	0.747006	NaN	0.155069	NaN	0.074438
2	2023-11-20	NaN	0.851628	NaN	0.163769	NaN
3	2023-11-20	0.554035	NaN	0.141313	NaN	0.884400
4	2023-11-20	NaN	0.947758	NaN	0.023188	NaN
5	NaT	0.935228	NaN	0.781834	NaN	0.245485
6	2023-11-20	NaN	0.705622	NaN	0.044298	NaN
7	NaT	0.351424	NaN	0.957098	NaN	0.704651
8	2023-11-20	NaN	0.589433	NaN	0.852676	NaN

图 9.10 程序执行结果

	Time	A	B	C	D	E
0	False	False	False	False	False	False
1	True	False	True	False	True	False
2	False	True	False	True	False	True
3	False	True	False	False	True	False
4	False	True	False	True	False	True
5	True	False	True	False	True	False
6	False	True	False	True	False	True
7	True	False	True	False	True	False
8	False	True	False	True	False	True

图 9.11 程序执行结果

在面对缺失值时,一般只有两种方法,即删除和填充。两种方法都比较极端,所以要根据实际需求来选择。下面来了解一下填充缺失值的方法 fillna()。

首先,需要填充缺失值。第一种方法是用一个值来代替 NaN,这里用 0 来代替,即 df.fillna(0);另外,也可以通过参数将缺失值前或后的值填充给相应的缺失值,即 df.fillna (method='pad')和 df.fillna(method='bfill');除了上述方法,也可以用 Pandas 自带的求平均值方法填充特定的行或列,即 df.fillna(df.mean()[列(行)n:列(行)m])。

【例 9.12】 对 A～E 列用平均值进行填充。

```
import pandas as pd
#随机生成 9 行 5 列的二维数组,列名为 ABCDE
df = pd.DataFrame(np.random.rand(9, 5), columns = list('ABCDE'))
#插入 T 列,并打上时间戳
df.insert(value = pd.Timestamp('2023 - 11 - 20'), loc = 0, column = 'Time')
#将 1, 3, 5 列的 2,4,6,8 行置为缺失值
df.iloc[[1, 3, 5, 7], [0, 2, 4]] = np.nan
#将 2, 4, 6 列的 3,5,7,9 置为缺失值
df.iloc[[2, 4, 6, 8], [1, 3, 5]] = np.nan
df2 = df.fillna(df.mean()['A':'E'])
print(df2)
```

程序执行结果如图 9.12 所示。

```
         Time         A         B         C         D         E
0  2023-11-20  0.616009  0.255358  0.747525  0.555082  0.898533
1         NaT  0.021171  0.689244  0.170926  0.452329  0.708448
2  2023-11-20  0.621223  0.711207  0.337492  0.443947  0.547059
3         NaT  0.935760  0.689244  0.199105  0.452329  0.443194
4  2023-11-20  0.621223  0.851787  0.337492  0.632096  0.547059
5         NaT  0.643596  0.689244  0.529564  0.452329  0.420075
6  2023-11-20  0.621223  0.923734  0.337492  0.570183  0.547059
7         NaT  0.889579  0.689244  0.040340  0.452329  0.265045
8  2023-11-20  0.621223  0.704136  0.337492  0.060337  0.547059
```

图 9.12　程序执行结果

观察上述例子发现,A～E列的缺失值都被平均值填充。

此时可以采取插值填充,插值是数值分析中的一种方法。简言之,就是借助一个函数(线性或非线性),再根据已知数据求解未知数据的值。插值在数据领域十分常见,它的好处在于可以尽量还原数据本身的样子。通常可以通过 interpolate() 方法完成线性插值。下面用一个例子来加深理解。

【例 9.13】　随机生成一个 DataFrame 并设置缺失值。

```
import pandas as pd
♯生成一个 DataFrame
♯使用 pd.DataFrame() 创建一个新的 DataFrame
♯其中包含两个列 'A' 和 'B',每列包含相应数据
♯'A'列的数据有一个 NaN 值(缺失值)
♯'B'列的数据有两个 NaN 值(缺失值)
df = pd.DataFrame({'A': [1.1, 2.2, np.nan, 4.5, 5.7, 6.9],
                   'B': [0.21, np.nan, np.nan, 3.1, 11.7, 13.2]})
print(df)
```

程序执行结果如图 9.13 所示。

观察一下这些元素,如果通过前面所说的前后值填充或平均值填充的方法进行填充不太能反映出来其趋势,这时使用插值填充是最优的方法。

【例 9.14】　使用默认的线性插值。

```
import pandas as pd
♯生成一个 DataFrame
♯其中包含两个列'A' 和 'B',每列包含相应数据
♯'A'列的数据有一个 NaN 值(缺失值)
♯'B'列的数据有两个 NaN 值(缺失值)
df = pd.DataFrame({'A': [1.1, 2.2, np.nan, 4.5, 5.7, 6.9],
                   'B': [0.21, np.nan, np.nan, 3.1, 11.7, 13.2]})
♯使用插值法填充缺失值
♯使用 df.interpolate()方法进行线性插值
♯该方法会基于现有数据的值对缺失值进行插值填充
♯线性插值默认在每列的数值之间进行,适用于有序数据
df_interpolate = df.interpolate()
print(df_interpolate)
```

程序执行结果如图 9.14 所示。

```
     A     B
0  1.1  0.21
1  2.2   NaN
2  NaN   NaN
3  4.5  3.10
4  5.7  11.70
5  6.9  13.20
```

图 9.13　程序执行结果

```
      A          B
0  1.10   0.210000
1  2.20   1.173333
2  3.35   2.136667
3  4.50   3.100000
4  5.70  11.700000
5  6.90  13.200000
```

图 9.14　程序执行结果

9.2.4 数据可视化

NumPy、Pandas、Matplotlib 构成了一个完善的数据分析生态圈,所以三个工具的兼容性也非常好,甚至共享了大量的接口。当数据是以 DataFrame 格式呈现时,可以直接使用 Pandas 提供的 DataFrame.plot 方法调用 Matplotlib 接口绘制常见的图形。

【例 9.15】 用插值后的数据绘制线形图。

```python
import pandas as pd
#生成一个 DataFrame
#其中包含两个列 'A' 和 'B',每列包含相应数据
# 'A'列的数据有一个 NaN 值(缺失值)
# 'B'列的数据有两个 NaN 值(缺失值)
df = pd.DataFrame({'A': [1.1, 2.2, np.nan, 4.5, 5.7, 6.9],
                   'B': [0.21, np.nan, np.nan, 3.1, 11.7, 13.2]})
#使用插值法填充缺失值
#使用 df.interpolate()方法进行线性插值
#该方法会基于现有数据的值对缺失值进行插值填充
#线性插值默认在每列的数值之间进行,适用于有序数据
df_interpolate = df.interpolate()
#绘制插值填充后的 DataFrame
#使用 df_interpolate.plot() 绘制插值填充后的 DataFrame 的图表
#默认情况下将生成每列数据的线图,展示填充后的数据趋势
print(df_interpolate.plot())
```

程序执行结果如图 9.15 所示。

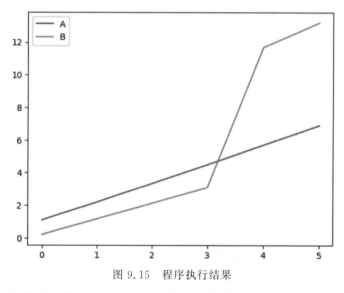

图 9.15 程序执行结果

也可以选择其他样式的图,只需要改变参数 kind 的值即可。

【例 9.16】 用柱形图显示数据。

```python
import pandas as pd
#生成一个 DataFrame
#其中包含两个列 'A' 和 'B',每列包含相应数据
# 'A'列的数据有一个 NaN 值(缺失值)
# 'B'列的数据有两个 NaN 值(缺失值)
```

```
df = pd.DataFrame({'A': [1.1, 2.2, np.nan, 4.5, 5.7, 6.9],
                   'B': [0.21, np.nan, np.nan, 3.1, 11.7, 13.2]})
# 使用插值法填充缺失值
# 使用 df.interpolate()方法进行线性插值
# 该方法会基于现有数据的值对缺失值进行插值填充
# 线性插值默认在每列的数值之间进行,适用于有序数据
df_interpolate = df.interpolate()
# 绘制插值填充后的 DataFrame
# 使用 df_interpolate.plot(kind = 'bar') 绘制 DataFrame 的条形图
# 'kind = 'bar''参数指定图表类型为条形图(bar chart),适用于展示每列数据的值
print(df_interpolate.plot(kind = 'bar'))
```

程序执行结果如图 9.16 所示。

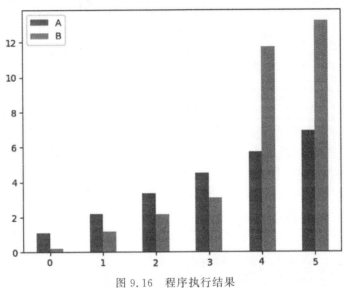

图 9.16　程序执行结果

9.2.5　apply 函数

Pandas 的 apply()方法用来调用一个函数,让此函数对数据对象进行批量处理。Pandas 的很多对象都可以使用 apply()方法来调用函数,如 DataFrame、Series 等。

在使用 apply()方法时,通常放入一个 lambda 函数表达式或一个自定义函数作为参数,官方给出的 DataFrame 的 apply()用法如下。

```
DataFrame.apply(self, func, axis = 0, raw = False, result_type = None, args = (), ** kwargs)
```

各参数解释如下。

(1) func:函数或 lambda 表达式,应用于每行或每列。

(2) axis:取值范围为{0 or "index",1 or "columns"},默认为 0。0 表示函数处理的是每一列;1 表示函数处理的是每一行。

(3) raw:bool 类型,默认为 False。False 表示把每一行或列作为 Series 传入函数中;True 表示接收的是 ndarray 数据类型。

(4) result_type:取值范围为{'expand','reduce','broadcast',None}。其中,expand 表示列表式的结果将被转换为列;reduce 表示返回一个 Series,而不是展开类似列表的结果,这与

expand 相反；broadcast 表示结果将被广播到 DataFrame 的原始形状,原始索引和列将被保留。

（5）args：func 的位置参数。

（6）**kwargs：作为关键字参数传递给 func 的其他关键字参数。

【例 9.17】 创建一个 3 行 2 列的数据框,每行的值为[4,9],列名分别为'A'和'B'。

```
import pandas as pd
import numpy as np
# 创建一个 DataFrame
# 使用 pd.DataFrame()创建一个新的 DataFrame
# 数据来源是一个二维列表[[4, 9]] * 3,其中包含 3 行相同的数据[4, 9]
# 列名为'A'和'B'
# 结果 DataFrame 的每一行都是[4, 9]
df = pd.DataFrame([[4, 9]] * 3, columns = ['A', 'B'])
# 此行输出 DataFrame,以显示其数据和结构
df
```

程序执行结果如图 9.17 所示。

【例 9.18】 使 apply 函数对数据框 df 的每个元素应用平方根函数。

```
df.apply(np.sqrt)
```

程序执行结果如图 9.18 所示。

【例 9.19】 使用聚合功能。

```
# 对每一列应用 np.sum 函数,计算每列的和
# axis = 0 表示按列进行操作
# np.sum 计算每列的总和
df.apply(np.sum, axis = 0)
# 对每一列应用 np.sum 函数,计算每列的和
# axis = 1 表示按行进行操作
# np.sum 计算每列的总和
df.apply(np.sum, axis = 1)
```

程序执行结果如图 9.19 所示。

```
     A  B
0    4  9

1    4  9

2    4  9
```

图 9.17 程序执行结果

```
     A    B
0  2.0  3.0

1  2.0  3.0

2  2.0  3.0
```

图 9.18 程序执行结果

```
A    12
B    27
dtype: int64

0    13
1    13
2    13
dtype: int64
```

图 9.19 程序执行结果

【例 9.20】 在每行上返回类似列表的内容。

```
# 对每一行应用 lambda 函数
# lambda x: [1, 2]是一个匿名函数(lambda 函数),对每一行返回一个列表[1, 2]
# axis = 1 表示按行进行操作
# 结果是一个新的 DataFrame,其中每一行都被替换为[1, 2]
df.apply(lambda x: [1, 2], axis = 1)
```

程序执行结果如图 9.20 所示。

【例 9.21】 使用 result_type= 'expand' 将类似列表的结果扩展到数据的列。

```
# 对每一行应用 lambda 函数
# lambda x: [1, 2] 是一个匿名函数(lambda 函数),对每一行返回一个列表 [1, 2]
# axis = 1 表示按行进行操作
# result_type = 'expand' 参数将结果展开放入 DataFrame 的新列
# 结果是一个 DataFrame,每一行都被替换为[1, 2],并且'expand'参数使得每个列表元素都成为独立的列
df.apply(lambda x: [1, 2], axis = 1, result_type = 'expand')
```

程序执行结果如图 9.21 所示。

【例 9.22】　在函数中返回一个序列,生成的列名将是序列索引。

```
# 对每一行应用 lambda 函数
# lambda x: pd.Series([1, 2], index = ['foo', 'bar']) 是一个匿名函数(lambda 函数)
# 对每一行返回一个包含指定索引的 pd.Series
# axis = 1 表示按行进行操作
# 结果是一个 DataFrame,其中每一行的处理结果将展开放入 DataFrame 的新列,列名由 pd.Series 指定
df.apply(lambda x: pd.Series([1, 2], index = ['foo', 'bar']), axis = 1)
```

程序执行结果如图 9.22 所示。

0	[1, 2]
1	[1, 2]
2	[1, 2]
dtype: object	

图 9.20　程序执行结果

	0	1
0	1	2
1	1	2
2	1	2

图 9.21　程序执行结果

	foo	bar
0	1	2
1	1	2
2	1	2

图 9.22　程序执行结果

【例 9.23】　使用 result_type = 'broadcast'确保函数返回相同的形状结果,生成的列名是原始列名。

```
# 对每一行应用 lambda 函数
# lambda x: [1, 2] 是一个匿名函数(lambda 函数),对每一行返回一个列表[1, 2]
# axis = 1 表示按行进行操作
# result_type = 'broadcast' 参数将结果广播到原始 DataFrame 的形状
# 每一行都被替换为[1, 2],且'broadcast'参数会将这个结果复制到原始 DataFrame 的每一行
df.apply(lambda x: [1, 2], axis = 1, result_type = 'broadcast')
```

程序执行结果如图 9.23 所示。

【例 9.24】　Series 使用 apply()函数。

```
# 创建一个 Series 对象
# Series 是一维的标签化数组,可以包含任意数据类型
# 这里的 Series 包含 3 个整数值及相应的索引标签
s = pd.Series([20, 21, 12], index = ['London', 'New York', 'Helsinki'])
s
```

程序执行结果如图 9.24 所示。

【例 9.25】　定义函数并将其作为参数传递给 apply,求值的平方。

```
# 定义一个函数 square(x),用于计算输入值的平方
def square(x):
    return x ** 2
# 使用 Series 的 apply 方法将 square 函数应用到 Series 的每个元素上
# apply(square)对 Series 中的每个元素调用 square 函数
# 结果是一个新的 Series,其中每个元素都是原始元素的平方
s.apply(square)
```

程序执行结果如图 9.25 所示。

```
   A B
0  1 2
1  1 2
2  1 2
```

```
London     20
New York   21
Helsinki   12
dtype: int64
```

```
London     400
New York   441
Helsinki   144
dtype: int64
```

图 9.23　程序执行结果　　　　图 9.24　程序执行结果　　　　图 9.25　程序执行结果

【例 9.26】　将匿名函数作为参数传递给 apply。

```
# 使用 Series 的 apply 方法和 lambda 函数将每个元素平方
# lambda x: x ** 2 是一个匿名函数,对每个输入 x 计算其平方
# apply(lambda x: x ** 2) 将这个 lambda 函数应用到 Series s 的每个元素上
# 结果是一个新的 Series,其中每个元素都是原始元素的平方
s.apply(lambda x: x ** 2)
```

程序执行结果如图 9.26 所示。

【例 9.27】　定义一个自定义函数,用于从 Series 的每个元素中减去一个指定值,并将结果应用到 Series 的每个元素上。

```
def subtract_custom_value(x, custom_value):
# 从 x 中减去 custom_value
    return x - custom_value
# apply 方法用于对 Series 中的每个元素应用一个函数
s.apply(subtract_custom_value, args = (5,))
```

程序执行结果如图 9.27 所示。

【例 9.28】　定义一个接收关键字参数并将这些参数传递给 apply 的自定义函数。

```
# 定义一个函数 add_custom_values(x, ** kwargs)
# 这个函数接受一个输入 x 和任意数量的关键字参数(kwargs)
# 对于每一个关键字参数(即月份名称),函数将其对应的值加到 x 上
def add_custom_values(x, ** kwargs):
    for month in kwargs:
        x += kwargs[month]
    return x
# 使用 Series 的 apply 方法将 add_custom_values 函数应用到 Series 的每个元素上
# 通过关键字参数将额外的值传递给 add_custom_values 函数
# 这里传递了 3 个关键字参数: june = 30, july = 20, august = 25
# 函数将这些值依次加到 Series 的每个元素上
s.apply(add_custom_values, june = 30, july = 20, august = 25)
```

程序执行结果如图 9.28 所示。

```
London     400
New York   441
Helsinki   144
dtype: int64
```

```
London     15
New York   16
Helsinki    7
dtype: int64
```

```
London     95
New York   96
Helsinki   87
dtype: int64
```

图 9.26　程序执行结果　　　　图 9.27　程序执行结果　　　　图 9.28　程序执行结果

总之,apply 方法都是通过传入一个函数或者 lambda 表达式对数据进行批量处理。

通过本章的介绍,读者了解了 Pandas 的数据结构,同时对 Series 和 DataFrame 有了更深入的认识,具体知识总结如图 9.29 所示。

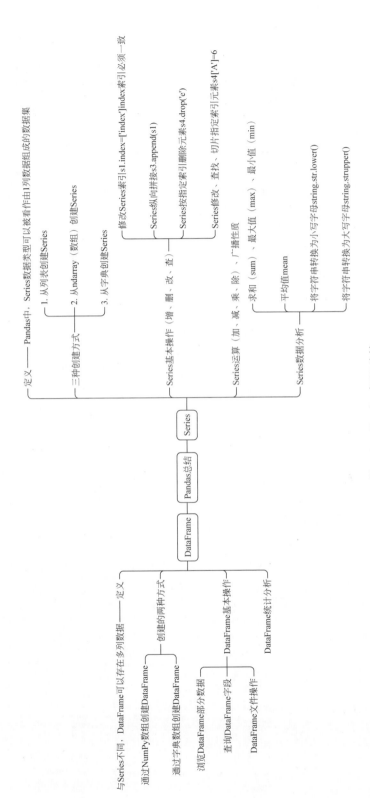

图 9.29　Pandas 知识总结

实验作业 9

1. 数据读取:将"人民医院销售数据.xlsx"保存在 C 盘根目录下,使用 read_excel 读入数据。

2. 使用 del 删除多余的列,并使用 describe()和 info()查看一些总体描述信息,使用 shape 方法查看有多少行和列。

3. 使用 loc 方法,显示前 12 行的"商品名称":"实收金额"。

4. 使用 apply 方法,给出评价:如果应收金额小于 10,则显示"亏本";如果应收金额大于或等于 10,显示"保本";其他情况则显示"营利"。

学习目标

- 理解 Matplotlib 的基本概念。
- 掌握基本绘图及图形样式、多子图和布局管理。
- 掌握 3D 图形的绘制。

本实验带领读者了解 Matplotlib 的背景及基本概念；学习使用 Matplotlib 创建简单的图形，如折线图、散点图、柱状图和饼图等；学习如何自定义图形的样式，了解如何创建包含多个子图的复杂布局；学习使用 Matplotlib 创建三维图形。

10.1 Matplotlib 常见图绘制

视频讲解

Matplotlib 是一个 Python 的 2D 绘图库，它以各种硬拷贝和跨平台交互式环境生成出版质量级别的图形，使得开发者仅需要几行代码即可生成绘图。Matplotlib 的主要特点如下。

(1) 可以创建图形，包括线形图、条形图、散点图、饼图、直方图等。

(2) 可定制图形的各个属性，包括图形的大小、颜色、线性、标签、注释等。

(3) 支持多种底层绘图库，包括 Tkinter、wxPython、Qt、GTK 等。

Matplotlib 通常被用于数据分析、科学研究、工程设计和教学演示等领域，它可以帮助人们更加清晰直观地展示数据和图形，并从中提取出各种数据特征。

10.1.1 图形基础结构

1. Figure 对象

Matplotlib 的图形基础结构由 Figure 对象和 Axes 对象组成。Figure 对象表示整个图形的窗口或页面，可以包含多个子图（Axes 对象）。如果要创建 Figure 对象，则可以调用 plot 函数或 subplots 函数。下面以 subplots 函数为例进行讲解。

```
subplots(nrows = 1, ncols = 1, sharex = False, sharey = False, squeeze = True, subplot_kw = None,
gridspec_kw = None, ** fig_kw)
```

各参数说明如下。

(1) nrows，ncols：整数，默认为 1，分别设置坐标轴的排列。

(2) sharex，sharey：布尔类型或是{"none"，"all"，"row"，"col"}字典类型，默认为 False，用来指定各子图之间是否共用 xy 轴属性。

(3) True 或"all"：在所有图像之间共享 x，y 轴属性。

(4) False 或"none"：每个图像的 x，y 轴属性都是独立的。

(5) "row"：进行横向属性共享。"col"：进行纵向属性共享。

【例 10.1】 通过 nrows、ncols 参数生成 2 行 2 列个子图像。

```python
# 导入模块
import matplotlib.pyplot as plt
import numpy as np
# 生成 2 行 2 列个子图像
fig, axs = plt.subplots(nrows = 2, ncols = 2)
```

程序执行结果如图 10.1 所示。

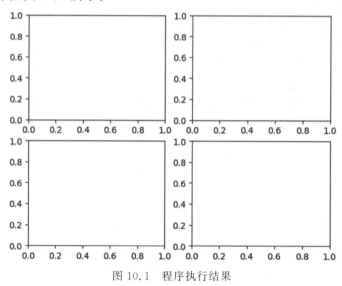

图 10.1 程序执行结果

这里也可以创建一个带有两个子图的图表,并将图表对象以及两个子图对象分别赋值给变量 f、ax1、ax2。

【例 10.2】 创建带有两个子图的图表,并将其分别赋值给不同变量。

```python
# 导入模块
import matplotlib.pyplot as plt
import numpy as np
# 使用 plt.subplots()函数创建一个图形和两个子图
# f 是图形对象(Figure),ax1 和 ax2 是两个子图对象(Axes)
# 参数(1, 2) 表示创建一个包含 1 行 2 列子图的布局
f, (ax1, ax2) = plt.subplots(1, 2)
```

程序执行结果如图 10.2 所示。

同样的例子,通过 sharex、sharey 参数使同行子图共用 y 轴属性、同列子图共用 x 轴属性。

【例 10.3】 使用 sharex、sharey 参数。

```python
# 导入模块
import matplotlib.pyplot as plt
import numpy as np
# 使用 plt.subplots()函数创建一个图形和四个子图
# fig 是图形对象(Figure),axs 是一个包含子图对象的二维数组
# 参数(2, 2) 表示创建一个包含 2 行 2 列子图的布局
# sharex = True 表示共享 x 轴刻度,sharey = True 表示共享 y 轴刻度
fig, axs = plt.subplots(2,2,sharex = True,sharey = True)
```

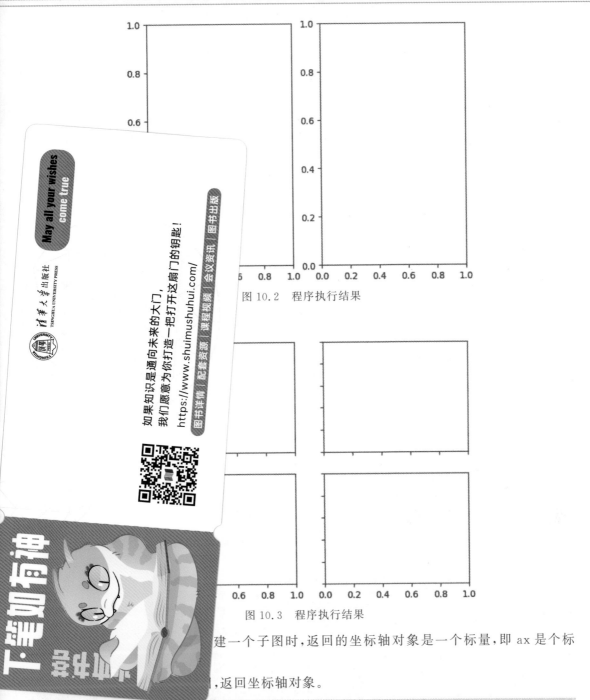

图 10.2　程序执行结果

图 10.3　程序执行结果

建一个子图时,返回的坐标轴对象是一个标量,即 ax 是个标

,返回坐标轴对象。

```
＃使用 plt.subplots() 函数创建一个图形和一个子图
＃fig 是图形对象(Figure),ax 是单个子图对象(Axes)
＃参数 squeeze = True 表示如果子图只有一个,则返回一个单一的 Axes 对象,而不是包含一个子图的数组
fig, ax = plt.subplots(squeeze = True)
＃使用 ax.plot()方法在子图上绘制数据
＃np.arange(5) 生成一个取值范围为[0,4]的数组,作为 y 轴的数据
＃x 轴的数据为[0, 1, 2, 3, 4],对应 y 轴数据为[0, 1, 2, 3, 4]
ax.plot(np.arange(5))
```

程序执行结果如图 10.4 所示。

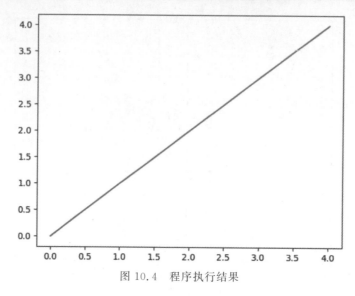

图 10.4　程序执行结果

当创建的是一行或一列的子图像时,返回的是一维数列对象。

【例 10.5】 创建一行或一列子图像,返回一维数列对象。

```
# 使用 plt.subplots()函数创建一个图形和两个子图
# fig 是图形对象(Figure),axs 是包含两个子图对象的数组(Axes)
# 参数(1, 2)表示创建一个 1 行 2 列的子图布局
# 参数 squeeze = True 表示如果子图的数量正好是 1 行 2 列,则返回一个包含两个子图的数组
fig, axs = plt.subplots(1, 2, squeeze = True)
# 在第一个子图(axs[0])上绘制数据
# np.arange(5)生成一个取值范围为[0,4]的数组,作为 y 轴数据
# x 轴的数据为[0, 1, 2, 3, 4],对应 y 轴的数据为[0, 1, 2, 3, 4]
axs[0].plot(np.arange(5))
# 在第二个子图(axs[1])上绘制数据
# np.arange(4)生成一个取值范围为[0,3]的数组,作为 y 轴数据
# x 轴的数据为[0, 1, 2, 3],对应 y 轴的数据为[0, 1, 2, 3]
axs[1].plot(np.arange(4))
```

程序执行结果如图 10.5 所示。

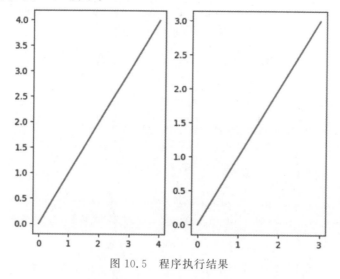

图 10.5　程序执行结果

当创建的是多行多列的子图像时,返回坐标轴对象是一个二维数组。

【例 10.6】　创建多行多列子图像,返回二维数组对象。

```
#使用 plt.subplots()函数创建一个图形和 4 个子图
#fig 是图形对象(Figure),axs 是包含 4 个子图对象的二维数组(Axes)
#参数(2, 2)表示创建一个 2 行 2 列的子图布局
#参数 squeeze = True 表示如果子图的数量正好是 2 行 2 列,则返回一个包含 4 个子图对象的二维数组
fig, axs = plt.subplots(2, 2, squeeze = True)
#创建 x 数据,取值范围为 0~3,共有 100 个点
x = np.linspace(0, 3, 100)
#在第一个子图(axs[0, 0])上绘制 y = x 的图形
#x 数据作为 x 轴,x 数据本身作为 y 轴
axs[0,0].plot(x,x)
#在第二个子图(axs[0, 1])上绘制 y = x^2 的图形
#x 数据作为 x 轴,x 的平方作为 y 轴
axs[0,1].plot(x,x ** 2)
#在第三个子图(axs[1, 0])上绘制 y = x^3 的图形
#x 数据作为 x 轴,x 的立方作为 y 轴
axs[1,0].plot(x,x ** 3)
#在第四个子图(axs[1, 1])上绘制 y = x^4 的图形
#x 数据作为 x 轴,x 的四次方作为 y 轴
axs[1,1].plot(x,x ** 4)
```

程序执行结果如图 10.6 所示。

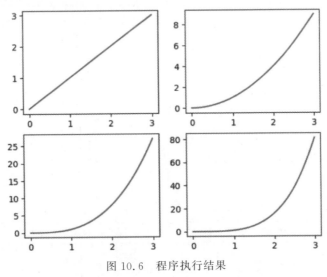

图 10.6　程序执行结果

【例 10.7】　使用 subplot_kw 参数创建极坐标系。

```
#使用 plt.subplots()函数创建一个图形和一个极坐标子图
#fig 是图形对象(Figure),axs 是极坐标子图对象(Axes)
#参数 subplot_kw = dict(polar = True)表示创建一个极坐标子图
#polar = True 表示子图将使用极坐标系进行绘图
fig, axs = plt.subplots(subplot_kw = dict(polar = True))
```

程序执行结果如图 10.7 所示。

2. Axes 对象

Axes 对象表示子图包含一个或多个坐标轴、图形和文本等元素。要创建 Axes 对象,可以在 subplots()函数中指定行数、列数和子图编号。

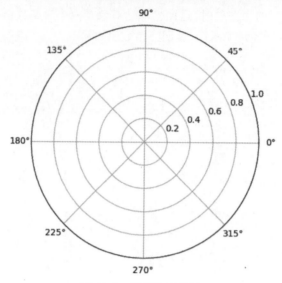

图 10.7　程序执行结果

【例 10.8】　创建 Axes 对象。

```
import matplotlib.pyplot as plt
fig, axs = plt.subplots(2, 3)          # 创建 2x3 的子图集合
ax1 = axs[0, 0]                        # 获取第 1 个子图
ax2 = axs[0, 1]                        # 获取第 2 个子图
ax3 = axs[1, 0]                        # 获取第 3 个子图
ax4 = axs[1, 1]                        # 获取第 4 个子图
ax5 = axs[1, 2]                        # 获取第 5 个子图
```

程序执行结果如图 10.8 所示。

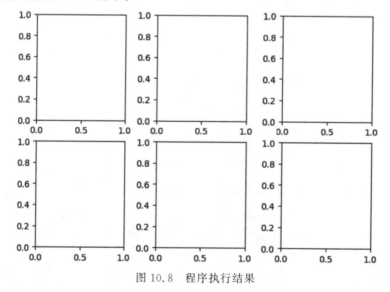

图 10.8　程序执行结果

10.1.2　绘制曲线图及散点图

1. 点的标记和线条风格

Matplotlib 中可以使用不同的标记和线条风格来绘制散点图和曲线图。

【例 10.9】　使用 plot() 绘制散点图。

```python
import matplotlib.pyplot as plt
import numpy as np
# 创建 x 数据,取值范围为 0～10,共有 100 个点
x = np.linspace(0, 10, 100)
# 计算 y 数据,y 是 x 的正弦值
y = np.sin(x)
# 创建一个图形对象和一个子图对象
fig, ax = plt.subplots()
# 在子图上绘制 x 和 y 的图形
# 'ro--'参数表示使用红色圆点标记('r')和虚线('--')绘制
# label = 'sin(x)' 为该数据系列添加标签
ax.plot(x, y, 'ro--', label = 'sin(x)')
# 显示图例,图例包括 label 参数中指定的标签
ax.legend()
```

程序执行结果如图 10.9 所示。

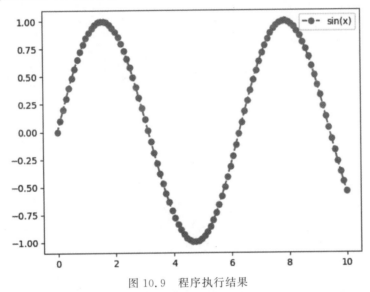

图 10.9　程序执行结果

这个代码用 NumPy 生成一组 x 值和 y 值,然后使用 plot() 函数绘制散点图并指定颜色标记、线条风格和图例标签。另外,使用 legend() 函数显示图像。

2. 坐标轴和刻度线

在 Matplotlib 中可以用 xlabel()、ylabel()、title() 函数设置坐标轴和图形标题,用 xticks()、yticks() 函数设置坐标轴的刻度线和标签。

【例 10.10】　设置坐标轴的刻度线和标签。

```python
import matplotlib.pyplot as plt
import numpy as np
# 创建 x 数据,取值范围为 0～10,共有 100 个点
x = np.linspace(0, 10, 100)
# 计算 y1 数据,y1 是 x 的正弦值
y1 = np.sin(x)
# 计算 y2 数据,y2 是 x 的余弦值
y2 = np.cos(x)
```

```
# 创建一个图形对象和一个子图对象
fig, ax = plt.subplots()
# 在子图上绘制 sin(x)数据
# 'r-'参数表示使用红色实线('r-')绘制
# label = 'sin(x)'为该数据系列添加标签
ax.plot(x, y1, 'r-', label = 'sin(x)')
# 在子图上绘制 cos(x)数据
# 'b-'参数表示使用蓝色实线('b-')绘制
# label = 'cos(x)'为该数据系列添加标签
ax.plot(x, y2, 'b-', label = 'cos(x)')
# 设置 x轴标签
ax.set_xlabel('x')
# 设置 y轴标签
ax.set_ylabel('y')
# 设置图形标题
ax.set_title('Trig Functions')
# 显示图例,图例包括 label 参数中指定的标签
ax.legend()
```

程序执行结果如图 10.10 所示。

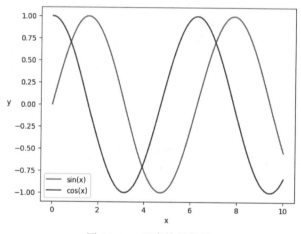

图 10.10　程序执行结果

上述代码中首先生成了 x、y1 和 y2 的值,并用 plot()函数绘制了两条不同颜色的曲线。然后使用 set_xlabel()、set_ylabel()和 set_title()函数设置坐标轴和图形标题,使用 legend()函数显示图例。

10.1.3　绘制直方图和条形图

1. 横向直方图和条形图

使用 hist()函数可以非常容易地绘制垂直的直方图和条形图,但是如果需要横向的可以将 barh()函数用在一个横向的子图上来完成横向直方图和条形图的绘制。首先使用 NumPy 的随机数生成函数生成一组 1000 个随机数。然后,使用 subplots()函数创建一个横向的子图,使用 hist()函数并指定 bins 参数和 orientation = 'horizontal'参数来绘制横向直方图,使用 color 参数设置直方图的颜色。

【例 10.11】　创建横向子图并绘制横向直方图。

```
import matplotlib.pyplot as plt
import numpy as np
# 随机生成一组数据
x = np.random.randn(1000)
# 创建一个横向子图
fig, ax = plt.subplots()
# 绘制直方图
ax.hist(x, bins = 20, orientation = 'horizontal', color = 'b')
# 显示图形
plt.show()
```

程序执行结果如图 10.11 所示。

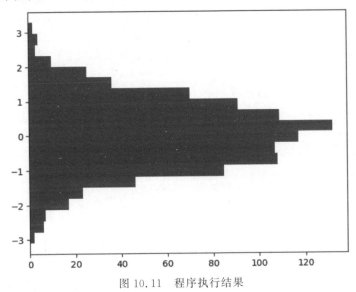

图 10.11　程序执行结果

2. 堆叠式直方图和条形图

在 Matplotlib 中可以使用 hist() 函数和 bar() 函数来绘制简单的直方图和条形图。而当需要显示多组数据的分布时,可以使用堆叠式直方图和条形图进行比较。这里可以通过设置 alpha 参数来控制不同数据组之间的透明度,让图形更加清晰。首先生成两组 1000 个随机数,并使用 subplots() 函数创建一个子图。然后使用 hist() 函数并指定 bins 参数、stacked 参数、alpha 参数和 label 参数来绘制堆叠式直方图,使用 legend() 函数显示图例。

【例 10.12】　绘制多组数据的直方图。

```
import matplotlib.pyplot as plt
import numpy as np
# 随机生成两组数据
x = np.random.randn(1000)
y = np.random.randn(1000)
# 创建一个子图
fig, ax = plt.subplots()
# 绘制直方图
ax.hist([x, y], bins = 20, stacked = True, alpha = 0.5, label = ['x', 'y'])
# 显示图例
ax.legend()
# 显示图形
plt.show()
```

程序执行结果如图 10.12 所示。

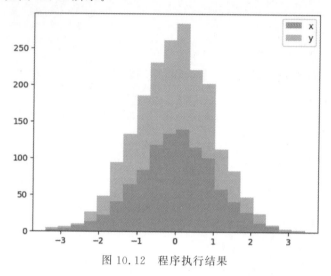

图 10.12　程序执行结果

10.1.4　绘制饼图和雷达图

1. 绘制饼图

在 Matplotlib 中可以通过 pie()函数绘制饼图。pie()函数可以接收一个数组参数,表示饼图的每部分的大小可以使用 explode 参数来突出显示某部分或者多部分。首先创建一个大小为 4 的数组和 1 个标签数组,并使用 explode 参数突出 B 部分。然后,使用 pie()函数并指定 labels 参数、explode 参数、autopct 参数、shadow 参数和 startangle 参数来绘制饼图。

【例 10.13】　绘制饼图。

```python
import matplotlib.pyplot as plt
import numpy as np
# 创建一个数组
sizes = np.array([50, 25, 15, 10])
# 创建一个标签数组
labels = ['A', 'B', 'C', 'D']
# 突出显示某一部分
explode = [0, 0.1, 0, 0]
# 绘制饼图
plt.pie(sizes, labels = labels, explode = explode, autopct = '%1.1f%%', shadow = True,
startangle = 90)
# 显示图形
plt.show()
```

程序执行结果如图 10.13 所示。

2. 绘制雷达图

在 Matplotlib 中可以使用 polar()函数将矩形坐标轴转换为极坐标轴,从而绘制雷达图。可以使用 fill()函数和 plot()函数来填充多边形和绘制线图。首先创建一个大小为 5 的数组和一个标签数组,并使用 linspace()函数和 concatenate()函数计算分成 5 部分,在极坐标系中各占 72°。然后使用 fill()函数和 plot()函数来绘制多边形和线图,并指定颜色和透明度。最后使用 set_xticks()函数和 set_xticklabels()函数设置角度间隔和标签,使用 set_ylim()函数设置角度范围。

【例 10.14】 绘制雷达图。

```python
import matplotlib.pyplot as plt
import numpy as np
# 创建一个数组
values = [3, 2, 5, 4, 1]
# 创建一个标签数组
labels = ['A', 'B', 'C', 'D', 'E']
# 计算每一部分的角度
angles = np.linspace(0, 2 * np.pi, len(values), endpoint = False)
# 将 360°的角度固定在一个平面上
angles = np.concatenate((angles, [angles[0]]))
# 创建一个子图
fig, ax = plt.subplots(nrows = 1, ncols = 1, subplot_kw = dict(projection = 'polar'))
# 绘制多边形
ax.fill(angles, values, 'blue', alpha = 0.1)
# 绘制线图
ax.plot(angles, values, 'blue', linewidth = 2)
# 设置角度间隔,并标记角度
ax.set_xticks(angles[ : -1])
ax.set_xticklabels(labels)
# 设定角度范围
ax.set_ylim(0, 6)
# 显示图形
plt.show()
```

程序执行结果如图 10.14 所示。

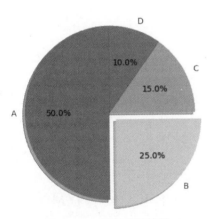

图 10.13　程序执行结果

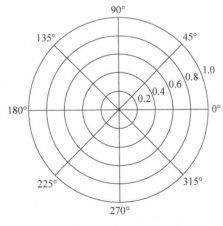

图 10.14　程序执行结果

10.1.5　绘制 3D 图形

1. 简单的 3D 图形

在 Matplotlib 中,可以使用 mplot3d 模块中的子包 Axes3D 来绘制 3D 图形,使用 scatter()函数绘制散点图或使用 plot_surface()函数绘制表面图。下面使用 scatter()函数绘制一个随机的 3D 散点图。首先使用 random.rand()函数生成一组 100 个随机数。然后使用 add_subplot()函数创建一个 3D 子图,并指定了 projection='3d'参数。接着使用 scatter()函数并指定 c 参数和 marker 参数来绘制一个 3D 散点图。最后使用 show()函数显示图形。

【例 10.15】 绘制 3D 图形。

```
import matplotlib.pyplot as plt
from mpl_toolkits.mplot3d import Axes3D
import numpy as np
#随机生成一组数据
n = 100
x = np.random.rand(n)
y = np.random.rand(n)
z = np.random.rand(n)
#创建一个 3D 子图
fig = plt.figure()
ax = fig.add_subplot(projection = '3d')
#绘制 3D 散点图
ax.scatter(x, y, z, c = 'r', marker = 'o')
#显示图形
plt.show()
```

程序执行结果如图 10.15 所示。

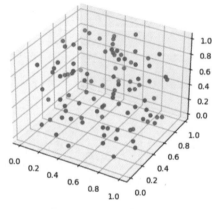

图 10.15　程序执行结果

2. 漫游、交互和定制化

在 Matplotlib 中,可以通过对 3D 图形进行漫游、交互和定制化提升可视化效果。下面使用 plot_surface() 函数绘制一个多项式表面。首先使用 add_subplot() 函数创建一个 3D 子图。然后使用 outer() 函数和 copy() 函数定义 x、y、z 的取值范围。接着使用 plot_surface() 函数绘制一个多项式表面,并指定颜色映射和边线颜色。最后使用 set_xlabel() 函数、set_ylabel() 函数和 set_zlabel() 函数添加坐标轴标签,使用 colorbar() 函数添加颜色条。

【例 10.16】 对 3D 图形进行漫游、交互和定制化。

```
import matplotlib.pyplot as plt
from mpl_toolkits.mplot3d import Axes3D
import numpy as np
#创建一个 3D 子图
fig = plt.figure()
ax = fig.add_subplot(projection = '3d')
#定义 x 和 y 的取值范围
x = np.outer(np.linspace( - 2, 2, 100), np.ones(100))
y = x.copy().T
#定义 z 的取值范围
```

```
z = x**2 + y**3
#绘制 3D 多项式表面
ax.plot_surface(x, y, z, cmap = 'coolwarm', edgecolor = 'none')
#设定坐标轴标签
ax.set_xlabel('X')
ax.set_ylabel('Y')
ax.set_zlabel('Z')
#添加颜色条
fig.colorbar(ax.plot_surface(x, y, z, cmap = 'coolwarm', edgecolor = 'none'))
#显示图形
plt.show()
```

程序执行结果如图 10.16 所示。

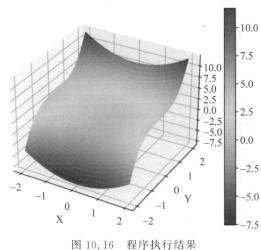

图 10.16　程序执行结果

10.2　Matplotlib 高级应用及技巧

10.2.1　Matplotlib 的高级应用

1. 绘制图形的确切位置和尺寸

在 Matplotlib 中,可以使用 Figure 对象和 Subplot 对象来控制图形的确切位置和尺寸。其中,Figure 对象通过设置 figsize 参数来控制图形的尺寸,以英寸为单位,Subplot 对象可以用 set_position()方法设置位置和大小,它要求一个矩形参数,指定矩形的左下角和右上角的坐标,这些坐标分别以像素和相对值表示。在代码中首先使用 figure()函数创建一个 Figure 对象并指定 figsize 参数为(6,4),表示图形的宽为 6 英寸、高为 4 英寸。接着使用 add_subplot()方法创建一个坐标系对象,并使用 set_position()方法设置坐标系的位置和大小。set_position()方法的 4 个参数依次为左下角 x 坐标、左下角 y 坐标、矩形宽度和矩形高度。最后使用 show()函数显示图形。

【例 10.17】　绘制指定大小的图形。

```
import matplotlib.pyplot as plt
#创建一个 Figure 对象
fig = plt.figure(figsize = (6, 4))
```

```
#创建一个 Axes 对象
ax = fig.add_subplot(111)
ax.plot([1, 2, 3], [4, 5, 6])
#设置 Subplot 的位置和大小
ax.set_position([0.1, 0.1, 0.8, 0.8])
#显示图形
plt.show()
```

程序执行结果如图 10.17 所示。

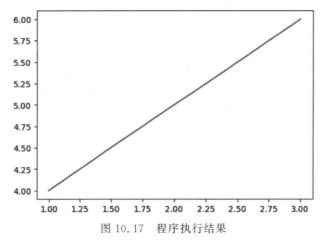

图 10.17　程序执行结果

2. 处理和绘制大数据

当处理和绘制大量的数据时,Matplotlib 可能会变得非常缓慢或者停止响应。解决此问题可以用一些技巧,如分块处理数据,将数据分成一小块一小块地进行处理和绘制,而不是将整个数据集都加载到内存中;减小数据点的数量,使用 sample()函数减小数据集的大小,或者使用平滑过渡的方法代替点图;使用并行计算,使用多线程技术或者进程池技术等提升程序的运行速度。代码中首先使用 numpy.random.normal()函数生成一个包含 100 万个随机数的数据集 x 和 y。这里可以使用分块处理方法,将数据分成大小为 1000 的小块,使用 scatter ()函数逐个块绘制散点图;或者使用减小数据点的数量方法,使用 hist2d()函数绘制 2D 直方图,来代替点图;或者使用并行计算方法,使用多线程处理数据集,来提高程序的运行速度。

【例 10.18】　基于大数据集绘制图形。

```
import numpy as np
import matplotlib.pyplot as plt
#创建一个大数据集
n = 1000000
x = np.random.normal(size = n)
y = np.random.normal(size = n)
#1. 分块处理数据
#k 是每块数据的大小
k = 1000
#遍历数据集,将数据分块绘制散点图
for i in range(n // k + 1):
    #获取当前块的数据
    x_chunk = x[i * k: (i + 1) * k]
```

```
    y_chunk = y[i * k: (i + 1) * k]
    #绘制当前块的散点图,s = 1 表示点的大小为 1
    plt.scatter(x_chunk, y_chunk, s = 1)
#2. 减小数据点的数量
plt.hist2d(x, y, bins = 100, cmap = plt.cm.jet)
#3. 使用并行计算
from multiprocessing import Pool
with Pool() as p:
result = p.map(compute, data)
```

程序执行结果如图 10.18 所示。

图 10.18　程序执行结果

10.2.2　Matplotlib 的优化技巧

1. 使用 subplots()优化绘图的排版

在 Matplotlib 中可以使用 subplots()函数绘制多个子图,并且可以进行排版。首先使用 subplots()函数创建一个大小为(6,8)的 Figure 对象和两个大小为(2,2)的 Subplot 对象。接着,使用 plot()、scatter()和 hist()函数绘制不同类型的子图,并使用 set_title()函数为子图添加标题。最后,使用 subplots_adjust()函数调整子图之间的间距,并使用 show()函数显示图形。

【例 10.19】　优化绘制图形的排版。

```
import numpy as np
import matplotlib.pyplot as plt
#创建一个大小为 (6, 8) 的 Figure 对象和两个大小为 (2, 2) 的 Subplot 对象
fig, axs = plt.subplots(2, 2, figsize = (6, 8))
#子图 1
x1 = np.arange(0, 10, 0.1)              #生成 0~10 的等间距数据,间距为 0 - 1
y1 = np.sin(x1)                         #计算 x1 的正弦值
axs[0, 0].plot(x1, y1)                  #在第 1 个子图(0,0)上绘制线图
axs[0, 0].set_title('Subplot 1')        #设置第 1 个子图的标题
#子图 2
#同子图 1
x2 = np.arange(0, 10, 0.1)
y2 = np.cos(x2)
axs[0, 1].plot(x2, y2)
axs[0, 1].set_title('Subplot 2')
```

```
#子图 3
x3 = np.random.normal(size = 1000)
y3 = np.random.normal(size = 1000)
axs[1, 0].scatter(x3, y3, s = 1)
axs[1, 0].set_title('Subplot 3')
#子图 4
x4 = np.random.gamma(shape = 2, size = 1000)
axs[1, 1].hist(x4, bins = 50)
axs[1, 1].set_title('Subplot 4')
#调整子图之间的间距
plt.subplots_adjust(hspace = 0.3)
#显示图形
plt.show()
```

程序执行结果如图 10.19 所示。

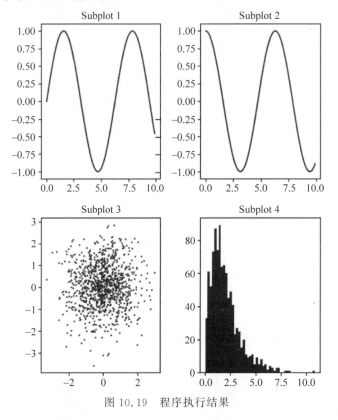

图 10.19   程序执行结果

2. 使用颜色条来展示数据

在 Matplotlib 中,可以使用颜色条(colorbar)展示数据集中数值的大小或者变化趋势。首先,使用 subplots()函数创建一个大小为(6,4)的 Figure 对象和一个 Subplot 对象。接着,使用 numpy.random.normal()函数生成一个包含 1000 个二维坐标的数据集 x 和 y,并使用 scatter()函数绘制散点图,使用 c 参数指定颜色条的数值。然后,使用 colorbar()函数添加颜色条,并使用 set_title()、set_xlabel()和 set_ylabel()函数添加标题和标签。最后,使用 show()函数显示图形。

【例 10.20】   使用 colorbar 改变颜色。

```
import numpy as np
import matplotlib.pyplot as plt
#创建一个大小为 (6, 4) 的 Figure 对象和一个 Subplot 对象
fig, ax = plt.subplots(figsize = (6, 4))
#生成一个包含 1000 个二维坐标的数据集
x, y = np.random.normal(size = (2, 1000))
#绘制散点图,并使用颜色条展示数据的分布
sc = ax.scatter(x, y, s = 20, c = x, cmap = plt.cm.jet)
fig.colorbar(sc)
#添加标题和标签
ax.set_title('Scatter Plot with Colorbar')
ax.set_xlabel('X')
ax.set_ylabel('Y')
#显示图形
plt.show()
```

程序执行结果如图 10.20 所示。

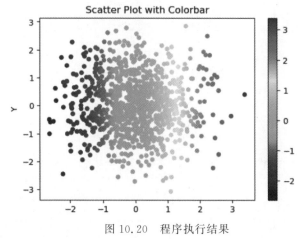

图 10.20　程序执行结果

3. 使用网格线展示数据

在 Matplotlib 中,可以使用网格线更好地展示数据集中的数据分布和趋势。首先,使用 subplots()函数创建一个大小为(6,4)的 Figure 对象和一个 Subplot 对象。接着,生成一个包含 1000 个正态分布数据的数据集 data,并使用 hist()函数绘制直方图,使用 alpha 参数来指定透明度,使用 edgecolor 参数和 linewidth 参数来设置边界颜色和宽度。然后,使用 grid()函数添加网格线,并使用 set_title()、set_xlabel()和 set_ylabel()函数添加标题和标签。最后,使用 show()函数显示图形。

【例 10.21】 在图形上添加网格线。

```
import numpy as np
import matplotlib.pyplot as plt
# 创建一个大小为 (6, 4) 的 Figure 对象和一个 Subplot 对象
fig, ax = plt.subplots(figsize = (6, 4))
# 生成一个包含 1000 个正态分布数据的数据集
data = np.random.normal(size = 1000)
# 绘制直方图,并使用网格线展示数据的分布
ax.hist(data, bins = 50, alpha = 0.5, edgecolor = 'black', linewidth = 1.2)
ax.grid(True)
# 添加标题和标签
ax.set_title('Histogram with Grid Lines')
ax.set_xlabel('Value')
ax.set_ylabel('Frequency')
# 显示图形
plt.show()
```

程序执行结果如图 10.21 所示。

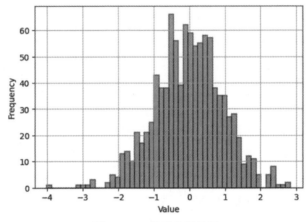

图 10.21 程序执行结果

实验作业 10

1. 使用 NumPy 的 linspace 生成 0～10 的 100 个数,并赋值给 x。

2. 计算 y=x×x。

3. 使用 Matplotlib 绘制折线图,并设置图形标题为"Simple Line Plot",x 轴的标签为"X label",y 轴的标签为"Y label"。

4. 设置线条颜色为红色,且为虚线。

5. 使用 Matplotlib 画出图形。

## 第3部分

机器学习基础与Scikit-learn框架

机器学习作为人工智能的重要分支,正在迅速发展并成为推动科技创新的核心技术之一,因此掌握机器学习的基础知识显得尤为重要。Scikit-learn 作为 Python 生态系统中一个广泛使用的机器学习框架,提供了丰富的算法和工具,适合从入门到高级的各类用户,使得零编程基础的初学者也能轻松上手。Scikit-learn 框架的主要特点如下。

(1) 作为预测数据分析工具,简单高效。

(2) 支持所有用户访问,并可在各种环境中重复使用。

(3) 基于 NumPy、SciPy 和 Matplotlib 构建。

(4) 代码开源,且具有商业用途许可证。

机器学习作为一种能够从数据中自动分析获得模型,并利用模型对未知数据进行预测的技术,正越来越广泛地应用于生活中的各方面,包括搜索引擎、自动驾驶、人脸识别、语音识别等领域。在众多的机器学习工具中,Scikit-learn 以其丰富的算法库、简洁的 API 设计、出色的性能表现和活跃的社区支持,在科研界和工业界都得到了广泛的应用。

本部分将介绍机器学习和 Scikit-learn 的基础概念、相关算法、算法选择等,并详细讲解如何使用 Scikit-learn 库进行机器学习模型的构建及如何进行模型评估。

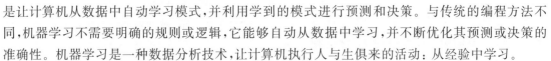

实 验 11　机器学习与Scikit-learn框架的基础知识

视频讲解

学习目标
- 了解机器学习基本概念。
- 熟悉 Scikit-learn 基础知识。
- 熟悉 Scikit-learn 数据集及应用。

11.1　什么是机器学习

　　机器学习（Machine Learning, ML）是一门人工智能领域的学科, 其目标是让计算机从数据中自动学习模式, 并利用学到的模式进行预测和决策。与传统的编程方法不同, 机器学习不需要明确的规则或逻辑, 它能够自动从数据中学习, 并不断优化其预测或决策的准确性。机器学习是一种数据分析技术, 让计算机执行人与生俱来的活动: 从经验中学习。

　　为了让大家更好地理解机器学习的概念, 下面举例进行说明。有一天, 小明想要教他的机器狗如何识别球。他把球放在机器狗的面前, 然后多次告诉它这个东西叫作"球", 并给予机器狗奖励机制。在很长时间的教学下, 当小明说出"球"时, 机器狗就能准确知道他在谈论的物品是什么。为了让机器狗更加聪明, 小明可能会拿出不同种类的球, 如乒乓球、足球、篮球等, 不断地告知它, 这些东西叫作"球"。在长时间的锻炼下, 机器狗可能就会明白, 圆圆的、可以滚动的物品就叫作"球", 当小明拿出网球时, 它会给出"球"的反馈。这个过程类似机器学习。在教计算机如何学习时, 需要给计算机展示多次的教学行为, 并让计算机从这些数据中找到规律和模式。拿出一个新的网球让机器狗识别的过程, 在机器学习上称为预测或决策。简单来说, 机器学习的核心在于通过算法让计算机从数据中学习并改进自身的性能。

　　机器学习是人工智能和计算机科学的一个分支, 专注于使用数据和算法使人工智能能够模仿人类的学习方式并逐渐提高准确性。在机器学习中, 算法通过分析训练数据集来构建模型, 该模型能够用于对新的、未知的数据进行预测、分类、聚类或回归分析等任务。

　　深度学习（Deep Learning, DL）是机器学习的一个分支, 它主要基于人工神经网络（Artificial Neural Networks, ANNs）和多层非线性模型构建而成。深度学习的核心特点是拥有层级结构, 这些层级能够逐层提取输入数据的高级抽象特征。相比传统机器学习方法, 深度学习在处理大量复杂数据时往往表现出更强的性能和学习能力, 如表 11.1 所示。

表 11.1　机器学习与深度学习的区别

	机 器 学 习	深 度 学 习
模型结构	机器学习模型可以包括简单的线性模型、决策树、支持向量机等多种结构, 不一定具备深层次的结构	深度学习模型则拥有深层神经网络结构, 如卷积神经网络（Convolutional Neural Networks, CNNs）、循环神经网络（Recurrent Neural Networks, RNNs）等

续表

	机 器 学 习	深 度 学 习
特征工程	在传统机器学习中,特征工程是一项关键任务,研究人员需要手动设计和提取有意义的特征以供模型使用	深度学习在很大程度上减轻了对特征工程的依赖,通过多层神经网络的自动学习过程,可以从原始输入数据中自动生成和学习多层次的抽象特征
数据需求	机器学习算法通常能够在较小规模的数据集上取得不错效果,但在大数据集上可能不如深度学习表现好	深度学习通常需要更大的数据集来训练模型,因为其复杂的模型结构需要更多的数据才能充分学习和避免过拟合
计算资源	传统的机器学习算法在计算资源方面的消耗相对较少,能在普通硬件上快速运行	深度学习模型通常需要更高的计算能力和GPU加速,尤其是在训练大型网络时
应用领域	机器学习广泛应用于各类预测、分类、聚类任务,包括金融、医疗、市场营销等领域	深度学习在计算机视觉、自然语言处理、语音识别等高度非线性、高维度和复杂模式识别的问题上展现出极高的性能,推动了自动驾驶、图像和视频分析、聊天机器人等前沿技术的发展

11.2　机器学习的常见分类

机器学习的常见分类有监督学习、无监督学习、半监督学习、强化学习。区别在于,监督学习需要提供标注的样本集,无监督学习不需要提供标注的样本集,半监督学习需要提供少量标注的样本,而强化学习需要反馈机制。

所谓学习就是闻一知十,就像小时候认识水果那样,当第一次看到不认识的水果时,大人会告诉我们水果的种类,我们就知道了各种水果的名字。之后面对相似的水果我们也能说出水果的种类。机器学习也是一样,人们能不能用已经学习过的水果种类推断水果类别呢?

无监督学习的例子:所有水果照片都不带标签,不知道其中有多少种类的水果,也没有对应的标签信息。无监督学习会根据相似特征将照片分成不同的类别,每个类别代表一种可能的水果类型。通过观察这些分组结果,可以发现一些相似的照片被归为同一类。当输入一张新的水果照片时,模型会根据它的特征,将其归入之前学到的某个类别中。

半监督学习的例子:部分水果照片带有标签,而大多数则没有标签。在这种情况下,由于缺乏标签数据,无法仅依靠监督学习实现分类。此时可以先使用带有标签的照片进行监督学习,训练一个初步的分类模型,再利用这个模型预测未标记照片的类别。如果未标记的照片与带标签的照片在特征上非常相似,则模型就能推测出它们属于相同的类别,从而利用这些未标记照片进一步改进分类模型。通过将未标记的照片与已标记的照片进行结合,模型可以更好地学习到数据的分布和特征,从而提升分类准确度。

强化学习的例子:与监督学习、无监督学习和半监督学习不同,强化学习的原理是基于智能体与环境的交互学习。以 Flappy Bird 游戏(见图 11.1)为例,游戏中的小鸟是智能体,游戏屏幕上的管道和障碍物则是环境。在强化学习中,小鸟通过观察当前游戏状态(如小鸟的位置、管道的位置等)做出相应的动作(如跳跃),并根据游戏得分作为奖励信号来调整自己的行为。通过不断的尝试和错误,小鸟学习到哪些动作会导致更高的得分,而哪些动作会导致失败。强化学习的关键在于通过反馈机制,使智能体能够从环境中学习并改进其决策过程。

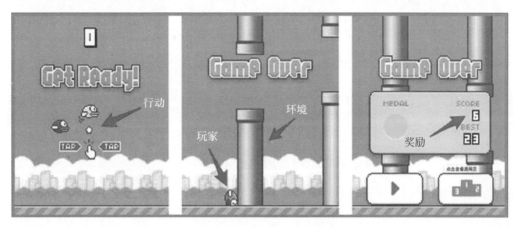

图 11.1　Flappy Bird 游戏

　　不难发现,强化学习和监督学习、无监督学习最大的不同就是不需要大量的"数据喂养",而是通过自己不停地尝试学会某些技能。通过上面的例子,相信读者对这几种分类的概念已经有了一定的了解,相关总结如表 11.2 和表 11.3 所示。

表 11.2　机器学习常用学习方法

学习方法	定　义	数据类型	经典算法
监督学习	监督学习是最常见的一种机器学习,它的训练数据是有标签的,训练目标是能够给新数据(测试数据)以正确的标签	有标签数据	支持向量机、线性判别、决策树、朴素贝叶斯等
无监督学习	从未标记的数据中学习模型,发现数据内部的模式和结构。机器会主动学习数据的特征,并将它们分为若干类别,相当于形成未知的标签	无标签数据	k-聚类、主成分分析等
半监督学习	介于监督学习与无监督学习之间,其主要解决的问题是利用少量的标注样本和大量的未标注样本进行训练和分类,从而达到减少标注代价、提高学习能力的目的	小部分带标签的数据以及大量无标签的数据	SVM 半监督支持向量机
强化学习	强化学习是学习"做什么(即如何把当前的情景映射成动作)才能使得数值化的收益信号最大化"。学习者不会被告知应该采取什么动作,而是必须自己通过尝试去发现哪些动作会产生最丰厚的收益。在强化学习中,有两个可以进行交互的对象:智能体(Agnet)和环境		Q-Learning、时间差学习

表 11.3　机器学习经典算法、特点与举例

名　称	原　理	应用领域
监督学习:线性回归	通过找到最优的函数拟合线性关系,最小化预测值与实际值之间的均方误差	经济预测、房地产价格预测、广告点击率预测等
监督学习:逻辑回归	用于解决二分类问题,通过 sigmoid 函数映射特征到(0,1)内,预测事件发生的概率	信用风险评估、垃圾邮件识别、疾病诊断等
监督学习:决策树、随机森林	决策树通过划分数据空间构建一个树状结构来进行预测,随机森林则是集成多个决策树以减少过拟合	客户细分、医学诊断、市场营销策略制定等

续表

名　称	原　理	应用领域
监督学习：支持向量机(SVM)	寻找最大间隔超平面来分离不同类别的数据，引入核函数处理非线性可分问题	手写字符识别、文本分类、生物序列分析等
监督学习：深度学习	模仿人脑神经元工作原理，通过多层非线性变换对数据进行复杂表征学习	图像识别、语音识别、自然语言处理、推荐系统等
无监督学习算法：K-means	通过迭代寻找数据集中 k 个聚类中心，并将样本分配到最近的聚类中心，更新中心直到收敛	市场分割、社交网络分析、图像压缩与量化
无监督学习算法：主成分分析(PCA)	通过线性变换将原始高维数据投影到低维空间，保留主要的方差方向	数据降维、可视化、人脸识别等
半监督学习算法：半监督支持向量机	结合监督学习与无监督学习，在少量标签数据和大量未标签数据上训练模型	大规模数据标注、弱监督环境下的分类问题

11.3　Scikit-learn 简介

Scikit-learn，又称为 sklearn，是一个基于 Python 语言的开源机器学习工具包。它通过 NumPy、SciPy 和 Matplotlib 等 Python 数值计算的库，提供了高效的算法实现，并且涵盖了几乎所有主流机器学习算法。在实际使用中，用 Python 手写代码来从头实现一个算法的可能性非常低，这样不仅耗时耗力，还可能导致模型架构不够清晰和稳定。更多情况下，是分析采集到的数据，根据数据特征选择适合的算法，在工具包中调用算法，以及调整算法的参数，获取需要的信息，从而实现算法效率和效果之间的平衡。而 sklearn 正是这样一个可以帮助我们高效实现算法应用的工具包。在 sklearn 官网(https://scikit-learn.org/stable/index.html)中完整清晰地讲解了基于 sklearn 对所有算法的实现和简单应用。sklearn 提供了分类、回归、聚类、降维、模型选择和预处理 6 大常用模块。Scikit-learn 的常用功能如表 11.4 所示。

表 11.4　Scikit-learn 的常用功能

名　称	功　能	常用算法	常见应用
分类	识别某个对象属于哪个类别	SVM(支持向量机)、Nearest Neighbors(最近邻)、Random Forest(随机森林)	垃圾邮件识别、图像识别
回归	预测与对象相关联的连续值属性	SVR(支持向量机)、Ridge Regression(岭回归)、LASSO	药物反应、预测股价
聚类	将相似对象自动分组	K-Means、Spectral Clustering、Mean-shift	客户细分、分组实验结果
降维	减少要考虑的随机变量的数量	PCA(主成分分析)、Feature Selection(特征选择)、Non-negative Matrix Factorization(非负矩阵分解)	可视化、提高效率
模型选择	比较，验证，选择参数和模型	Grid search(网格搜索)、Cross Validation(交叉验证)、Metrics(度量)	调整参数提高精度
预处理	特征提取和归一化	Preprocessing、Feature Extraction	把输入数据(如文本)转换为机器学习算法可用的数据

Scikit-learn 实现了很多算法，面对这么多的算法，如何去选择呢？选择的主要依据是：需要解决的问题和数据量的大小。Scikit-learn 官方提供了一个选择算法的引导图(如图 11.2 所示)，

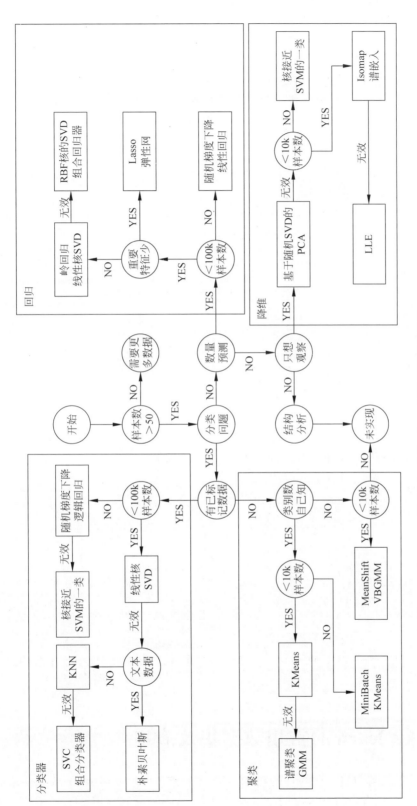

图 11.2　Scikit-learn 的算法选择路径图

供用户根据数据量和算法类型选择合适的模型。其中,分类和回归属于有监督学习范畴,聚类属于无监督学习范畴,降维适用于有监督学习和无监督学习。

图 11.2 代表了 Scikit-learn 算法选择的一个简单路径,在这个路径图中,圆圈是判断条件,方框是可以选择的算法,用户可以根据自己的数据特征和任务目标找到一条自己的操作路线。如果用户已经安装了 Anaconda,则 Scikit-learn 库已经包含在其中,直接使用即可。

Scikit-learn 的数据分析流程大致可以分为数据预处理、特征工程、模型选择、模型训练、模型评估与优化 5 大步骤,如图 11.3 所示。为了让大家更好地理解这个过程,下面通过一个简单的示例说明如何使用 Scikit-learn 进行分类任务。

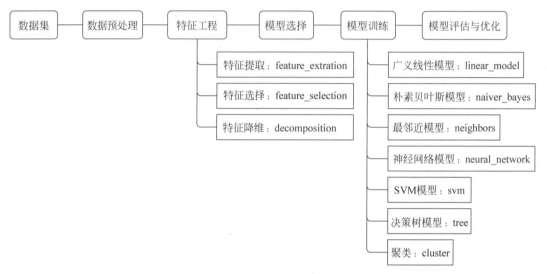

图 11.3　Scikit-learn 数据分析流程

【例 11.1】　根据身高、体重和鞋号预测男女性别。

```
#导入包,不同的机器学习方法,导入不同的包
from sklearn.neighbors import KNeighborsClassifier       #K 最近邻分类算法
import numpy as np
#初始化模型
neigh = KNeighborsClassifier(n_neighbors = 3)
#导入数据:根据身高、体重和鞋号预测性别
X = np.array([[181,80,44],[177,70,43],[160,60,38],[154,54,37],[166,65,40],[190,90,47],
[175,64,39],[177,70,40],[159,55,37],[171,75,42],[181,85,43]]) #导入 X[身高、体重、鞋号]
y = ['male','male','female','female','male', 'male','female','female','female','male', 'male'] #每
个 X 值对应的 y 值
neigh.fit(X,y)                                          #训练模型
Z = neigh.predict(np.array([[178,77,44],[155,60,39],[178,71,44]]))  #输入 X 的值,预测 y 值
print(Z)                                                #执行结果为['male','female','male']
```

11.4　Scikit-learn 的常用数据集及应用

Scikit-learn 的数据集可以分为自带数据集、需要下载的自带数据集、生成数据集和外部数据集 4 大类。本节以自带数据集为例介绍如何使用,具体如表 11.5 所示。

表 11.5　常用数据集

数据集名称	数据集描述	数据集作用	加载方法
鸢尾花数据集(Iris)	包含三类鸢尾花的 4 个特征	三分类、聚类	load_iris
手写数字数据集(Digits)	包含 0~9 的手写数字图像	多分类	load_digits
波士顿房价数据集(Boston Housing)	包含波士顿地区的房价数据	回归	load_boston
乳腺癌数据集(Breast Cancer)	包含乳腺肿瘤细胞的特征	二分类、聚类	load_breast_cancer

【例 11.2】　查看鸢尾花数据集内容,使用该数据集训练一个逻辑回归模型,并计算模型准确率。

(1) 导入数据集:使用 load_* 函数导入小规模数据集,使用 fetch_* 函数导入大规模数据集。例如,使用 load_iris 导入鸢尾花数据集。

```
from sklearn.datasets import load_iris
iris = load_iris()
```

(2) 查看数据集内容:返回的数据集是一个类似于字典的对象,包含以下参数。
- data:特征数据,通常是一个二维数组(n_samples,n_features)。
- target:标签数据,通常是一个一维数组(n_samples)。
- DESCR:数据集的描述。
- feature_names:特征名称(如果有的话)。
- target_names:目标名称(分类任务中目标类别的名称)。

```
#查看鸢尾花数据集的描述和特征名称
print(iris.DESCR)                    #鸢尾花数据集的描述
print(iris.feature_names)            #鸢尾花数据集的特征名称
```

(3) 数据集的划分:通常将数据集划分为训练集和测试集。可以使用 train_test_split 函数进行划分。

```
from sklearn.model_selection import train_test_split
X_train, X_test, y_train, y_test = train_test_split(iris.data, iris.target, test_size = 0.2,
random_state = 42)
#train_test_split用于将数据集随机分为训练集和测试集
#X:要划分的特征数据集.y:要划分的目标数据集(仅在监督学习中使用)
#test_size:测试集所占的比例,可以是一个小数(表示测试集占总数据集的比例)或一个整数(表示测
#试集的样本数量).如果未指定,函数默认将测试集大小设置为 0.25
#train_size:训练集所占的比例,也可以是一个小数或一个整数,表示训练集的样本数量.如果未指
#定,它会根据 `test_size` 自动计算
#random_state:随机种子,用于控制数据集的随机划分.设置相同的随机种子可以保证每次划分的结
#果相同
```

(4) 模型训练与评估:使用划分好的训练集和测试集进行模型的训练和评估。例如,使用逻辑回归分类器进行鸢尾花分类。

```
from sklearn.linear_model import LogisticRegression
from sklearn.metrics import accuracy_score
```

```
# 创建模型实例
clf = LogisticRegression()
# 训练模型
clf.fit(X_train, y_train)
# 预测测试集
y_pred = clf.predict(X_test)
# 计算准确率
accuracy = accuracy_score(y_test, y_pred)
print(f"Accuracy: {accuracy:.2f}")                    # 准确率为1.0
```

实验作业 11

1. 使用 sklearn 库加载乳腺癌数据集,并将其存为 cancer。将特征数据存为 x,标签数据存为 y,输出特征数组维度,输出目标数组维度,输出数据集前 5 行。

2. 将特征数据和标签数据按 8∶2 的比例划分为训练集和测试集,将训练集的特征数据、测试集的特征数据、训练集的标签数据和测试集的标签数据分别存为 train_x、test_x、train_y 和 test_y,并打印出训练集和测试集的样本数量。

实 验 12　Scikit-learn开发流程及通用模板 ▶

学习目标

- 了解 Scikit-learn 的开发流程。
- 熟练掌握 Scikit-learn 的三个通用模板及使用。

12.1　Scikit-learn 开发流程

Scikit-learn 的开发流程如图 12.1 所示，分为加载数据集、数据预处理、特征工程、数据拆分、模型选择、模型训练、模型评估与调优、模型测试、模型保存与加载。

加载数据集：将准备好的数据集加载进模型。当然数据量不宜过大也不宜过小，要根据具体的业务场景判断。

数据预处理：在进行数据分析和建模前，对原始数据进行清洗、转换、集成、规范化等一系列处理过程。旨在减少数据分析和建模过程中的错误和偏差，提高数据的质量和可靠性。

特征工程：根据任务需求对数据进行特征工程处理。主要作用是将原始数据转换为可以直接应用于机器学习算法的特征集合。特征工程能够对模型的训练和预测产生很大的影响。这可能包括特征选择、特征提取、特征缩放、特征编码、特征构建、降维等操作。

数据拆分：通常需要将原始数据集拆分为训练集、验证集和测试集三部分，以便进行模型训练、优化和评估。

模型选择：根据任务类型和特征工程后的数据，选择适合的机器学习模型。Scikit-learn提供了多种经典的监督和无监督学习算法，如线性回归、决策树、支持向量机、随机森林、聚类算法等。

模型训练：使用训练集对选定的模型进行训练。

模型评估和调优：使用验证集对训练好的模型进行评估，计算模型的性能指标（如准确率、精确率、召回率等）。根据评估结果进行模型调优，例如，调整模型参数、尝试不同的特征工程方法等。

模型测试：使用测试集对最终调优好的模型进行性能评估，得出模型在新数据上的性能。

模型保存与加载：训练出一个满意的模型后可以将模型进行保存，这样当我们再次需要使用此模型时可以直接利用此模型进行预测，不用再次进行模型训练。

Scikit-learn 开发流程

图 12.1　Scikit-learn 通用开发流程

12.2 Scikit-learn 开发通用模板一

经过前面的实验,相信读者对 Scikit-learn 的使用已经有了初步了解。本节通过实验介绍 Scikit-learn 通用模板。想要构建机器学习模型,只需要以下两步。

- 明确需要解决的问题是什么类型,以及知道解决该类型问题所对应的算法。
- 从 Scikit-learn 中调用相应的算法构建模型。

第一个问题在前面的算法选择中已经有所讲解,而明确具体问题对应的类型也很简单。例如,如果需要通过输入数据得到一个类别变量,那就是分类问题。分成两类就是二分类问题,分成两类以上就是多分类问题。常见的有:判别一个邮件是否是垃圾邮件、根据图片分辨图片里的是猫还是狗等。如果需要通过输入数据得到一个具体的连续数值,那就是回归问题。例如,预测某个区域的房价等。

常用的分类和回归算法有支持向量机(Support Vector Machine,SVM)、极限梯度提升(eXtreme Gradient Boosting,XGBoost)、K 近邻算法(K-Nearest Neighbors,KNN)、逻辑回归(Logistic Regression,LR)、随机梯度下降(Stochastic Gradient Descent,SGD)、贝叶斯估计(Naive Bayes,Bayes)以及随机森林(Random Forest,RF)等。这些算法大多既可以解分类问题,又可以解回归问题。

如果数据集并没有对应的属性标签,需要做的是发掘这组样本在空间的分布,如分析哪些样本靠得更近、哪些样本之间离得很远,这就属于聚类问题。常用的聚类算法有 K-means 算法。

在介绍通用模板之前,为了能够更深刻地理解这三个模板,加载一个 Iris(鸢尾花)数据集作为应用通用模板的小例子。它是一个典型的多分类问题。

Iris 数据集是常用的分类实验数据集,由 Fisher 于 1936 年收集整理。Iris 也称鸢尾花卉数据集,是一类多重变量分析的数据集。数据集包含 150 个数据样本,分为 3 类,每类 50 个数据,每个数据包含 4 个属性。通常可通过花萼长度、花萼宽度、花瓣长度、花瓣宽度 4 个属性预测鸢尾花卉属于 Setosa、Versicolour、Virginica 3 个种类中的哪一类。

1. 加载数据集

sklearn 的 datasets 包内置了一些优秀的数据集,包括 Iris 数据、房价数据、泰坦尼克数据等,可以直接加载使用。

```python
import pandas as pd
import numpy as np
import sklearn
from sklearn import datasets
from sklearn.datasets import load_iris        # 导入数据集
data = load_iris()
x = data.data
y = data.target
```

通过运行以上代码可以看到 x 是一个(150,4)的数组,保存了 150 个数据的 4 个特征:花萼长度、花萼宽度、花瓣长度、花瓣宽度。程序执行结果如图 12.2 所示。

y 值如图 12.3 所示,共 150 个数字,其中 0、1、2 代表 3 类花卉。

2. 数据集拆分

数据集拆分是为了验证模型在训练集和测试集是否过拟合,使用 train_test_split 的目的

```
[[5.1 3.5 1.4 0.2]
 [4.9 3.  1.4 0.2]
 [4.7 3.2 1.3 0.2]
 [4.6 3.1 1.5 0.2]
 [5.  3.6 1.4 0.2]
 [5.4 3.9 1.7 0.4]
 [4.6 3.4 1.4 0.3]
 [5.  3.4 1.5 0.2]
 [4.4 2.9 1.4 0.2]
```

图 12.2　程序执行结果 1

```
[0 0 0 0 0 0 0 0 0 0 0 0 0 0 0 0 0 0 0 0 0 0 0 0 0 0 0 0 0 0 0 0 0 0 0 0 0
 0 0 0 0 0 0 0 0 0 0 0 1 1 1 1 1 1 1 1 1 1 1 1 1 1 1 1 1 1 1 1 1 1 1 1
 1 1 1 1 1 1 1 1 1 1 1 1 1 1 1 1 1 1 1 1 1 1 1 2 2 2 2 2 2 2 2 2 2 2 2
 2 2 2 2 2 2 2 2 2 2 2 2 2 2 2 2 2 2 2 2 2 2 2 2 2 2 2 2 2 2 2 2 2 2 2
 2 2]]
```

图 12.3　程序执行结果 2

是保证从数据集中均匀拆分出测试集。本例将 10% 的数据集取出并用作测试集。

```
from sklearn.model_selection import train_test_split
train_x,test_x,train_y,test_y = train_test_split(x,y,test_size = 0.1,random_state = 0)
```

3. 通用模板 V1.0 版

通用模板 V1.0 版可以帮助用户快速构建一个基本的算法模型。

通用模板一的基础流程如图 12.4 所示。

图 12.4　通用模板一流程图

```
# 通用模板 V1.0 伪代码
from sklearn.算法位置 import 算法名              # 导入算法
from sklearn.metrics import accuracy_score      # 导入模型准确率评估模块
模型名 = 算法名 (模型参数【选填】)                # 生成一个模型对象
模型名.fit(train_x,train_y)                       # 训练模型
pred1 = 模型名.predict(train_x)                   # 预测训练集
accuracy1 = accuracy_score(train_y,pred1)        # 计算训练集准确率
print('在训练集上的准确率: %.4f' % accuracy1)
pred2 = 模型名.predict(test_x)                    # 预测测试集
accuracy2 = accuracy_score(test_y,pred2)         # 计算测试集准确率
print('在测试集上的准确率: %.4f' % accuracy2)
```

不同的算法只是改变了名字,以及模型的参数不同而已。有了这个万能模板,接下来就可以通过简单地复制粘贴来改名字了。在 Scikit-learn 中,每个包的位置都是有规律的。例如,随机森林就是在集成学习文件夹下。

【例 12.1】　通用模板 V1.0 应用举例: 构建 SVM 分类模型。

通过查阅资料,可以知道 SVM 算法在 scikit-learn.svm.SVC 下,所以算法位置填入"svm",算法名填入"SVC",模型名自己起,这里就叫"svm_model"。

套用模板得到程序如下。

```
# SVM 分类器
from sklearn.svm import SVC                      # 导入算法
from sklearn.metrics import accuracy_score       # 导入模型准确率评估模块
```

```
svm_model = SVC()                              #生成一个模型对象
svm_model.fit(train_x,train_y)                 #训练模型
pred1 = svm_model.predict(train_x)             #预测训练集
accuracy1 = accuracy_score(train_y,pred1)      #计算训练集准确率
print('在训练集上的准确率：%.4f'% accuracy1)
pred2 = svm_model.predict(test_x)              #预测测试集
accuracy2 = accuracy_score(test_y,pred2)       #计算测试集准确率
print('在测试集上的准确率：%.4f'% accuracy2)
```

注意："在训练集上的准确率"指的是使用训练集对模型进行训练后，在训练集上进行预测的准确率。虽然训练集仅用于训练模型，但有时会在训练集上进行预测并计算准确率，这样做主要是为了初步了解模型对训练数据的拟合情况。程序执行结果如图 12.5 所示。

在训练集上的准确率：0.9630
在测试集上的准确率：1.0000

图 12.5　程序执行结果

同样地，读者可以仿照以上示例使用其他分类算法构建分类器，通常只需要套用模板即可。

12.3　Scikit-learn 开发通用模板二

通用模板二融入了交叉验证，让算法模型评估更加科学。在 V1.0 的模板中，当多次运行同一个程序就会发现：每次运行得到的准确率并不相同，而是在一定范围内浮动，这是因为数据输入模型之前会进行选择，每次训练时数据输入模型的顺序都不一样。因此，即使是同一个程序，模型最后的表现也会有好有坏。更糟糕的是，有些情况下，在训练集上通过调整参数设置使模型的性能达到了最佳状态，但在测试集上却可能出现过拟合的情况。此时，在训练集上得到的评分不能有效反映出模型的泛化性能。

为了解决上述两个问题，还应该在训练集上划分出验证集（Validation Set）并结合交叉验证进行解决。在训练集中划分出不参与训练的验证集，需要在模型训练完成以后对模型进行评估，并在测试集上进行最后的评估。但这样大大减少了可用于模型学习的样本数量，所以还需要采用交叉验证的方式多训练几次。

例如，最常用的 5 折交叉验证（如图 12.6 所示），主要将训练集划分为 5 个较小的集合。然后将 4 份训练子集作为训练集训练模型，将剩余 1 份训练集子集作为验证集用于模型验证。这样需要训练 5 次，最后在训练集上评估得分取所有训练结果评估得分的平均值。

这样一方面可以让训练集的所有数据都参与训练，另一方面也通过多次计算得到了一个比较有代表性的得分。唯一的缺点就是计算代价很高，增加了 5 倍的计算量。

原理很简单，但在自己实现时有一个很大的难题摆在面前：怎么能够将训练集均匀地划分为 5 份？这个问题不用思考太多，别忘了，我们现在是站在巨人的肩膀上。Scikit-learn 已经将优秀的数学家所想到的均匀拆分方法和程序员的智慧融合在 cross_val_score() 函数中。开发者只需要调用该函数即可，不需要自己思考如何拆分算法，也不用写 for 循环进行循环训练。

通用模板二的基础流程如图 12.7 所示。

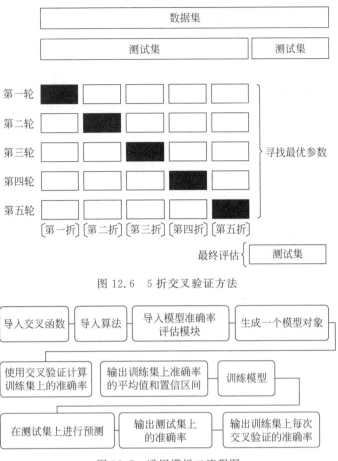

图 12.6　5 折交叉验证方法

图 12.7　通用模板二流程图

```
#通用模板 V2.0 伪代码
from sklearn.model_selection import cross_val_score          #导入交叉函数
from sklearn.算法位置 import 算法名                          #导入算法
from sklearn.metrics import accuracy_score                   #导入模型准确率评估模块
模型名 = 算法名                                              #生成一个模型对象
#使用交叉验证计算训练集上的准确率
scores1 = cross_val_score(模型名, train_x, train_y, cv = 5, scoring = 'accuracy')
#输出训练集上准确率的平均值和置信区间
print("训练集上的平均准确率: % 0.2f ( + / - % 0.2f)" % (scores1.mean(), scores1.std() * 2))
#训练模型
模型名.fit(train_x, train_y)
#在测试集上进行预测
pred2 = 模型名.predict(test_x)
scores2 = accuracy_score(test_y, pred2)
#输出测试集上的准确率
print('在测试集上的准确率: %.2f' % scores2)
#输出训练集上每次交叉验证的准确率
print(scores1)
```

在求解准确率时,可以简单地输出平均准确率。

```
#输出准确率的平均值
#print("训练集上的准确率: % 0.2f " % scores1.mean())
```

但是,既然进行了交叉验证,做了这么多计算,单求一个平均值还是有点浪费了,可以利用下面代码同时求出准确率的置信度区间。

```
# 输出准确率的平均值和置信度区间
print("训练集上的平均准确率: %0.2f ( + / - %0.2f)" % (scores2.mean(), scores2.std() * 2))
```

【例 12.2】 通用模板 V2.0 应用案例: 构建 SVM 分类模型。程序执行结果如图 12.8 所示。

```
# SVM 分类器
from sklearn.model_selection import cross_val_score        # 导入交叉函数
from sklearn.svm import SVC                                 # 导入算法
from sklearn.metrics import accuracy_score                  # 导入模型准确率评估模块
svm_model = SVC()                                           # 生成一个模型对象
# 使用交叉验证计算训练集上的准确率
scores1 = cross_val_score(svm_model,train_x,train_y,cv = 5, scoring = 'accuracy')
# 输出训练集上准确率的平均值和置信区间
print("训练集上的平均准确率: %0.2f ( + / - %0.2f)" % (scores1.mean(), scores1.std() * 2))
# 训练模型
svm_model.fit(train_x,train_y)
# 在测试集上进行预测
pred2 = svm_model.predict(test_x)
scores2 = accuracy_score(test_y, pred2)
# 输出测试集上的准确率
print('在测试集上的准确率: %.2f' % scores2)
# 输出训练集上每次交叉验证的准确率
print(scores1)
```

```
训练集上的准确率: 0.96 (+/- 0.07)
在测试集上的准确率: 1.00
[0.96296296 0.92592593 1.        1.        0.92592593]
```

图 12.8 程序执行结果

12.4 Scikit-learn 开发通用模板三

通用模板 V3.0,调参让算法表现更上一层楼。以上都是通过算法的默认参数训练模型的,不同的数据集适用的参数难免会不一样,自己设计算法较为困难,通常只能调参。Scikit-learn 对于不同的算法也提供了不同的参数,可以自己调节。本节的目的是构建一个通用算法框架,所以这里只介绍一个通用的自动化调参方法,至于更细节的每个算法对应参数的含义及手动调参方法,这里暂时不做介绍。

Scikit-learn 提供了"算法名称＋(). get_params()"方法来查看每个算法可以调整的参数。例如,想查看 SVM 分类器算法可以调整的参数,如图 12.9 所示。

```
SVC().get_params()
```

输出的是 SVM 算法在 sklearn 的 SVC 实现中可以调节的参数以及系统默认的参数值。这些参数用于配置和调整支持向量分类器的行为。每个参数的具体含义可以自己到网上查看。

下面就可以引出通用模板 V3.0 了,基础流程如图 12.10 所示。

```
Out[21]:   {'C': 1.0,
            'break_ties': False,
            'cache_size': 200,
            'class_weight': None,
            'coef0': 0.0,
            'decision_function_shape': 'ovr',
            'degree': 3,
            'gamma': 'scale',
            'kernel': 'rbf',
            'max_iter': -1,
            'probability': False,
            'random_state': None,
            'shrinking': True,
            'tol': 0.001,
            'verbose': False}
```

图 12.9　SVC 的参数

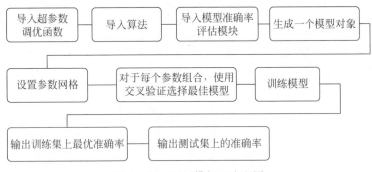

图 12.10　通用模板三流程图

```
#通用模板 V3.0 伪代码
from sklearn.model_selection import cross_val_score,GridSearchCV
#导入交叉验证函数、超参数调优函数
from sklearn.算法位置 import 算法名            #导入算法
from sklearn.metrics import accuracy_score      #导入模型准确率评估模块
模型名 = 算法名                                  #生成一个模型对象
params = [
         {'模型参数1':['选择1,选择2,选择3'], '模型参数2':[选择1,选择2,选择3]},
         {'模型参数1':[选择1,选择2], '模型参数2':[选择1,选择2]},
         ]
 #设置参数网格
best_model = GridSearchCV(svm_model, param_grid = params,cv = 5,scoring = 'accuracy')
#对于每个参数组合,使用交叉验证选择最佳模型
best_model.fit(train_x,train_y)
#训练模型
```

运行后得到最优模型 best_model,可以利用这个模型进行预测。

当然,best_model 还有以下好用的属性。

best_model.cv_results_: 可以查看不同参数情况下的评价结果。

best_model.param_: 得到该模型的最优参数。

best_model.best_score_: 得到该模型的最后评分结果。

【例 12.3】　通用模板 V3.0 应用案例:实现 SVM 分类器。

```
#SVM 分类器
from sklearn.model_selection import GridSearchCV
#导入超参数调优函数
from sklearn.svm import SVC                     #导入算法
```

```
from sklearn.metrics import accuracy_score #导入模型准确率评估模块
svm_model = SVC() #生成一个模型对象

params = [
        {'kernel': ['linear'], 'C': [1, 10, 100]},
        {'kernel': ['poly'], 'C': [1], 'degree': [2, 3]},
        {'kernel': ['rbf'], 'C': [1, 10, 100, 100], 'gamma':[1, 0.1, 0.01, 0.001]}
        ]
    #设置参数网格
best_model = GridSearchCV(svm_model, param_grid = params, cv = 3, scoring = 'accuracy')
    #对于每个参数组合,使用交叉验证选择最佳模型,由于数据集数量较少,所以将交叉验证轮数
#设置成 cv = 3
best_model.fit(train_x, train_y)
    #训练模型
print('训练集上最优准确率: % .4f' % best_model.best_score_)
#输出训练集上最优准确率
pred2 = best_model.predict(test_x)
accuracy2 = accuracy_score(test_y, pred2)
print('在测试集上的准确率: % .4f' % accuracy2)"
#输出测试集上的准确率
```

程序执行结果如图 12.11 所示。

(1) 查看最优参数,如图 12.12 所示。

```
best_model.best_params_
输出:{'C': 1, 'kernel': 'linear'}
```

训练集上最优准确率: 0.9704
在测试集上的准确率: 1.0000

图 12.11　程序执行结果

{'C': 1, 'kernel': 'linear'}

图 12.12　程序执行结果

(2) 调用最优模型实例。

```
best_model.best_estimator_
```

(3) 查看每个参数的交叉验证结果。

```
best_model.cv_results_
```

在实际使用中,如果计算资源够用,则一般采用第三种通用模板。如果为了节约计算资源尽快算出结果,可以手动调参。在实际应用中,如果项目时间紧急,根据自己的需求和数据量级选择一个合适的算法使用即可。

实验作业 12

1. 使用逻辑回归算法,依据通用模板 V1.0,对鸢尾花数据集进行分类。
2. 使用决策树算法,依据通用模板 V2.0,对鸢尾花数据集进行分类。

视频讲解

学习目标
- 了解随机森林的基础知识。
- 熟练掌握基于随机森林的 Scikit-learn 三个通用模板的使用方法。

13.1 随机森林原理

这里有一个例子：假设你是一名要去旅游的年轻人，而你的朋友们都是专家级的旅行规划师。你想要选择最适合自己的旅游目的地，于是你决定向每位朋友询问意见，然后根据他们的建议做出最终决定。这里的每位朋友就好比随机森林中的一棵决策树。他们每个人都有自己独特的见解和经验，而你会听取所有人的意见并根据大多数人的建议来做决定。现在假设你有 10 位朋友，每位朋友会根据不同的考量（如天气、风景、费用等）来推荐不同的旅游地点。每位朋友都是一棵决策树，他们的建议就相当于决策树的预测结果。当你需要做出最终决定时，你会收集所有朋友的建议，然后选择得到最多推荐的旅游目的地作为你的最终选择。这就好比随机森林中的"投票"过程，最终的决策结果是基于所有朋友意见的综合。通过整合多位朋友的建议，你可以得到更全面、更可靠的旅行目的地选择。这就是随机森林的核心原理：通过整合多个决策树的意见，以得到更准确、更稳定的预测结果。

再来一个比较官方的解释：随机森林有的时候也被称为随机决策森林，是一种集合学习方法，既可以用于分类，也可以用于回归。而所谓集合学习算法，其实就是把多个机器学习算法综合在一起，以构建一个更强大的模型。这也就很好地解释了为什么这种算法被称为随机森林，如图 13.1 所示，因为它"有很多树"。

图 13.1 随机森林示意图

在机器学习领域，其实有很多种集合算法，目前应用比较广泛的包括随机森林和梯度提升决策树(Gradient Boosted Decision Trees,GBDT)。本节主要介绍随机森林算法。决策树算法很容易出现过拟合的现象,那么为什么随机森林可以解决这个问题呢?因为随机森林是把不同的几棵决策树打包到一起,每棵树的参数都不相同,然后把每棵树预测的结果取平均值,这样既可以保留决策树的工作成效,又可以降低过拟合的风险。这其实也是可以用数学方法推导出来的,不过这里不讨论数学公式,直接使用代码构建随机森林。

13.2　随机森林的优势和不足

目前在机器学习领域,无论是分类还是回归,随机森林都是应用最广泛的算法之一。可以说,随机森林十分强大,使用决策树并不需要用户过于在意参数的调节。

从优势的角度来说,随机森林集成了决策树的所有优点,而且能够弥补决策树的不足。但也不是说决策树算法就被彻底抛弃了。从便于展示决策过程的角度来说,决策树依旧表现强悍。尤其是随机森林中每棵决策树的层级要比单独的决策树更深,如果需要向非专业人士展示模型工作过程的话,则仍然需要用到决策树。

另外,随机森林算法支持并行处理。对于超大数据集来说,随机森林会比较耗时(毕竟要建立很多决策树)。需要注意的是,因为随机森林生成每棵决策树的方法是随机的,那么不同的 random_state 参数会导致模型完全不同,所以如果不希望建模的结果太过于不稳定,一定要固化 random_state 这个参数的数值。

不过,虽然随机森林有诸多优点,尤其是并行处理功能在处理超大数据集时能提供良好的性能表现,但它也有不足。例如,对于超高维数据集、稀疏数据集等来说,随机森林就有点捉襟见肘了,在这种情况下,线性模型要比随机森林的表现更好一些。另外,随机森林在处理非线性、高度相关的特征时效果不佳,需要进行特殊的处理。而且随机森林相对更消耗内存,速度也比线性模型要慢,如果程序希望更节省内存和时间的话,建议选择线性模型。随机森林的优缺点如表 13.1 所示。

表 13.1　随机森林的优缺点

优　　点	缺　　点
不需要复杂的数据预处理	对于超高维数据集、稀疏数据集不适用
不需要过于在意参数调节	处理非线性、高度相关特征效果不佳
支持并行处理,加快训练速度	相对需要更多的计算资源和内存

13.3　随机森林应用举例

使用随机森林实现红酒数据集分类。

1. 准备数据集

本节采用 sklearn 自带的 wine 数据集。wine 数据集是对意大利同一地区种植的葡萄酒进行化学分析的结果,这些葡萄酒来自三个不同的品种。该分析确定了三种葡萄酒中每种葡萄酒含有的 13 种成分的数量。在本数据集中,每行代表一种酒的样本,共有 178 个样本。一共有 14 列,前面 13 列为每个样本对应属性的样本值。这 13 个属性分别是酒精、苹果酸、灰、灰分的碱度、镁、总酚、黄酮类化合物、非黄烷类酚类、原花色素、颜色强度、色调、稀释葡萄酒的 OD280/OD315、脯氨酸。最后一列是类标识符，分别用 0、1、2 表示，代表葡萄酒的三个分类。可以使用以下代码显示这个数据集。程序执行结果如图 13.2 所示。

```
from sklearn.datasets import load_wine
import pandas as pd
# 加载红酒数据集
wine = load_wine()
# 将数据集转换为 DataFrame
wine_df = pd.DataFrame(data = wine.data, columns = wine.feature_names)
# 添加目标变量到 DataFrame
wine_df['target'] = wine.target
# 设置 Jupyter Notebook 显示的最大行和列数，以便显示全部数据
pd.set_option('display.max_rows', None)
pd.set_option('display.max_columns', None)
# 显示红酒数据集的全部数据
wine_df
```

	alcohol	malic_acid	ash	alcalinity_of_ash	magnesium	total_phenols	flavanoids	nonflavanoid_phenols	proanthocyanins	color_intensity	hue	od280/o
0	14.23	1.71	2.43	15.6	127.0	2.80	3.06	0.28	2.29	5.640000	1.040	
1	13.20	1.78	2.14	11.2	100.0	2.65	2.76	0.26	1.28	4.380000	1.050	
2	13.16	2.36	2.67	18.6	101.0	2.80	3.24	0.30	2.81	5.680000	1.030	
3	14.37	1.95	2.50	16.8	113.0	3.85	3.49	0.24	2.18	7.800000	0.860	
4	13.24	2.59	2.87	21.0	118.0	2.80	2.69	0.39	1.82	4.320000	1.040	
5	14.20	1.76	2.45	15.2	112.0	3.27	3.39	0.34	1.97	6.750000	1.050	
6	14.39	1.87	2.45	14.6	96.0	2.50	2.52	0.30	1.98	5.250000	1.020	

图 13.2　程序执行结果

2. 加载并划分数据集

```
from sklearn.datasets import load_wine               # 加载红酒数据集
from sklearn.model_selection import train_test_split  # 导入划分数据集的函数
wine = load_wine()
x = wine.data                                          # 提取特征数据(x)和标签数据(y)
y = wine.target
train_x, test_x, train_y, test_y = train_test_split(x, y, test_size = 0.3, random_state = 0)
# 将数据集划分为训练集和测试集，其中测试集占总数据的 30%
```

3. 对以上数据集进行分类

1) 使用通用模板 V1.0

```
# 随机森林分类器
from sklearn.ensemble import RandomForestClassifier       # 导入随机森林分类器
from sklearn.metrics import accuracy_score                # 导入模型准确率评估模块
rf_model = RandomForestClassifier()                       # 生成一个模型对象
rf_model.fit(train_x, train_y)                            # 训练模型
pred1 = rf_model.predict(train_x)                         # 预测训练集
accuracy1 = accuracy_score(train_y, pred1)                # 计算训练集准确率
print('在训练集上的准确率: %.4f' % accuracy1)
pred2 = rf_model.predict(test_x)                          # 预测测试集
accuracy2 = accuracy_score(test_y, pred2)                 # 计算测试集准确率
print('在测试集上的准确率: %.4f' % accuracy2)
```

程序执行结果如图 13.3 所示，训练集的准确率达到 1，测试集的准确率达到 0.9815。

在训练集上的准确率: **1.0000**
在测试集上的准确率: **0.9815**

图 13.3　程序执行结果

2) 使用通用模板 V2.0

```
#随机森林分类器
from sklearn.model_selection import cross_val_score    #导入交叉函数
from sklearn.ensemble import RandomForestClassifier    #导入算法
from sklearn.metrics import accuracy_score             #导入模型准确率评估模块
rf_model = RandomForestClassifier()                    #生成一个模型对象
#使用交叉验证计算训练集上的准确率
scores1 = cross_val_score(rf_model,train_x,train_y,cv = 5, scoring = 'accuracy')
#输出训练集上准确率的平均值和置信区间
print("训练集上的平均准确率: %0.2f ( +/- %0.2f)" % (scores1.mean(),scores1.std() * 2))
#训练模型
rf_model.fit(train_x,train_y)
#在测试集上进行预测
pred2 = rf_model.predict(test_x)
scores2 = accuracy_score(test_y,pred2)
#输出测试集上的准确率
print('在测试集上的准确率: %.2f'% scores2)
#输出训练集上每次交叉验证的准确率
print(scores1)
```

程序执行结果如图 13.4 所示,可以看到模型在训练集和测试集的准确率和置信区间以及 5 折交叉验证每一折的准确率。

3) 使用通用模板 V3.0

```
#随机森林分类器
from sklearn.model_selection import cross_val_score,GridSearchCV
#导入交叉验证函数、超参数调优函数
from sklearn.ensemble import RandomForestClassifier     #导入算法
from sklearn.metrics import accuracy_score              #导入模型准确率评估模块
rf_model = RandomForestClassifier()                     #生成一个模型对象
params = [
    {'n_estimators': [100, 200, 500], 'max_depth': [5, 10, None], 'min_samples_split': [2, 5, 10]},
{'n_estimators': [100, 200, 500], 'max_depth': [5, 10, None], 'min_samples_leaf': [1, 2, 5]}
]
#设置参数网格
best_model = GridSearchCV(rf_model, param_grid = params,cv = 5,scoring = 'accuracy')
#对于每个参数组合,使用交叉验证选择最佳模型
best_model.fit(train_x,train_y)
#训练模型
print('训练集上最优准确率: %.4f' % best_model.best_score_)
#输出训练集上最优准确率
pred2 = best_model.predict(test_x)
accuracy2 = accuracy_score(test_y,pred2)
print('在测试集上的准确率: %.4f' % accuracy2)
#输出测试集上的准确率
```

程序执行结果如图 13.5 所示,在交叉验证过程中,训练集上最优参数组合的平均准确率为 0.9757。

```
训练集上的准确率: 0.97 (+/- 0.06)
测试集上的平均准确率: 0.98 (+/- 0.07)
[0.92       0.96       1.         1.         0.95833333]
[1.         0.90909091 1.         1.         1.        ]
```

图 13.4 程序执行结果

```
训练集上最优准确率: 0.9757
在测试集上的准确率: 0.9815
```

图 13.5 程序执行结果

注意：参数越多，组合的方式就越多，运行速度就越慢，所以可以选择合适的参数数量。参数需要换成相应算法的参数。以上就是随机森林的分类应用，只需要套用模板即可，非常简单。

实验作业 13

1. 使用随机森林算法，依据通用模板 V1.0，对乳腺癌数据集进行分类。
2. 使用随机森林算法，依据通用模板 V2.0，对乳腺癌数据集进行分类。

学习目标

- 了解 SVM 基础知识。
- 熟练掌握基于 SVM 的 Scikit-learn 三个通用模板的使用方法。

视频讲解

14.1　SVM 基本概念

首先要了解一下什么是"线性可分"和"线性不可分"。举个例子,假设男生的情绪分布如图 14.1 所示。

可以看到,当我们提取的样本特征是"是否有好玩的"和"是否有好吃的"这两项时,能够很容易用图中的直线把男生的情绪分成"开心"和"不开心"两类,在这种情况下就说样本是线性可分的。但女生的情绪可能要复杂得多,有时候从男生的角度来看,她们的情绪分布可能如图 14.2 所示。

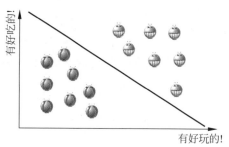

图 14.1　男生情绪分类

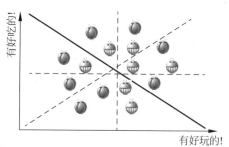

图 14.2　女生情绪分类

从图中已经可以感受到线性模型"深深的绝望"了,无论用哪一条直线,都无法将女生的情绪进行正确的分类。在这种情况下,就说样本是线性不可分的。那怎么办?是不是就真的束手无策了呢?不要怕!我们有强大的 SVM 支持向量机,它的核函数功能可以帮助我们。现在想象一下,假如"开心"的情绪是轻盈的,而"不开心"的情绪是沉重的,我们把图 14.2 扔到水里,"开心"就会漂浮起来,而"不开心"就会沉下去,情绪分布变成如图 14.3 所示的样子。

从图 14.3 中可以看到经过处理之后的数据,很容易用一块玻璃板将两种心情进行分类了。如果从正上方向下看,将三维视图还原成二维,就会发现分类器是如图 14.4 所示的样子。

如果这样看起来的话,这一点也不像是线性分类器的样子了。而刚才通过利用"开心"和"不开心"的重量差实现将二维数据变成三维的过程,称为将数据投射至高维空间。这正是 SVM 算法的核函数功能。总的来说,SVM 的基本原理是通过在特征空间中找到一个最优超平面,将不同类别的样本分开,并确保超平面到各类别样本的最短距离(间隔)最大化。

实验 12 讲解通用模板时已经举过 SVM 的例子,这里就不再赘述,套用通用模板即可。

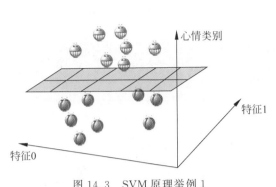

图 14.3　SVM 原理举例 1

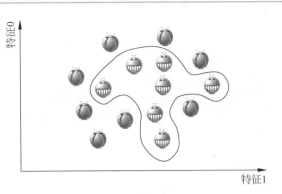

图 14.4　SVM 原理举例 2

14.2　SVM 的优势和不足

SVM 可以说是在机器学习领域非常强大的算法了,对各种不同类型的数据集都有不错的表现。它可以在数据特征很少的情况下生成非常复杂的决定边界,当然在特征数量很多的情况下表现也不错。换句话说,SVM 应对高维数据集和低维数据集都还算是得心应手且能够处理非线性问题。但是,前提条件是数据集的规模不太大。如果数据集中的样本数量在几万以内,SVM 都能驾驭得了,但如果样本数量超过 10 万的话,SVM 就会非常耗费时间和内存。

SVM 还有一个不足之处,就是对于数据预处理和参数调节要求非常高。所以,现在很多场景下人们都会更乐意用随机森林算法。而且对于非专业人士来说,随机森林和梯度提升决策树要比 SVM 更容易理解,因为 SVM 的建模过程是比较难以呈现的。

不管怎么说,SVM 还是有价值的。假设数据集中样本特征的测度都比较接近,例如,在图像识别领域,还有样本特征数和样本数比较接近的时候,SVM 都会游刃有余。SVM 的优缺点如表 14.1 所示。

表 14.1　SVM 的优缺点

优　点	缺　点
可以处理高维度和低维度数据	SVM 算法对大规模训练样本难以实施
相比随机森林,可以解决复杂的非线性分类问题	用 SVM 解决多分类问题存在困难
可以通过使用不同的核函数应用于多种不同类型的问题	对数据预处理要求高,对参数和核函数的选择敏感

实验作业 14

1. 使用 SVM 算法,依据通用模板 V1.0,对乳腺癌数据集进行分类。
2. 使用 SVM 算法,依据通用模板 V2.0,对乳腺癌数据集进行分类。

学习目标

- 了解模型评估原理及应用。
- 熟悉模型评估常见指标。
- 熟练掌握模型评估方法。

视频讲解

15.1 模型评估原理与流程

机器学习模型评估是在训练完成后,对模型性能进行客观、准确的量化分析的过程。评估模型的性能可以帮助我们了解模型对新数据的泛化能力,从而决定是否可以将模型用于实际应用。训练的模型并不能单单以准确率来衡量,因为准确率只是评估模型性能的一个方面。在实际应用中,需要综合考虑多个评估指标和方法来全面评估模型的性能。

15.1.1 模型评估原理

机器学习的模型评估是机器学习中不可或缺的一个环节,其目的是通过一系列评估指标和方法,来衡量模型的性能并判断其是否满足实际应用需求。模型评估原理是对机器学习模型性能进行全面和客观分析的基础。其核心目的是判断模型在实际应用中的表现,以及模型对于新数据的泛化能力。以下是模型评估原理的主要内容。

- 数据集划分:模型评估的第一步是将数据集划分为训练集、验证集和测试集。训练集用于训练模型,验证集用于在训练过程中调整超参数和选择最佳模型,而测试集则用于最终评估模型的性能。这种划分确保了对模型性能的公正评估,避免了过拟合和欠拟合的问题。

- 选择合适的评估指标:针对不同类型的机器学习问题(如分类、回归、聚类等),需要选择相应的评估指标。例如,对于分类问题,常用的评估指标包括准确率、精确率、召回率、F1 分数等;对于回归问题,则常使用均方误差(MSE)、均方根误差(RMSE)等指标。选择合适的评估指标可以准确反映模型的性能。

- 考虑模型的泛化能力:模型评估不仅关注模型在训练集上的表现,更重要的是模型在新数据上的泛化能力。因此,在评估模型时,应重点关注模型在测试集上的性能,这更能反映模型在实际应用中的表现。

- 交叉验证:为了更准确地评估模型的性能,可以采用交叉验证的方法。这种方法将数据集划分为多个子集,并多次训练模型,每次使用不同的子集作为训练集和测试集。通过计算多次评估结果的平均值,读者可以得到更稳定、更可靠的模型性能评估结果。

15.1.2　模型评估基本知识

1. 评估指标之分类任务评估指标

通过机器学习的基本概念知道,机器学习最主要的任务是分类与回归,不同的任务有不同的评价标准。

- 混淆矩阵:一种可视化工具,用于比较分类结果和实例的真实信息。
- 准确率(Accuracy):分类正确的样本数与总样本数的比值。
- 错误率(Error Rate):分类错误的样本数与总样本数的比值。
- 精确率(Precision):预测为正样本的实例中,真正为正样本的比例。
- 召回率(Recall):实际为正样本的实例中,被预测为正样本的比例。
- F1 分数:精确率和召回率的调和平均值,用于综合评估模型的性能。
- ROC 和 AUC:用于评估模型在不同阈值下的性能。
- PR 曲线:以精确率为纵轴,召回率为横轴绘制的曲线,用于评估模型的性能。
- 对数损失(log_loss):用于衡量模型预测概率分布与真实概率分布之间的差异。

2. 评估指标之回归任务评估指标

- 平均绝对误差(MAE):预测值与真实值之间绝对误差的平均值。
- 均方误差(MSE):预测值与真实值之间平方误差的平均值。
- 均方根误差(RMSE):均方误差的平方根,与数据的单位相同,更易于解释。
- 归一化均方根误差(NRMSE):对 RMSE 进行归一化处理,消除数据规模对误差的影响。
- 决定系数(R2):衡量模型对数据的拟合程度,值越接近 1 表示模型拟合效果越好。

15.1.3　评估流程

评估流程如下。

- 数据集划分:将标注好的数据集分为训练集和测试集。通常采用随机划分,确保数据集的代表性和评估结果的可靠性。
- 特征选择和预处理:根据任务需求,选择合适的特征,并对数据进行预处理,如缺失值处理、特征归一化、特征编码等操作。
- 模型选择与训练:选择适合任务的机器学习算法,并使用训练集对模型进行训练。
- 模型评估指标选择:根据任务的性质和目标,选择合适的评估指标。
- 模型评估与结果分析:使用测试集对训练好的模型进行评估,得到评估指标的数值。同时,对评估结果进行分析,了解模型的性能、优点和缺点,以便后续优化的需求。

综上所述,机器学习的模型评估是一个复杂而重要的过程,需要综合考虑多种评估指标和方法,以确保模型的性能满足实际应用需求。

机器学习有很多评估的指标,通过这些指标,读者可以横向比较哪些模型的表现更好。从整体上来看,常见的评估指标如图 15.1 所示。

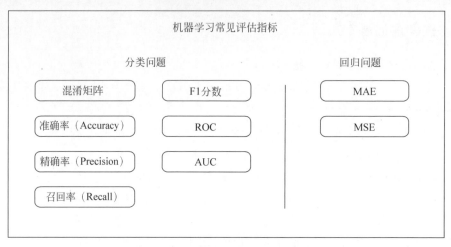

图 15.1 机器学习常见的评估指标

15.2 模型评估的指标详述

1. 混淆矩阵

将分类问题按照真实情况与判别情况两个维度进行归类的一个矩阵,如在二分类问题中就是一个 2×2 的矩阵,如图 15.2 所示。

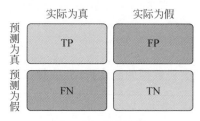

图 15.2 混淆矩阵

- TP(True Positive):表示实际为真预测为真。
- FP(False Positive):表示实际为假预测为真(误报)。
- TN(True Negative):表示实际为假预测为假。
- FN(False Negative):表示实际为真预测为假(漏报)。

2. 准确率 Accuracy

预测正确的结果占总样本的百分比,公式如下。

$$准确率 = \frac{TP + TN}{TP + TN + FP + FN}$$

虽然准确率可以判断总的正确率,但在样本不平衡的情况下,并不能作为很好的指标来衡量结果。举个简单的例子,在一个总样本中,正样本占 90%,负样本占 10%,样本是严重不平衡的。对于这种情况,只需要将全部样本预测为正样本即可得到 90% 的高准确率,但实际上并没有很用心地分类,只是随便一分而已。这就说明如果样本不平衡,准确率就会失效。

3. 精确率 Precision

所有被预测为正的样本中实际为正的样本的概率,其公式为

$$精确率 = TP/(TP + FP)$$

精确率和准确率看上去有些类似,但是完全不同的两个概念。精确率代表对正样本结果中的预测准确程度,而准确率则代表整体的预测准确程度,既包括正样本,也包括负样本。

4. 召回率 Recall

实际为正的样本中被预测为正样本的概率,其公式为

$$召回率 = TP/(TP + FN)$$

5. F1 分数

F1 分数是精确率和召回率的调和平均值,它同时兼顾了分类模型的精确率和召回率,是统计学中用来衡量二分类(或多任务二分类)模型精确度的一种指标。它的最大值是 1,最小值是 0,值越大意味着模型越好。它定义为

$$F_1 = 精确率 \times 召回率 \times 2/(精确率 + 召回率)$$

公式如下。

$$F_1 = (2 \times Precision \times Recall)/(Precision + Recall)$$

如果将精确率和召回率之间的关系用图来表达,可利用 PR 曲线对比算法的优劣,如图 15.3 所示。

(1) 如果一条曲线完全"包住"另一条曲线,则前者性能优于另一条曲线(P 和 R 越高,代表算法分类能力越强)。

(2) PR 曲线发生交叉时:以 PR 曲线下面积作为衡量指标,但这个指标通常难以计算。

(3) 使用"平衡点"(Break-Even Point),它是精确率=召回率时的取值,值越大代表效果越优。

6. ROC

(1) 真阳率(TPR):

$$TPR = TP/(TP + FN)$$

(2) 假阳率(FPR):

$$FPR = FP/(FP + TN)$$

(3) ROC 绘制:ROC 的横坐标为 FPR,纵坐标为 TPR,如图 15.4 所示。

① 将预测结果按照预测为正类概率值排序。

② 将阈值由 1 开始逐渐降低,按此顺序逐个把样本作为正例进行预测,每次可以计算出当前的 FPR、TPR 值。

③ 以 TPR 为纵坐标,FPR 为横坐标绘制图像。

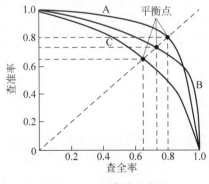

图 15.3　PR 曲线示意图

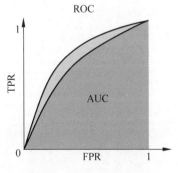

图 15.4　ROC 曲线示意图

(4) 如何利用 ROC 对比性能:ROC 下的面积(AUC)作为衡量指标,面积越大,性能越好,AUC(Area Under ROC Curve)就是衡量分类器优劣的一种性能指标。从定义可知,AUC

可通过对 ROC 下各部分的面积求和而得,数值介于 0~1。

AUC=1:完美的分类器,采用该模型,不管设定什么阈值都能得出完美预测。

0.5 < AUC < 1:优于随机猜测,分类器好好设定阈值的话,有预测价值。

AUC=0.5:跟随机猜测一样,模型没有预测价值。

AUC < 0.5:比随机猜测还差,但是如果反着预测,就优于随机猜测。

【例 15.1】 模型评估举例。

模型评估方法有交叉验证、网格搜索等,下面使用之前讲过的随机森林对红酒数据集分类的模型运用交叉验证行评估,并输出准确率、精确率、召回率、F1 分数、混淆矩阵指标进行模型评估,由于红酒数据集样本太少,这里不绘制 ROC。

```python
from sklearn.datasets import load_wine                              # 导入红酒数据集
from sklearn.model_selection import train_test_split                # 导入数据集划分函数
from sklearn.metrics import accuracy_score                          # 导入模型准确率评估模块
from sklearn.metrics import confusion_matrix                        # 导入混淆矩阵函数
import matplotlib.pyplot as plt                                     # 导入用于绘图的 matplotlib 库
import numpy as np                                                  # 导入 NumPy 库,用于数值计算
import itertools                                                    # 导入 itertools 库,用于创建迭代器
from sklearn.metrics import f1_score, precision_score, recall_score, roc_curve, auc
from sklearn.model_selection import cross_val_score                 # 导入交叉函数
from sklearn.ensemble import RandomForestClassifier                 # 导入算法
wine = load_wine()                                                  # 加载红酒数据集
x = wine.data
y = wine.target
train_x,test_x,train_y,test_y = train_test_split(x,y,test_size = 0.3,random_state = 0)
# 加载并划分数据集
rf_model = RandomForestClassifier()                                 # 生成一个模型对象
scores1 = cross_val_score(rf_model,train_x,train_y,cv = 5, scoring = 'accuracy')
# 输出训练集上准确率的平均值和置信区间
print("训练集上的平均准确率: % 0.2f ( + / - % 0.2f)" % (scores1.mean(),scores1.std() * 2))
# 训练模型
rf_model.fit(train_x,train_y)
# 在测试集上进行预测
pred2 = rf_model.predict(test_x)
scores2 = accuracy_score(test_y,pred2)
# 输出测试集上的准确率
print('在测试集上的准确率: % .2f'% scores2)
# 输出训练集上每次交叉验证的准确率
print(scores1)
# 添加以下代码进行 F1 分数、精确率、召回率的输出
predicted_labels = rf_model.predict(test_x) # 预测测试集的标签
f1 = f1_score(test_y, predicted_labels, average = 'macro')
# 使用'macro'计算多类别问题的宏平均 F1 分数
precision = precision_score(test_y, predicted_labels, average = 'macro')
recall = recall_score(test_y, predicted_labels, average = 'macro')
# 计算测试集的 F1 分数、精确率和召回率
print("F1 分数: % 0.2f" % f1)
print("精确率: % 0.2f" % precision)
print("召回率: % 0.2f" % recall)
# 添加以下代码进行混淆矩阵的输出
# 计算混淆矩阵,传入测试集真实标签和预测标签
cm = confusion_matrix(test_y, predicted_labels)
# 创建一个图形窗口,设置大小为 8×6 英寸
plt.figure(figsize = (8, 6))
# 在图形窗口中显示混淆矩阵,使用最近邻插值进行平滑,颜色映射使用蓝色调色板
plt.imshow(cm, interpolation = 'nearest', cmap = plt.cm.Blues)
```

```
# 设置图形标题为"Confusion Matrix"
plt.title('Confusion Matrix')
# 添加一个颜色条以表示不同数值的颜色
plt.colorbar()
# 创建一个数组,用于在 x 轴和 y 轴上标记类别名称
tick_marks = np.arange(len(wine.target_names))
# 在 x 轴上显示类别名称,并将标记旋转 45 度
plt.xticks(tick_marks, wine.target_names, rotation = 45)
# 在 y 轴上显示类别名称
plt.yticks(tick_marks, wine.target_names)
# 添加 x 轴标签为"Predicted Label"
plt.xlabel('Predicted Label')
# 添加 y 轴标签为"True Label"
plt.ylabel('True Label')
# 设置一个阈值,用于控制在每个格子内显示哪些数值
thresh = cm.max() / 2.
# 使用两个循环遍历每个格子
for i, j in itertools.product(range(cm.shape[0]), range(cm.shape[1])):
    # 在每个格子的中心位置添加对应的数值
    plt.text(j, i, format(cm[i, j], 'd'),
             horizontalalignment = "center",
             # 如果数值大于阈值,则将文本颜色设置为白色,否则为黑色
             color = "white" if cm[i, j] > thresh else "black")
# 调整图形布局
plt.tight_layout()
# 显示图形
plt.show()
```

程序执行结果如图 15.5 所示。

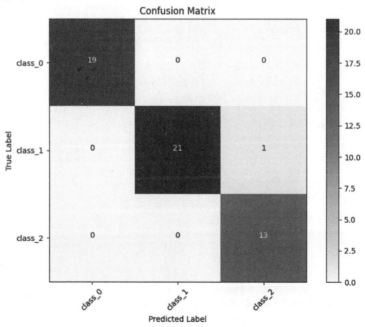

图 15.5   程序执行结果

结果分析：以上准确率、F1 分数、精确率、召回率都取得了不错的结果。从混淆矩阵可以看出，模型对于测试集中的 19 个 class 0 全部分类正确，对于 22 个 class1 只将一个误分成了class2，对于 13 个 class2 全部分类正确，所以该模型在红酒数据集上表现出色，具有较高的准确率，可以认为该模型适用于红酒分类问题。

实验作业 15

使用支持向量机(SVM)对红酒数据集进行分类，并采用 5 折交叉验证来评估模型性能。评估指标包括准确率、精确率、召回率和 F1 分数。

第4部分 深度学习基础与PyTorch框架

深度学习无疑是推动人工智能快速发展的核心技术。随着数据量的爆炸式增长和计算能力的提升,深度学习在人工智能各领域的应用变得愈发广泛,从图像识别到语音处理,再到自动驾驶和智能推荐系统。同时,PyTorch 以其灵活性和强大的功能,赢得了研究者和开发者的广泛青睐。

本部分将深入浅出探讨深度学习的基础知识,并结合目前主流的 PyTorch 框架,详细讲解如何将理论应用于实践。从神经网络的基本概念入手,逐步介绍如何利用 PyTorch 进行数据处理、模型的构建、训练、评估与保存,并通过实际案例展示其强大功能。

通过本部分的学习,读者不仅能够掌握深度学习的核心概念和技术,还能了解如何利用 PyTorch 实现从简单到复杂的神经网络模型。这为读者今后从事人工智能相关研发工作提供了坚实的理论基础和实践经验。

实验 16 PyTorch的开发环境配置及Tensor的基本操作

学习目标

- 理解如何配置 PyTorch 的开发环境。
- 掌握张量(Tensor)的基本概念及操作。

PyTorch 是一个基于 Python 的深度学习框架,它提供了一种灵活和高效的方式构建和训练神经网络模型。

PyTorch 的核心数据结构之一是张量(Tensor),它是一种表示多维数组的数据结构,支持在 CPU 或 GPU 上进行高速的数学运算。Tensor 在 PyTorch 中的功能类似于 NumPy 数组,但是有一些额外的特性,如自动求导、动态计算图和分布式处理等。

如图 16.1 所示,在本实验中将学习如何在本地配置 PyTorch 的开发环境,以及如何使用 Tensor 进行基本的操作,包括创建、索引、切片、变形、类型转换、数学运算、广播、合并、分割等操作。

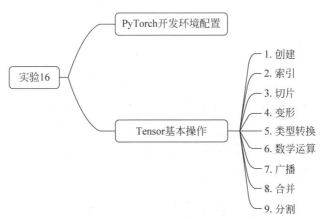

图 16.1　本实验的主要内容

16.1　PyTorch 的开发环境配置

视频讲解

如图 16.2 所示,配置 PyTorch 的开发环境步骤分为以下 6 步。

1. 安装 Anaconda

首先,确保已经在系统中安装了 Anaconda。如果还没有安装 Anaconda,请参考实验 1 进行安装。

2. 区分能否安装 GPU 版本(无 NVIDIA 显卡的略过)

如图 16.3 所示,打开 Windows 命令行,输入以下命令查看显卡驱动信息(**注意:记住 CUDA Version,后续步骤会使用**)。

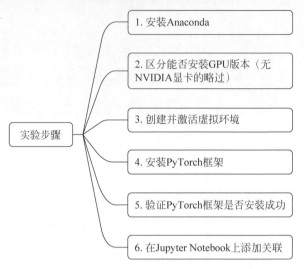

图 16.2　配置 PyTorch 的开发环境步骤

```
nvidia-smi
```

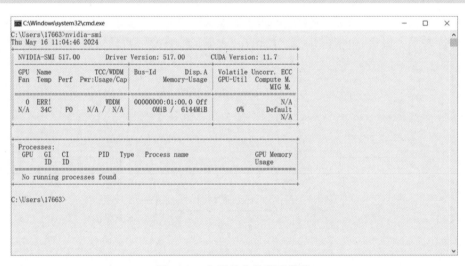

图 16.3　查看显卡的驱动信息

如果以上命令输入后报错,可以使用驱动精灵检测并下载驱动,驱动精灵的界面如图 16.4 所示。

3. 创建并激活虚拟环境

为了保持项目的独立性,便于在不同 PyTorch 版本间切换,通常会创建一个虚拟环境。

(1) 如图 16.5 所示,打开 Anaconda Prompt,运行以下命令创建一个名为"pytorch_env"、Python 版本为 3.8 的虚拟环境。(**注意:虚拟环境的路径不能包含任何空格和中文** 。)

```
conda create -- name pytorch_env python = 3.8
```

(2) 如果在安装过程中遇到 y/n,则输入 y 后按 Enter 键继续安装即可。

(3) 如图 16.6 所示,虚拟环境创建成功后,输入以下命令激活(进入)刚刚创建的虚拟环境。

```
conda activate pytorch_env
```

图16.4　驱动精灵的界面

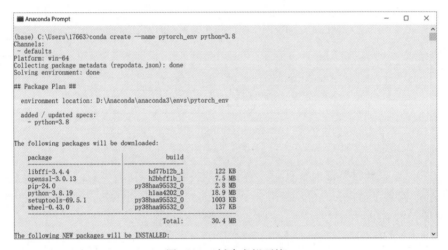

图16.5　创建虚拟环境

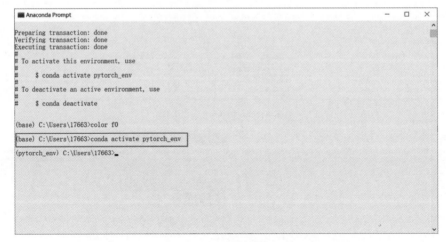

图16.6　激活虚拟环境

4. 安装 PyTorch 框架

进入 PyTorch 的官方网站,选择合适的安装命令(**没有 NVIDIA 显卡的计算机只能安装 CPU 版本**)粘贴到虚拟环境中进行安装。两种版本安装任意一种(有 NVIDIA 显卡的计算机建议安装 GPU 版本)即可。

1) 安装 CPU 版本

如图 16.7 和图 16.8 所示,单击 PyTorch 官方网站页面中的 CPU,复制 Run this Command 行的命令到 Anaconda Prompt 命令行中并在 pytorch_env 虚拟环境中运行。

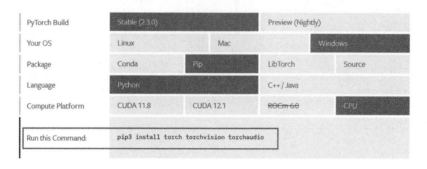

图 16.7　PyTorch 官网 CPU 版本的安装界面

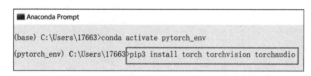

图 16.8　Anaconda Prompt 命令行中的界面

2) 安装 GPU 版本

安装 GPU 版本时如果官网首页中没有计算机支持的 CUDA(**第 2 步可查看 CUDA 版本信息**),单击官网首页的 install previous versions of PyTorch 以选择合适的安装命令,如图 16.9 所示。本书以 CUDA Version 11.3 作为安装示例。

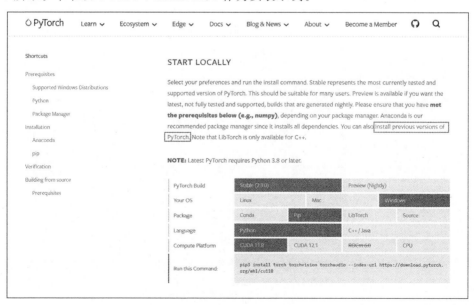

图 16.9　PyTorch 官网首页

安装 GPU 版本前,需要添加清华源(目的是加快安装速度),直接在 Anaconda Prompt 创建的虚拟环境中输入下列 5 行命令相继运行,安装过程中若遇到"([y]/n)?"则输入 y 继续安装即可,如图 16.10 所示。

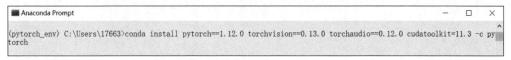

```
♯添加清华源的 PyTorch
conda config -- add channels https://mirrors.tuna.tsinghua.edu.cn/anaconda/pkgs/free/
conda config -- add channels https://mirrors.tuna.tsinghua.edu.cn/anaconda/pkgs/main/
conda config -- set show_channel_urls yes
conda config -- add channels https://mirrors.tuna.tsinghua.edu.cn/anaconda/cloud/pytorch/
♯ 安装 PyTorch
conda install pytorch == 1.12.0 torchvision == 0.13.0 torchaudio == 0.12.0 cudatoolkit = 11.3
```

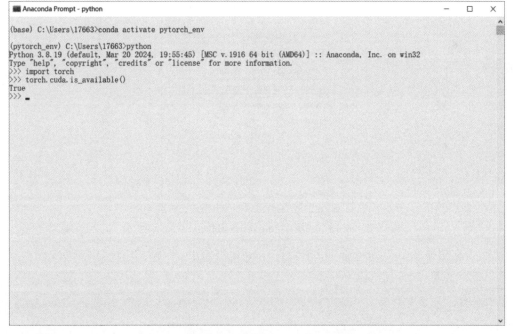

图 16.10　在虚拟环境中安装 PyTorch 的 GPU 版本

5. 验证 PyTorch 框架是否安装成功

(1) 打开 Anaconda Prompt,输入 conda activate pytorch_env 命令进入虚拟环境。(第一次安装的略过。)

(2) 输入 python。

(3) 输入 import torch,如果没有报错就意味着 PyTorch 已经安装成功。

(4) 输入 torch.cuda.is_available(),如果是 True 就意味着 PyTorch 的 GPU 版本安装成功;如果是 False 就意味着安装失败。程序执行结果如图 16.11 所示。

图 16.11　验证 PyTorch 的 GPU 版本是否安装成功

6. 在 Jupyter Notebook 上添加关联

(1) 如图 16.12 所示,以管理员身份打开 Anaconda Prompt。

图 16.12 以管理员身份打开 Anaconda Prompt

（2）输入"conda activate pytorch_env"进入创建的虚拟环境。

（3）在虚拟环境中输入"conda install nb_conda_kernels"命令，弹出提示输入 y 即可。

（4）如图 16.13 所示，打开 Jupyter Notebook 单击 **New** 会发现增加了两项，单击 **Python** [**conda env：pytorch_env**]。

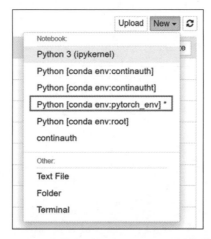

图 16.13 成功在 Jupyter Notebook 添加关联

（5）右上角显示 Python[conda env：pytorch]即可使用，具体如图 16.14 所示。

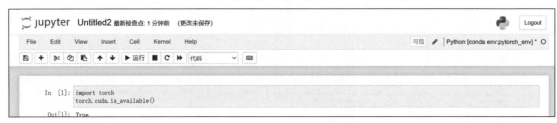

图 16.14 Jupyter Notebook 代码页面

16.2　Tensor 的基本操作

【实验环境】

本实验需要的软件和硬件环境如表 16.1 所示。

表 16.1　Tensor 的基本操作需要的软件和硬件版本要求

软件/硬件	版本要求	软件/硬件	版本要求
Python	3.6 或以上版本	Matplotlib	3.4 或以上版本
PyTorch	1.9 或以上版本	Jupyter Notebook/Lab	最新版本
NumPy	1.19 或以上版本	NVIDIA 显卡(可选)	支持 CUDA

注意：其中，Matplotlib 是一个用于绘制图形和可视化数据的库，需要单独安装。
Matplotlib 安装步骤如下。

（1）打开 Anaconda Prompt，如图 16.15 所示。

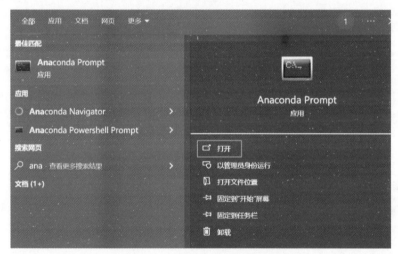

图 16.15　打开 Anaconda Prompt

（2）输入"conda activate pytorch_env"命令进入虚拟环境，如图 16.16 所示。

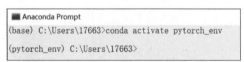

图 16.16　输入命令进入虚拟环境

其中，"pytorch_env"是创建虚拟环境时自定义的命名。

（3）输入"pip install matplotlib"命令安装 Matplotlib 库，如图 16.17 所示。

【实验准备】

在开始实验之前，需要先导入 PyTorch 和其他需要用到的库，可以在 Notebook 的第一个
单元格中输入以下的代码，并运行（此后的基本操作均需本步骤）。

```
import torch                      # 导入 PyTorch
import numpy as np                # 导入 numpy
import matplotlib.pyplot as plt   # 导入 Matplotlib
```

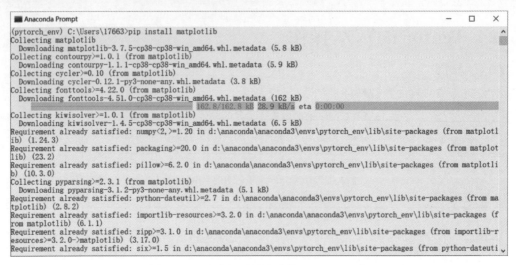

图 16.17　在虚拟环境中安装 Matplotlib 库

16.2.1　创建 Tensor

Tensor 是 PyTorch 中的基本数据类型,它可以表示任意维度的数组,如标量、向量、矩阵、张量等。

可以使用不同的方法来创建 Tensor,如从 Python 的列表、元组或字典中创建,从 NumPy 的数组中创建,或者使用 PyTorch 提供的特殊函数来创建,如全零、全一、随机、均匀分布、正态分布等。常见的创建 Tensor 的方法可参考表 16.2。

表 16.2　常见的创建 Tensor 的方法

函　　数	功　　能	参　　数
torch. tensor(data)	从列表、元组或字典中创建一个张量	data（列表、元组或字典）
torch. from_numpy(numpy_array)	从 NumPy 数组中创建一个张量,共享内存	numpy_array（NumPy 数组）
torch. zeros(* size)	创建指定形状的全 0 张量	* size（可变数量的参数,指定张量的形状）
torch. ones(* size)	创建指定形状的全 1 张量	* size（可变数量的参数,指定张量的形状）
torch. rand(* size)	创建指定形状的随机张量	* size（可变数量的参数,指定张量的形状）
torch. randn(* size)	创建指定形状的正态分布张量	* size（可变数量的参数,指定张量的形状）
torch. arange(start, end, step)	创建等差数列的张量	start, end, step（等差数列的起始、终止和步长）
torch. linspace(start,end,steps)	创建等分数列的张量	start, end, steps（等分数列的起始、终止和元素个数）

（1）使用 torch. tensor()函数从 Python 的列表、元组或字典中创建 Tensor。

该函数的参数是一个数据对象,它的返回值是一个 Tensor 对象,它的类型和形状由数据对象的类型和形状决定。

【例 16.1】　创建一个一维的 Tensor。

```
x = torch.tensor([1, 2, 3, 4, 5])          # 从列表中创建一个一维的 Tensor
print(x)                                     # 打印 x
print('x 的数据类型:', x.dtype)              # 打印 x 的数据类型
print('x 的形状:', x.shape)                  # 打印 x 的形状
```

程序执行结果如图 16.18 所示。

可以看到,x 是一个一维的 Tensor,它的数据类型是整数,它的形状是(5,),表示 x 有 5 个元素。

【例 16.2】　创建一个二维的 Tensor。

```
y = torch.tensor([[1, 2, 3], [4, 5, 6], [7, 8, 9]])    # 从列表中创建一个二维的 Tensor
print(y)                                                 # 打印 y
print('y 的数据类型:', y.dtype)                          # 打印 y 的数据类型
print('y 的形状:', y.shape)                              # 打印 y 的形状
```

程序执行结果如图 16.19 所示。

可以看到,y 是一个二维的 Tensor,它的数据类型是整数,它的形状是(3,3),表示它有 3 行 3 列的元素。

【例 16.3】　创建一个三维的 Tensor。

```
z = torch.tensor([[[1, 2], [3, 4]], [[5, 6], [7, 8]]])    # 从列表中创建一个三维的 Tensor
print(z)                                                    # 打印 z
print('z 的数据类型:', z.dtype)                             # 打印 z 的数据类型
print('z 的形状:', z.shape)                                 # 打印 z 的形状
```

程序执行结果如图 16.20 所示。

```
tensor([1, 2, 3, 4, 5])
x的数据类型:  torch.int64
x的形状:  torch.Size([5])
```
图 16.18　程序执行结果

```
tensor([[1, 2, 3],
        [4, 5, 6],
        [7, 8, 9]])
y的数据类型:  torch.int64
y的形状:  torch.Size([3, 3])
```
图 16.19　程序执行结果

```
tensor([[[1, 2],
         [3, 4]],

        [[5, 6],
         [7, 8]]])
z的数据类型:  torch.int64
z的形状:  torch.Size([2, 2, 2])
```
图 16.20　程序执行结果

可以看到,z 是一个三维的 Tensor,它的数据类型是整数,它的形状是(2,2,2),表示它由两个 2 行 2 列的矩阵组成。

(2) 使用 torch.from_numpy()函数从 NumPy 的数组中创建 Tensor。

该函数的参数是一个 NumPy 的数组,它的返回值是一个 Tensor 对象,它的类型和形状与 NumPy 的数组相同,而且它们**共享内存**,即**修改其中一个会影响另一个**。

【例 16.4】　从 NumPy 的数组中创建 Tensor。

```
a = np.array([1.0, 2.0, 3.0, 4.0, 5.0])      # 创建一个 NumPy 的数组
b = torch.from_numpy(a)                        # 从 NumPy 的数组中创建一个 Tensor
print('a:', a)                                 # 打印 a
print('b:', b)                                 # 打印 b
print('a 的数据类型:', a.dtype)                # 打印 b 的数据类型
print('b 的数据类型:', b.dtype)                # 打印 b 的数据类型
print('a 的形状:', a.shape)                    # 打印 b 的形状
print('b 的形状:', b.shape)                    # 打印 b 的形状
```

程序执行结果如图 16.21 所示。

```
a: [1. 2. 3. 4. 5.]
b: tensor([1., 2., 3., 4., 5.], dtype=torch.float64)
a的数据类型: float64
b的数据类型: torch.float64
a的形状: (5,)
b的形状: torch.Size([5])
```

图 16.21   程序执行结果

可以看到,b 是一个一维的 Tensor,它的数据类型是浮点数,它的形状是(5,),表示它有 5 个元素,它与 a 的数据类型和形状相同。

还可以输入以下代码来修改 a 或 b 的值,并观察它们的变化。

```
a[0] = 10.0                          #修改 a 的第一个元素
print('修改 a 的第一个元素后 a,b 的值:')
print('a:', a)                       #打印 a
print('b:',b)                        #打印 b
b[1] = 20.0                          #修改 b 的第二个元素
print('修改 b 的第二个元素后 a,b 的值:')
print('a:', a)                       #打印 a
print('b:',b)                        #打印 b
```

程序执行结果如图 16.22 所示。

```
修改a的第一个元素后a, b的值:
a: [10. 20. 3. 4. 5.]
b: tensor([10., 20., 3., 4., 5.], dtype=torch.float64)
修改b的第二个元素后a, b的值:
a: [10. 20. 3. 4. 5.]
b: tensor([10., 20., 3., 4., 5.], dtype=torch.float64)
```

图 16.22   程序执行结果

可以看到,修改 a 或 b 的值会同时影响另一个,这说明它们共享内存,这样可以节省空间和时间,但也要注意避免不必要的修改。

(3) 使用 PyTorch 提供的特殊函数来创建 Tensor。

这些特殊函数可以根据一些参数来生成特定的 Tensor,如全 0、全 1、随机、均匀分布、正态分布等。这些函数的返回值都是一个 Tensor 对象,它的类型和形状由函数的参数决定。

【例 16.5】   使用特殊函数创建 Tensor。

```
c = torch.zeros(3, 4)               #创建一个全 0 的 Tensor,形状为(3, 4)
print('c:',c)                        #打印 c
d = torch.ones(2, 3, 4)             #创建一个全一的 Tensor,形状为(2, 3, 4)
print('d:',d)                        #打印 d
e = torch.rand(5)                   #创建一个随机的 Tensor,形状为(5,)
print('e:',e)                        #打印 e
f = torch.randn(2, 3)               #创建一个正态分布的 Tensor,形状为(2, 3)
print('f:',f)                        #打印 f
g = torch.arange(0, 10, 2)          #创建一个等差数列的 Tensor,起始为 0,终止为 10,步长为 2,
                                    #形状为(5,)
print('g:',g)                        #打印 g
h = torch.linspace(0, 10, 5)        #创建一个等分数列的 Tensor,起始为 0,终止为 10,元素个数
                                    #为 5,形状为(5,)
print('h:',h)                        #打印 h
```

程序执行结果如图 16.23 所示。

```
c:  tensor([[0., 0., 0., 0.],
            [0., 0., 0., 0.],
            [0., 0., 0., 0.]])
d:  tensor([[[1., 1., 1., 1.],
            [1., 1., 1., 1.],
            [1., 1., 1., 1.]],

            [[1., 1., 1., 1.],
            [1., 1., 1., 1.],
            [1., 1., 1., 1.]]])
e:  tensor([0.6568, 0.8616, 0.4391, 0.7358, 0.1965])
f:  tensor([[-0.4743, -1.7484, -1.5976],
            [ 0.5377, -1.1686,  0.4428]])
g:  tensor([0, 2, 4, 6, 8])
h:  tensor([ 0.0000,  2.5000,  5.0000,  7.5000, 10.0000])
```

图 16.23　程序执行结果

可以看到,使用特殊函数创建的 Tensor,它们的数据类型默认是浮点数,它们的形状由函数的参数决定,它们的值由函数的规则决定。

16.2.2　索引和切片

索引和切片是访问和修改 Tensor 中的元素的常用方法,它们的语法和 NumPy 的数组类似,都是使用方括号和冒号来表示。

索引是指获取 Tensor 中的某个或某些元素,切片是指获取 Tensor 中的某个或某些区域。可以使用整数、布尔值或者 Tensor 来作为索引或切片的条件,也可以使用负数来表示从后往前的顺序,还可以使用省略号来表示多余的维度。

下面通过输入实例 16.6 的代码演示索引和切片的用法。

【例 16.6】　索引和切片的用法。

```python
i = torch.tensor([[1, 2, 3], [4, 5, 6], [7, 8, 9]])        # 创建一个二维的 Tensor
print(i)                                                    # 打印 i
# 索引
print(i[0])              # 获取 i 的第一行,返回一个一维的 Tensor
print(i[1, 2])           # 获取 i 的第二行第三列的元素,返回一个标量
print(i[-1, -1])         # 获取 i 的最后一行最后一列的元素,返回一个标量
# 切片 - 连续的行
print(i[:, 1])           # 获取 i 的第二列,返回一个一维的 Tensor
print(i[1:, :2])         # 获取 i 的第二行及以后的行,第一列和第二列,返回一个二维的 Tensor
# 切片 - 不连续的行
print(i[torch.tensor([True, False, True])])   # 使用布尔值作为索引,获取 i 的第一行和第三行,
返回一个二维的 Tensor
print(i[i > 5])          # 使用 Tensor 作为索引,获取 i 中大于 5 的元素,返回一个一维的 Tensor
# 索引 - 使用省略号
print(i[..., 0])         # 使用省略号作为索引,获取 i 的第一列,返回一个一维的 Tensor
```

程序执行结果如图 16.24 所示。

可以看到,使用索引和切片可以灵活地获取和修改 Tensor 中的元素和区域,它们的返回值的形状由索引和切片的具体内容决定。

16.2.3　变形

变形是指改变 Tensor 的形状,但不改变它的元素和数据类型。可以使用 torch. reshape( )函数来变形 Tensor,它的参数是一个

```
tensor([[1, 2, 3],
        [4, 5, 6],
        [7, 8, 9]])
tensor([1, 2, 3])
tensor(6)
tensor(9)
tensor([2, 5, 8])
tensor([[4, 5],
        [7, 8]])
tensor([[1, 2, 3],
        [7, 8, 9]])
tensor([6, 7, 8, 9])
tensor([1, 4, 7])
```

图 16.24　程序执行结果

Tensor 对象和一个新的形状,它的返回值是一个新的 Tensor 对象,它与原来的 Tensor 共享内存,即修改其中一个会影响另一个。

【例 16.7】 改变 Tensor 的形状。

```
g = torch.arange(12)              # 创建一个包含 0～11 的一维 Tensor
print('g:',g)                     # 打印 g
print('g 的形状:',g.shape)         # 打印 g 的形状
h = g.reshape(3, 4)               # 将 g 变形为一个 3 行 4 列的 Tensor
print('h:',h)                     # 打印 h
print('h 的形状:',h.shape)         # 打印 h 的形状
i = h.reshape(2, 2, 3)            # 将 h 变形为两个 2 行 3 列的 Tensor
print('i:',i)                     # 打印 i
print('i 的形状:',i.shape)         # 打印 i 的形状
```

程序执行结果如图 16.25 所示。

```
g: tensor([ 0,  1,  2,  3,  4,  5,  6,  7,  8,  9, 10, 11])
g的形状: torch.Size([12])
h: tensor([[ 0,  1,  2,  3],
        [ 4,  5,  6,  7],
        [ 8,  9, 10, 11]])
h的形状: torch.Size([3, 4])
i: tensor([[[ 0,  1,  2],
         [ 3,  4,  5]],

        [[ 6,  7,  8],
         [ 9, 10, 11]]])
i的形状: torch.Size([2, 2, 3])
```

图 16.25 程序执行结果

可以看到,g、h 和 i 是三个不同形状的 Tensor,但它们的元素和数据类型都相同,而且它们共享内存,即修改其中一个会影响另一个。

还可以输入以下代码来修改 g 或 h 或 i 的值,并观察它们的变化。

【例 16.8】 修改 g 或 h 或 i 的值。

```
g[0] = 100                        # 修改 g 的第一个元素
print('修改 g 的第一个元素后 g、h、i 的值:')
print(g)                          # 打印 g
print(h)                          # 打印 h
print(i)                          # 打印 i

h[1, 1] = 200                     # 修改 h 的第二行第二列的元素
print('修改 h 的第二行第二列的元素后 g、h、i 的值:')
print(g)                          # 打印 g
print(h)                          # 打印 h
print(i)                          # 打印 i

i[1, 0, 2] = 300                  # 修改 i 的第二个矩阵的第一行第三列的元素
print('修改 i 的第二个矩阵的第一行第三列的元素后 g、h、i 的值:')
print(g)                          # 打印 g
print(h)                          # 打印 h
print(i)                          # 打印 i
```

程序执行结果如图 16.26 所示。

可以看到,修改 g 或 h 或 i 的值会同时影响另外两个,这说明它们共享内存,这样可以节

```
修改g的第一个元素后g、h、i的值：
tensor([[100,   1,   2,   3,   4,   5,   6,   7,   8,   9,  10,  11])
tensor([[[100,   1,   2,   3],
         [  4,   5,   6,   7],
         [  8,   9,  10,  11]])
tensor([[[[100,   1,   2],
          [  3,   4,   5]],

         [[  6,   7,   8],
          [  9,  10,  11]]])
修改h的第二行第二列的元素后g、h、i的值：
tensor([[100,   1,   2,   3,   4, 200,   6,   7,   8,   9,  10,  11])
tensor([[[100,   1,   2,   3],
         [  4, 200,   6,   7],
         [  8,   9,  10,  11]])
tensor([[[[100,   1,   2],
          [  3,   4, 200]],

         [[  6,   7,   8],
          [  9,  10,  11]]])
修改i的第二个矩阵的第一行第三列的元素后g、h、i的值：
tensor([[100,   1,   2,   3,   4, 200,   6,   7, 300,   9,  10,  11])
tensor([[[100,   1,   2,   3],
         [  4, 200,   6,   7],
         [300,   9,  10,  11]])
tensor([[[[100,   1,   2],
          [  3,   4, 200]],

         [[  6,   7, 300],
          [  9,  10,  11]]])
```

图 16.26　程序执行结果

省空间和时间,但也要注意避免不必要的修改。

16.2.4　类型转换

类型转换是指改变 Tensor 的数据类型,但不改变它的元素和形状。

可以使用 torch.type()函数或 torch.type_as()函数来类型转换 Tensor,它们的参数是一个 Tensor 对象和一个新的数据类型或一个参考的 Tensor 对象,它们的返回值是一个新的 Tensor 对象,它与原来的 Tensor 不共享内存,即修改其中一个不会影响另一个。

【例 16.9】　Tensor 类型转换示例。

```
j = torch.tensor([1, 2, 3, 4, 5])          #创建一个一维的整数类型的 Tensor
print('j:',j)                              #打印 j
print('j的数据类型:',j.dtype)               #打印 j 的数据类型
k = j.type(torch.float32)                  #将 j 的数据类型转换为浮点数类型
print('k:',k)                              #打印 k
print('k的数据类型:',k.dtype)               #打印 k 的数据类型
l = k.type_as(j)                           #将 k 的数据类型转换为 j 的数据类型
print('l:',l)                              #打印 l
print('l的数据类型:',l.dtype)               #打印 l 的数据类型
```

程序执行结果如图 16.27 所示。

可以看到,j、k 和 l 是三个不同数据类型的 Tensor,但它们的元素和形状都相同,而且它们不共享内存,即修改其中一个不会影响另一个。

```
j: tensor([1, 2, 3, 4, 5])
j的数据类型: torch.int64
k: tensor([1., 2., 3., 4., 5.])
k的数据类型: torch.float32
l: tensor([1, 2, 3, 4, 5])
l的数据类型: torch.int64
```

图 16.27　程序执行结果

16.2.5　数学运算

数学运算是指对 Tensor 进行加、减、乘、除、幂等运算,可以进行元素级的运算,也可以进行矩阵级的运算。Tensor 的常见数学运算函数可参考表 16.3。

表 16.3　Tensor 的常见数学运算函数

函　　数	说　　明
add(m, n)	对 m 和 n 进行加法运算
sub(m, n)	对 m 和 n 进行减法运算
mul(m, n)	对 m 和 n 进行乘法运算
div(m, n)	对 m 和 n 进行除法运算
pow(m, n)	计算 m 的 n 次幂
matmul(m, n)	对 m 的 n 进行矩阵乘法运算
m @ n	对 m 的 n 进行矩阵乘法运算

可以使用 torch.add()、torch.sub()、torch.mul()、torch.div()、torch.pow()等函数来对 Tensor 进行数学运算,它们的参数是两个 Tensor 对象或一个 Tensor 对象和一个标量,它们的返回值是一个新的 Tensor 对象,它包含原来的 Tensor 的运算后的结果。

【例 16.10】　对 Tensor 进行基本的数学运算。

```
m = torch.tensor([1, 2, 3, 4, 5])          #创建一个一维的 Tensor
n = torch.tensor([6, 7, 8, 9, 10])         #创建一个一维的 Tensor
o = torch.add(m, n)                        #对 m 和 n 进行加法运算
print('对 m 和 n 进行加法运算:',o)            #打印 o
p = torch.sub(m, n) # 对 m 和 n 进行减法运算
print('对 m 和 n 进行减法运算:',p)            #打印 p
q = torch.mul(m, n) # 对 m 和 n 进行乘法运算
print('对 m 和 n 进行乘法运算:',q)            #打印 q
r = torch.div(m, n) # 对 m 和 n 进行除法运算
print('对 m 和 n 进行除法运算:',r)            #打印 r
s = torch.pow(m, n) # 对 m 和 n 进行幂运算
print('对 m 和 n 进行幂运算:',s)              #打印 s
```

程序执行结果如图 16.28 所示。

```
对m和n进行加法运算:  tensor([ 7,  9, 11, 13, 15])
对m和n进行减法运算:  tensor([-5, -5, -5, -5, -5])
对m和n进行乘法运算:  tensor([ 6, 14, 24, 36, 50])
对m和n进行除法运算:  tensor([0.1667, 0.2857, 0.3750, 0.4444, 0.5000])
对m和n进行幂运算:  tensor([      1,     128,    6561,  262144, 9765625])
```

图 16.28　程序执行结果

可以看到,o、p、q、r 和 s 是 5 个不同的 Tensor,它们包含 m 和 n 的加、减、乘、除、幂运算后的结果,它们的数据类型和形状与 m 和 n 相同。

也可以使用 torch.matmul()函数或@运算符来对 Tensor 进行矩阵乘法运算,它们的参数是两个 Tensor 对象,它们的返回值是一个新的 Tensor 对象,它包含原来的 Tensor 的矩阵乘法运算后的结果,它们可以处理一维、二维或高维的 Tensor,它们的规则如图 16.29 所示。

【例 16.11】　对 Tensor 进行矩阵乘法运算。

```
t = torch.tensor([1, 2, 3])                 #创建一个一维的 Tensor
u = torch.tensor([[1, 2], [3, 4], [5, 6]])  #创建一个二维的 Tensor
v = torch.matmul(t, u)                      #对 t 和 u 进行矩阵乘法运算
print('使用 matul()对 t 和 u 进行矩阵乘法运算:',v)   #打印 v
w = t @ u                                   #对 t 和 u 进行矩阵乘法运算
print('使用@ 对 t 和 u 进行矩阵乘法运算:',w)          #打印 w
```

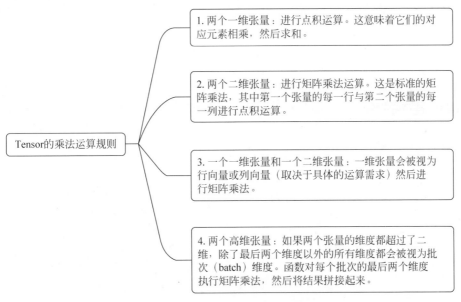

图 16.29   Tensor 的乘法运算规则

```
x = torch.tensor([[[1, 2], [3, 4]], [[5, 6], [7, 8]]])        # 创建一个三维的 Tensor
y = torch.tensor([[[9, 10], [11, 12]], [[13, 14], [15, 16]]])  # 创建一个三维的 Tensor
z = torch.matmul(x, y)        # 对 x 和 y 进行矩阵乘法运算
print('使用 matul()对 t 和 u 进行矩阵乘法运算:',z)        # 打印 z
```

程序执行结果如图 16.30 所示。

```
使用matul()对t和u进行矩阵乘法运算:  tensor([22, 28])
使用@ 对t和u进行矩阵乘法运算:  tensor([22, 28])
使用matul()对t和u进行矩阵乘法运算:  tensor([[[ 31,  34],
        [ 71,  78]],

        [[155, 166],
        [211, 226]]])
```

图 16.30   程序执行结果

可以看到,v 和 w 是两个一维的 Tensor,它们包含 t 和 u 的矩阵乘法运算后的结果,它们的数据类型和形状与 t 相同。z 是一个三维的 Tensor,它包含 x 和 y 的矩阵乘法运算后的结果,它的数据类型和形状与 x 和 y 相同。

16.2.6   广播

广播是一种机制,它可以让不同形状的 Tensor 进行数学运算,它会自动扩展 Tensor 的维度或大小,使它们能够匹配。广播的规则可参考图 16.31。

可以使用 torch.broadcast_tensors()函数来对 Tensor 进行广播,它的参数是一个 Tensor 的列表,它的返回值是一个 Tensor 的列表,它包含原来的 Tensor 广播后的结果。

【例 16.12】   对 Tensor 进行广播。

```
# 创建两个形状不同的张量
a = torch.tensor([1, 2, 3])        # 创建一个一维的 Tensor
b = torch.tensor([[4], [5], [6]])  # 创建一个二维的 Tensor

# 使用 torch.broadcast_tensors()进行广播
```

```
broadcasted_a, broadcasted_b = torch.broadcast_tensors(a, b)
print("原始张量a:", a)
print("原始张量b:", b)
print("广播后的张量a:", broadcasted_a)
print("广播后的张量b:", broadcasted_b)
#验证广播结果是否正确
c = broadcasted_a + broadcasted_b
print("广播后相加的结果:", c)
```

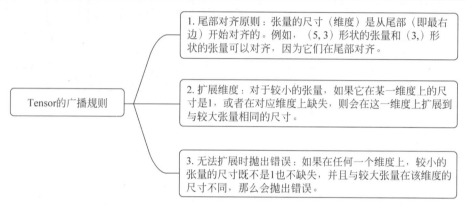

图 16.31　Tensor 的广播规则

程序执行结果如图 16.32 所示。

可以看到,broadcasted_a 和 broadcasted_b 是两个二维的 Tensor,它们包含 a 和 b 广播后的结果,它们的数据类型和形状与 a 和 b 相同。c 是一个二维的 Tensor,它包含 broadcasted_a 和 broadcasted_b 的加法运算后的结果,它的数据类型和形状与 broadcasted_a 和 broadcasted_b 相同。

```
原始张量a: tensor([1, 2, 3])
原始张量b: tensor([[4],
        [5],
        [6]])
广播后的张量a: tensor([[1, 2, 3],
        [1, 2, 3],
        [1, 2, 3]])
广播后的张量b: tensor([[4, 4, 4],
        [5, 5, 5],
        [6, 6, 6]])
广播后相加的结果: tensor([[5, 6, 7],
        [6, 7, 8],
        [7, 8, 9]])
```

图 16.32　程序执行结果

16.2.7　合并和堆叠

合并是指将多个 Tensor 沿着某个维度拼接成一个 Tensor,它可以增加 Tensor 的维度或大小。堆叠是指将多个张量沿着新的维度叠加在一起,创建一个新的维度,从而增加张量的维度数。

可以使用 torch.cat()函数或 torch.stack()函数来对 Tensor 进行合并或堆叠。Tensor 合并和堆叠的函数可参考表 16.4。

表 16.4　Tensor 合并和堆叠的函数

函　数	参 数 解 释	作　用	区　别
torch.cat(tensors, dim)	tensors:要合并的张量列表 dim:合并的目标维度	将多个张量沿着指定维度 dim 进行合并	不会增加新的维度,只沿已存在的维度合并张量
torch.stack(tensors, dim)	tensors:要堆叠的张量列表 dim:堆叠的目标维度	将多个张量沿着新创建的维度 dim 进行堆叠	会增加一个新的维度,并在这个新维度上堆叠张量

【例 16.13】　对 Tensor 进行合并。

```
f = torch.tensor([1, 2, 3])          # 创建一个一维的 Tensor
g = torch.tensor([4, 5, 6])          # 创建一个一维的 Tensor
print('张量 f:',f)
print('张量 g:',g)
# 合并张量 f 和 g,沿着第一个维度(行方向)拼接
h = torch.cat([f, g], dim = 0)
# 堆叠张量 f 和 g,沿着第一个维度(行方向)堆叠
i = torch.stack([f, g], dim = 0)
# 堆叠张量 f 和 g,沿着第二个维度(列方向)堆叠
j = torch.stack([f, g], dim = 1)
# 打印结果和解释
print('合并张量 f 和 g,沿着第一个维度(行方向拼接):')
print(h)
# 程序执行结果:
# tensor([1, 2, 3, 4, 5, 6])
print('堆叠张量 f 和 g,沿着第一个维度(行方向堆叠):')
print(i)
print('堆叠张量 f 和 g,沿着第二个维度(列方向堆叠):')
print(j)
```

程序执行结果如图 16.33 所示。

可以看到,h 是一个一维的 Tensor,它包含 f 和 g 合并后的结果,它的数据类型和形状与 f 和 g 相同。i 和 j 是两个二维的 Tensor,它们包含 f 和 g 合并后的结果,它们的数据类型与 f 和 g 相同,但它们的形状与 f 和 g 不同,因为它们增加了新的维度。

```
张量f: tensor([1, 2, 3])
张量g: tensor([4, 5, 6])
合并张量f和g, 沿着第一个维度（行方向拼接）:
tensor([1, 2, 3, 4, 5, 6])
堆叠张量f和g, 沿着第一个维度（行方向堆叠）:
tensor([[1, 2, 3],
        [4, 5, 6]])
堆叠张量f和g, 沿着第二个维度（列方向堆叠）:
tensor([[1, 4],
        [2, 5],
        [3, 6]])
```

图 16.33　程序执行结果

16.2.8　分割

分割是指将一个 Tensor 沿着某个维度切割成多个 Tensor,它可以减少 Tensor 的维度或大小。

可以使用 torch.split()函数或 torch.chunk()函数来对 Tensor 进行分割。

torch.split()函数是将一个张量沿指定维度分割成多个小张量。如果 split_size_or_sections 是整数,则所有分割块的大小相同(最后一个块除外,可能更小)。如果是一个整数列表,则按照列表中的大小分割。

torch.chunk()函数是将一个张量沿指定维度分割成特定数量的块。每个块尽可能具有相同的大小。

其函数的详细内容可参考表 16.5。

表 16.5　分割函数的详细内容

函　　数	参 数 解 释	区　　别
torch.split(tensor, split_size_or_sections, dim)	tensor:要分割的张量 split_size_or_sections:分割的大小或分割成的块数 dim:分割的目标维度	允许以固定大小或不同大小的块来分割张量
torch.chunk(tensor, chunks, dim)	tensor:要分割的张量 chunks:要分割成的块数 dim:分割的目标维度	仅允许以相同大小的块来分割张量

【例16.14】 对 Tensor 进行分割

```
k = torch.tensor([[1, 2, 3], [4, 5, 6], [7, 8, 9]])          # 创建一个二维的 Tensor
print('张量 k:', k)
# 对 k 进行分割,沿着第一个维度切割,每部分的大小为 2
l = torch.split(k, 2, dim = 0)
print(l)
# 对 k 进行分割,沿着第一个维度切割,每部分的数量为 2
m = torch.chunk(k, 2, dim = 0)
print(m)
# 对 k 进行分割,沿着第二个维度切割,每部分的数量为 2
n = torch.chunk(k, 2, dim = 1)
print(n)
```

程序执行结果如图 16.34 所示。

```
原始张量k: tensor([[1, 2, 3],
        [4, 5, 6],
        [7, 8, 9]])
使用torch.split分割的结果: (tensor([[1, 2, 3],
        [4, 5, 6]]), tensor([[7, 8, 9]]))
使用torch.chunk分割(第一个维度)的结果: (tensor([[1, 2, 3],
        [4, 5, 6]]), tensor([[7, 8, 9]]))
使用torch.chunk分割(第二个维度)的结果: (tensor([[1, 2],
        [4, 5],
        [7, 8]]), tensor([[3],
        [6],
        [9]]))
```

图 16.34　程序执行结果

可以看到,l 和 m 是两个元素为 Tensor 的元组,它们包含 k 分割后的结果,它们的数据类型和形状与 k 相同,但它们的维度和大小与 k 不同,因为它们沿着第一个维度切割。n 是一个元素为 Tensor 的元组,它包含 k 分割后的结果,它的数据类型和形状与 k 相同,但它的维度和大小与 k 不同,因为它沿着第二个维度切割。

16.2.9　其他操作

除了上述操作,还有一些其他的操作,可以对 Tensor 进行转置、逆、范数、求和、求均值、求最大值、求最小值、求标准差、求方差、求梯度等。

可以使用 torch.transpose()、torch.inverse()、torch.norm()、torch.sum()、torch.mean()、torch.max()、torch.min()、torch.std()、torch.var()、torch.grad()等函数来对 Tensor 进行其他操作,其函数的详细内容可参考表 16.6。

表 16.6　Tensor 其他操作常用函数

函 数 名 称	参 数 解 释	作　　用
torch.cat(tensors, dim)	tensors:要合并的张量列表 dim:合并的目标维度	将多个张量沿着指定维度 dim 进行合并
torch.stack(tensors, dim)	tensors:要堆叠的张量列表 dim:堆叠的目标维度	将多个张量沿着新创建的维度 dim 进行堆叠
torch.transpose(input, dim0, dim1)	input:输入张量 dim0 和 dim1:要交换的维度	交换输入张量的指定维度,实现维度的转置
torch.inverse(input)	input:输入方阵张量	计算输入方阵的逆矩阵
torch.norm(input, p)	input:输入张量 p:范数的阶数,可选,默认是 2	计算输入张量的范数

函数名称	参数解释	作用
torch. sum(input，dim)	input：输入张量 dim：沿着哪个维度求和	沿指定维度对输入张量的元素求和
torch. mean(input，dim)	input：输入张量 dim：沿着哪个维度计算平均值	沿指定维度计算输入张量的平均值
torch. max(input，dim)	input：输入张量 dim：沿着哪个维度寻找最大值	沿指定维度找到输入张量的最大值和对应索引
torch. min(input，dim)	input：输入张量 dim：沿着哪个维度寻找最小值	沿指定维度找到输入张量的最小值和对应索引
torch. std(input，dim)	input：输入张量 dim：沿着哪个维度计算标准差	沿指定维度计算输入张量的标准差
torch. var(input，dim)	input：输入张量 dim：沿着哪个维度计算方差	沿指定维度计算输入张量的方差
torch. autograd. grad (loss，input)	loss：目标损失张量 input：输入张量	计算目标损失相对于输入张量的梯度

以下是上面函数的代码实例。

【例 16.15】　对 Tensor 进行其他操作。

```
o = torch. tensor([[1, 2], [3, 4]], dtype = torch. float)    # 创建一个二维的 Tensor,并将数据类型
# 转换为浮点数类型
print('张量 o:', o)
p = torch. transpose(o, 0, 1)       # 对 o 进行转置,交换第一个维度和第二个维度
print('张量 o 的转置:', p)
q = torch. inverse(o)                # 对 o 进行逆,求它的逆矩阵
print('张量 o 的逆矩阵:', q)
r = torch. norm(o)                   # 对 o 进行范数,求它的二范数
print('张量 o 的二范数:', r)
s = torch. sum(o)                    # 对 o 进行求和,求它的所有元素之和
print('张量 o 的元素之和:', s)
t = torch. mean(o)                   # 对 o 进行求均值,求它的所有元素的平均值
print('张量 o 的平均值:', t)
u, v = torch. max(o, dim = 0)        # 对 o 进行求最大值,沿着第一个维度求它的每一列的最大值
# 和最大值的索引
print('张量 o 每列的最大值:', u)
print('张量 o 每列最大值的索引:', v)
w, x = torch. min(o, dim = 1)        # 对 o 进行求最小值,沿着第二个维度求它的每一行的最小值
# 和最小值的索引
print('张量 o 每行的最小值:', w)
print('张量 o 每行最小值的索引:', x)
y = torch. std(o)                    # 对 o 进行求标准差,求它的所有元素的标准差
print('张量 o 的标准差:', y)
z = torch. var(o)                    # 对 o 进行求方差,求它的所有元素的方差
print('张量 o 的方差:', z)
```

程序执行结果如图 16.35 所示。

可以看到,p、q、r、s、t、u、v、w、x、y 和 z 是多个不同的 Tensor,它们包含 o 的转置、逆、范数、求和、求均值、求最大值、求最小值、求标准差、求方差等操作后的结果,它们的数据类型和形状与 o 不同。

```
张量o: tensor([[1., 2.],
              [3., 4.]])
张量o的转置: tensor([[1., 3.],
                [2., 4.]])
张量o的逆矩阵: tensor([[-2.0000,  1.0000],
                 [ 1.5000, -0.5000]])
张量o的二范数: tensor(5.4772)
张量o的元素之和: tensor(10.)
张量o的平均值: tensor(2.5000)
张量o每列的最大值: tensor([3., 4.])
张量o每列最大值的索引: tensor([1, 1])
张量o每行的最小值: tensor([1., 3.])
张量o每行最小值的索引: tensor([0, 0])
张量o的标准差: tensor(1.2910)
张量o的方差: tensor(1.6667)
```

图 16.35   程序执行结果

实验作业 16

1. 创建一个形状为(3,3)、随机整数范围为 1~10 的 2D 张量,并打印该张量。

2. 对作业 1 创建的张量执行以下操作,并打印结果。

(1) 求张量所有元素的和。

(2) 求沿第一个维度(dim=0)的元素均值。

(3) 转置该张量。

实验 17　PyTorch的开发流程与通用模板

视频讲解

学习目标
- 掌握 PyTorch 的开发流程。
- 学习如何使用 PyTorch 构建和训练简单的神经网络模型。

17.1　PyTorch 的开发流程概述

如图 17.1 所示,PyTorch 的开发流程一般包括以下 5 个步骤。

- 准备数据:从文件、数据库或网络中读取数据,进行预处理、分析和可视化,划分训练集、验证集和测试集,封装成 PyTorch 的数据加载器。
- 定义模型:使用 PyTorch 的 torch. nn 模块来定义神经网络的结构,包括层、激活函数、损失函数和优化器等。
- 训练模型:使用 PyTorch 的 torch. optim 模块来更新模型的参数,使用 PyTorch 的 torch. autograd 模块来自动计算梯度,使用循环或迭代器来遍历数据加载器,监控训练过程中的损失和准确率等指标。
- 评估模型:使用 PyTorch 的 torch. no_grad 上下文管理器来禁用梯度计算,使用验证集或测试集来评估模型的性能,使用混淆矩阵、ROC、AUC 值等方法来分析模型的优缺点。
- 保存和加载模型:使用 PyTorch 的 torch. save 和 torch. load 函数来保存和加载模型的参数或状态,以便在不同的设备或平台上使用或继续训练。

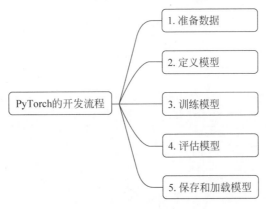

图 17.1　PyTorch 的开发流程

17.2　PyTorch 的通用模板

在本实验中,将学习如何使用 PyTorch 的开发流程来构建和训练一个简单的人工神经网络模型,用于对手写数字进行分类。

1. 导入库

在开始实验之前,需要先导入 PyTorch 和其他需要用到的库,可以在 Notebook 的第一个单元格中输入以下代码,并运行。

```
import torch                        # 导入 PyTorch
import torchvision                  # 导入 torchvision
import numpy as np                  # 导入 NumPy
import matplotlib.pyplot as plt     # 导入 Matplotlib
```

2. 准备数据

本实验将使用 PyTorch 自带的 MNIST(Modified National Institute of Standards and Technology)手写数据集,它包含 60 000 张 28×28 的灰度图片,每张图片对应一个 0~9 的数字标签。MNIST 手写数据集的关键信息可参考表 17.1。

表 17.1　MNIST 手写数据集

属　　性	描　　述
数据集来源	由 Yann LeCun、Corinna Cortes 和 Christopher J. C. Burges 等创建
数据集类型	图像数据集
数据集规模	60 000 张训练图片和 10 000 个测试图片
数据集样本	包含 0~9 的手写数字图片,每个数字有多个不同版本的样本
图像尺寸	28×28 像素
图像通道	灰度图片(单通道)
标签	每张图片都有一个与之关联的标签,表示图像中的数字
数据集用途	用于机器学习和深度学习任务,特别是手写数字识别
数据集特点	① 数据简单且易于使用,适用于入门级和教育用途 ② 已被广泛用于图像分类、深度学习模型评估和基准测试
数据集分割	数据集通常分为训练集和测试集,以进行模型的训练和评估
数据集下载	可以通过 PyTorch、TensorFlow 等深度学习框架自动下载和加载

可以使用 torchvision 的 datasets 模块来下载和加载数据集,使用 torch 的 utils.data 模块创建数据加载器。准备数据时的常用函数可参考图 17.2。

下载和加载数据集的代码如下。

```
# 定义一个转换,将下载的数据转换为张量
transform = torchvision.transforms.ToTensor()
# 下载并加载训练数据集,root 是存储数据的路径,download = True 表示如果数据不存在则下载数据
# train = True 表示下载训练集,transform 是预处理数据的转换
train_dataset = torchvision.datasets.MNIST(root = './data', download = True, train = True,
transform = transform)
# 创建一个数据加载器,batch_size 定义了每个批次的大小,shuffle = True 表示在每个训练周期开始
# 时打乱数据
# num_workers 定义了加载数据时使用的子进程数量
train_loader = torch.utils.data.DataLoader(train_dataset, batch_size = 64, shuffle = True, num_
workers = 4)

# 与上面类似,但这里 train = False 表示下载测试集
test_dataset = torchvision.datasets.MNIST(root = './data', download = True, train = False,
transform = transform)
# 创建一个数据加载器,用于加载测试数据
```

```
test_loader = torch.utils.data.DataLoader(test_dataset, batch_size = 64, shuffle = True, num_
    workers = 4)
```

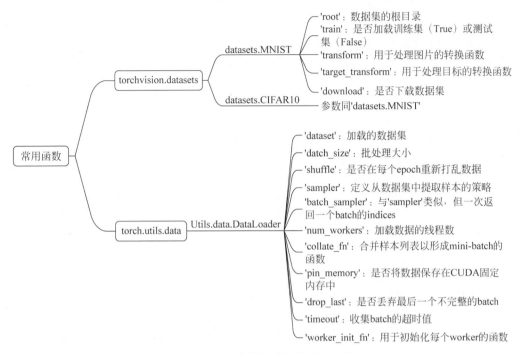

图 17.2 准备数据阶段的常用函数

程序执行结果如图 17.3 所示。

```
Downloading http://yann.lecun.com/exdb/mnist/train-images-idx3-ubyte.gz
Failed to download (trying next):
HTTP Error 403: Forbidden

Downloading https://ossci-datasets.s3.amazonaws.com/mnist/train-images-idx3-ubyte.gz
Downloading https://ossci-datasets.s3.amazonaws.com/mnist/train-images-idx3-ubyte.gz to ./data\MNIST\raw\train-images-idx3-ubyte.gz

100.0%

Extracting ./data\MNIST\raw\train-images-idx3-ubyte.gz to ./data\MNIST\raw

Downloading http://yann.lecun.com/exdb/mnist/train-labels-idx1-ubyte.gz
Failed to download (trying next):
HTTP Error 403: Forbidden

Downloading https://ossci-datasets.s3.amazonaws.com/mnist/train-labels-idx1-ubyte.gz
Downloading https://ossci-datasets.s3.amazonaws.com/mnist/train-labels-idx1-ubyte.gz to ./data\MNIST\raw\train-labels-idx1-ubyte.gz

100.0%

Extracting ./data\MNIST\raw\train-labels-idx1-ubyte.gz to ./data\MNIST\raw

Downloading http://yann.lecun.com/exdb/mnist/t10k-images-idx3-ubyte.gz
Failed to download (trying next):
HTTP Error 403: Forbidden

Downloading https://ossci-datasets.s3.amazonaws.com/mnist/t10k-images-idx3-ubyte.gz
Downloading https://ossci-datasets.s3.amazonaws.com/mnist/t10k-images-idx3-ubyte.gz to ./data\MNIST\raw\t10k-images-idx3-ubyte.gz

100.0%

Extracting ./data\MNIST\raw\t10k-images-idx3-ubyte.gz to ./data\MNIST\raw
```

图 17.3 程序执行结果

可以使用 len() 函数来查看数据加载器的长度,它表示数据加载器包含的批次的数量。例如,可以输入以下代码来查看数据加载器的长度。

```
print(len(train_loader))          # 打印训练集的长度
print(len(test_loader))           # 打印测试集的长度
```

训练集的长度：938
测试集的长度：157

图 17.4 程序执行结果

程序执行结果如图 17.4 所示。

可以看到,训练集的长度是 938,表示它包含 938 个批次,每个批次有 64 张图片和 64 个标签,总共有 60 000 张图片和 60 000 个标签。

测试集的长度是 157,表示它包含 157 个批次,每个批次有 64 张图片和 64 个标签,总共有 10 000 张图片和 10 000 个标签。

可以使用 next()函数和 iter()函数来获取数据加载器的下一个批次的数据和标签。可以输入以下代码来获取数据加载器的下一个批次的数据和标签。

```
# 使用 next()函数和 iter()函数来获取数据加载器的下一个批次的数据和标签
data, label = next(iter(train_loader))      # 获取训练集的下一个批次的数据和标签
print("data:",data)                          # 打印数据
print("label:",label)                        # 打印标签
```

部分程序执行结果如图 17.5 所示。

可以看到,data 是一个四维的 Tensor,它的形状是(64, 1, 28, 28),表示它包含 64 张图片,每张图片有 1 个通道,每个通道有 28 行 28 列的像素值,它的数据类型是浮点数,它的值范围是[0, 1]。label 是一个一维的 Tensor,它的形状是(64,),表示它包含 64 个标签,它的数据类型是整数,它的值范围是[0, 9],表示图片对应的数字。

可以使用 Matplotlib 的 imshow()函数来显示图片,它的参数是一个二维的数组,它的返回值是一个图像对象。还可以使用 Matplotlib 的 title()函数来显示标题,它的参数是一个字符串,它的返回值是一个标题对象。例如,可以输入以下代码来显示数据加载器的下一个批次的第一张图片和它的标签。

```
plt.imshow(data[0, 0, :, :])     # 显示第一张图片
plt.title(label[0].item())       # 显示第一张图片的标签
plt.show()                       # 显示图像
```

程序执行结果如图 17.6 所示。

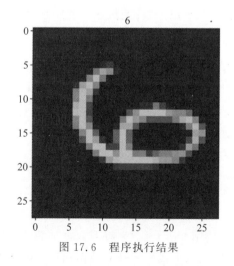

图 17.5 程序执行结果　　　　图 17.6 程序执行结果

可以看到,第一张图片是一个 6,它的标签也是 6,表示数据和标签是匹配的。

3. 定义模型

如图 17.7 所示,在本实验中,将使用 PyTorch 的 torch.nn 模块来定义一个简单的人工神

经网络模型,它包括以下 5 部分。

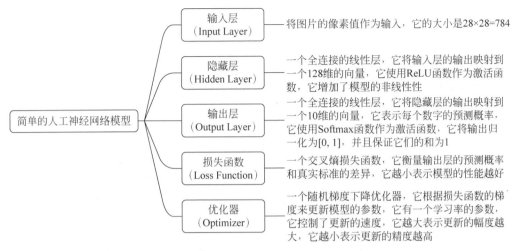

图 17.7　简单的人工神经网络模型

- 输入层:它将图片的像素值作为输入,它的大小是 $28 \times 28 = 784$。
- 隐藏层:它是一个全连接的线性层,它将输入层的输出映射到一个 128 维的向量,它使用 ReLU 函数作为激活函数,它增加了模型的非线性性。
- 输出层:它是一个全连接的线性层,它将隐藏层的输出映射到一个 10 维的向量,它表示每个数字的预测概率,它使用 Softmax 函数作为激活函数,它将输出归一化为[0, 1],并且保证它们的和为 1。
- 损失函数:它是一个交叉熵损失函数,它衡量输出层的预测概率和真实标签的差异,它越小表示模型的性能越好。
- 优化器:它是一个随机梯度下降优化器,它根据损失函数的梯度来更新模型的参数,它有一个学习率的参数,它控制了更新的速度,它越大表示更新的幅度越大,它越小表示更新的精度越高。

可以使用 PyTorch 的 torch.nn 模块来定义模型的结构,需要继承 torch.nn.Module 类,并实现__init__()方法和 forward()方法。

__init__()方法是模型的构造函数,它定义了模型的层和参数。forward()方法是模型的前向传播函数,它定义了模型的计算逻辑。例如,可以输入以下代码来定义模型的结构。

```
#定义模型
class NeuralNetwork(torch.nn.Module):          #定义一个神经网络类,继承自 torch.nn.Module 类
    def __init__(self):                        #定义模型的构造函数
        super(NeuralNetwork, self).__init__()  #调用父类的构造函数
        self.input_layer = torch.nn.Flatten()  #定义一个输入层,它将图片的二维数组展平为
#一维的向量
        self.hidden_layer = torch.nn.Linear(784, 128)    #定义一个隐藏层,它是一个全连接的
线性层,它的输入大小是 784,输出大小是 128
        self.output_layer = torch.nn.Linear(128, 10)     #定义一个输出层,它是一个全连接的
线性层,它的输入大小是 128,输出大小是 10
        self.relu = torch.nn.ReLU()                      #定义一个 ReLU 函数,它是一个激活函数,它将
负数变为 0,正数保持不变
        self.softmax = torch.nn.Softmax(dim = 1)
'''
```

```
定义一个 Softmax 函数.它是一个激活函数,用于将输入的向量转换为概率分布.该函数将每个元素归
一化为 [0, 1],并保证它们的和为 1.'dim' 参数指定沿哪个维度进行归一化,这里选择第二个维度
('dim = 1'),即对每一行(样本)的元素进行归一化,使得每行的元素之和为 1
'''
    def forward(self, x): ♯定义模型的前向传播函数
        x = self.input_layer(x) ♯将输入的图片展平为一维的向量
        x = self.hidden_layer(x) ♯将输入的向量映射到一个 128 维的向量
        x = self.relu(x) ♯将输出的向量通过 ReLU 函数
        x = self.output_layer(x) ♯将输出的向量映射到一个 10 维的向量
        x = self.softmax(x) ♯将输出的向量通过 Softmax 函数
        return x ♯返回输出的向量
```

可以使用 PyTorch 的 torch.nn 模块来定义损失函数和优化器,需要传入模型的参数和一些超参数。例如,可以输入以下代码来定义损失函数和优化器。

```
♯定义损失函数和优化器
model = NeuralNetwork()                          ♯创建一个神经网络对象
loss_function = torch.nn.CrossEntropyLoss()      ♯创建一个交叉熵损失函数对象
optimizer = torch.optim.SGD(model.parameters(), lr = 0.01)   ♯创建一个随机梯度下降优化器
♯对象,它的参数是模型的参数,它的学习率是 0.01
```

4. 训练模型

如图 17.8 所示,在本实验中,将使用 PyTorch 的 torch.optim 模块和 torch.autograd 模块来训练模型,需要定义一个训练的循环,它包括以下 6 个步骤。

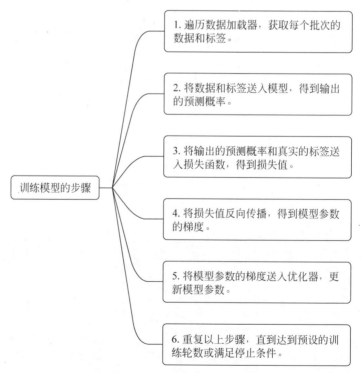

图 17.8　训练模型的步骤

可以使用 PyTorch 的 torch.optim 模块和 torch.autograd 模块来实现训练的循环,其常用函数可参考表 17.2。

表 17.2　训练模型常用函数

函　　数	所属模块	作　　用	应用场景
zero_grad()	torch. optim	清空优化器中的梯度缓存	在每次梯度计算之前使用,以避免梯度累积
backward()	torch. autograd	计算损失值的梯度	在损失函数上调用,用于计算梯度
step()	torch. optim	根据计算的梯度更新模型参数	在梯度计算后调用,用于更新模型参数
item()	Tensor	获取 Tensor 中的标量值	从元素张量中提取 Python 数值
torch. max(tensor, dim)	torch	获取 Tensor 中的最大值和最大值的索引	用于获取张量某维度的最大值及其索引位置
torch. sum(tensor)	torch	获取 Tensor 中的元素之和	用于计算张量所有元素的累加和
torch. eq(tensor1, tensor2)	torch	获取 Tensor 中的元素是否相等的布尔值	比较两个张量的相等性,逐元素比较

可以输入以下代码来实现训练的循环。

```
# 训练模型
epochs = 10                              # 定义训练的轮数
for epoch in range(epochs):              # 遍历每一轮
    train_loss = 0                       # 定义训练的损失值
    train_acc = 0                        # 定义训练的准确率
    for data, label in train_loader:     # 遍历训练集的每个批次
        optimizer.zero_grad()            # 清空优化器中的梯度缓存
        output = model(data)             # 将数据送入模型,得到输出的预测概率
        loss = loss_function(output, label)  # 将输出的预测概率和真实的标签送入损失函数,得
# 到损失值
        loss.backward()                  # 将损失值反向传播,得到模型参数的梯度
        optimizer.step()                 # 将模型参数的梯度送入优化器,更新模型参数
        train_loss += loss.item()        # 累加每个批次的损失值
        _, pred = torch.max(output, 1)   # 获取每个批次的预测结果,即输出的最大值的索引
        train_acc += torch.sum(torch.eq(pred, label)).item()   # 累加每个批次的正确预
# 测的数量,即预测结果和真实标签相等的数量
    train_loss = train_loss / len(train_loader)          # 计算每一轮的平均训练损失值
    train_acc = train_acc / len(train_loader.dataset)    # 计算每一轮的平均训练准确率
    print(f'Epoch {epoch + 1}, Train Loss: {train_loss:.4f}, Train Accuracy: {train_acc:.4f}')
# 打印每一轮的训练损失值和训练准确率
```

程序执行结果如图 17.9 所示。

```
Epoch 1, Train Loss: 2.2946, Train Accuracy: 0.3192
Epoch 2, Train Loss: 2.2455, Train Accuracy: 0.5401
Epoch 3, Train Loss: 2.0587, Train Accuracy: 0.4901
Epoch 4, Train Loss: 1.9083, Train Accuracy: 0.6375
Epoch 5, Train Loss: 1.8156, Train Accuracy: 0.7245
Epoch 6, Train Loss: 1.7481, Train Accuracy: 0.7962
Epoch 7, Train Loss: 1.7125, Train Accuracy: 0.8087
Epoch 8, Train Loss: 1.6919, Train Accuracy: 0.8161
Epoch 9, Train Loss: 1.6785, Train Accuracy: 0.8209
Epoch 10, Train Loss: 1.6692, Train Accuracy: 0.8238
```

图 17.9　程序执行结果

可以看到,随着训练的进行,训练损失值和训练准确率都有明显的改善,表示模型的性能在提高。

5. 评估模型

在本实验中,将使用 PyTorch 的 torch. no_grad 上下文管理器来评估模型,它可以禁用梯度计算,从而节省内存和时间。

如图 17.10 所示,需要定义一个模型评估的循环,它包括以下 5 个步骤。

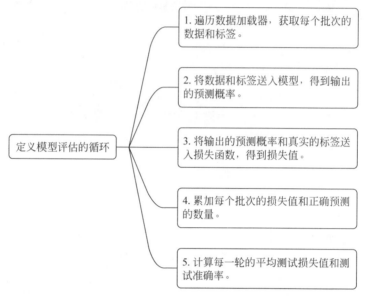

图 17.10　定义模型评估的循环

可以使用 PyTorch 的 torch. no_grad 上下文管理器来实现评估的循环,需要使用 with 语句来创建一个上下文管理器,它会在进入时禁用梯度计算,在退出时恢复梯度计算。

可以输入以下代码来实现评估的循环。

```
# 评估模型
with torch.no_grad():                              # 创建一个上下文管理器,禁用梯度计算
    test_loss = 0                                  # 定义测试的损失值
    test_acc = 0                                   # 定义测试的准确率
    for data, label in test_loader:                # 遍历测试集的每个批次
        output = model(data)                       # 将数据送入模型,得到输出的预测概率
        loss = loss_function(output, label)        # 将输出的预测概率和真实的标签送入损失函数,
# 得到损失值
        test_loss += loss.item()                   # 累加每个批次的损失值
        _, pred = torch.max(output, 1)             # 获取每个批次的预测结果,即输出的最大值的索引
        test_acc += torch.sum(torch.eq(pred, label)).item()      # 累加每个批次的正确预测的
# 数量,即预测结果和真实标签相等的数量
        test_loss = test_loss / len(test_loader)            # 计算每一轮的平均测试损失值
            test_acc = test_acc / len(test_loader.dataset)      # 计算每一轮的平均测试准确率
    print(f'Test Loss: {test_loss:.4f}, Test Accuracy: {test_acc:.4f}')       # 打印每一轮的测试
# 损失值和测试准确率
```

程序执行结果如图 17.11 所示。

Test Loss: 1.6540, Test Accuracy: 0.8354

图 17.11　程序执行结果

可以看到,模型在测试集上的性能略优于训练集,没有出现明显的过拟合现象,这表明模型具有良好的泛化能力。

6. 保存和加载模型

在本实验中,将使用 PyTorch 的 torch. save()和 torch. load()函数来保存和加载模型的参数或状态,以便在不同的设备或平台上使用或继续训练,其函数具体参考表 17.3。

表 17.3　保存和加载模型函数

函 数 名 称	参 数 解 释	作　用
torch. save(obj, path)	obj:要保存的对象,通常是模型的参数或状态字典 path:文件的路径或文件对象	将模型的参数或状态字典保存到指定的文件中
torch. load(path)	path:文件的路径或文件对象	从指定的文件中加载模型的参数或状态字典

可以输入以下代码来保存和加载模型的参数。

```
#保存和加载模型
PATH = './model.pth'
torch.save(model.state_dict(), PATH)      #保存模型的参数到 model.pth 文件
model = NeuralNetwork()                    #创建一个新的神经网络对象
model.load_state_dict(torch.load(PATH))    #加载 model.pth 文件中的模型参数到神经网络对象
```

程序执行结果如图 17.12 所示。

Out[14]: ⟨All keys matched successfully⟩

图 17.12　程序执行结果

注意:保存和加载模型的参数需要保证模型的结构是一致的,否则会报错。

如果想保存和加载模型的整个状态,包括模型的结构、参数、优化器等,可以输入以下代码。

```
torch.save(model, PATH)        #保存模型的整个状态到 model.pth 文件
model = torch.load(PATH)       #加载 model.pth 文件中的模型的整个状态
```

保存和加载模型的整个状态无须重新创建神经网络对象,但这种方法可能会在不同的运行环境中遇到兼容性问题。常见的环境差异包括不同的硬件设备(如 CPU 和 GPU 等)、操作系统或 PyTorch 版本等。因此,为了确保更好的跨平台兼容性和灵活性,通常推荐采用保存和加载模型参数的方法。

本实验的完整代码如下。

【例 17.1】　使用 MNIST 数据集对手写数字进行分类。

```
#1.导入库
import torch                            #导入 PyTorch
import torchvision                      #导入 torchvision
import numpy as np                      #导入 NumPy
import matplotlib.pyplot as plt         #导入 Matplotlib

#2.准备数据
```

```
#定义一个转换,将下载的数据转换为张量
transform = torchvision.transforms.ToTensor()

#下载并加载训练数据集,root 是存储数据的路径,download = True 表示如果数据不存在则下载数据
#train = True 表示下载训练集,transform 是预处理数据的转换
train_dataset = torchvision.datasets.MNIST(root = './data', download = True, train = True,
transform = transform)
#创建一个数据加载器,batch_size 定义了每个批次的大小,shuffle = True 表示在每个训练周期开始
#时打乱数据
#num_workers 定义了加载数据时使用的子进程数量
train_loader = torch.utils.data.DataLoader(train_dataset, batch_size = 64, shuffle = True, num_
workers = 4)

#与上面类似,但这里 train = False 表示下载测试集
test_dataset = torchvision.datasets.MNIST(root = './data', download = True, train = False,
transform = transform)
#创建一个数据加载器,用于加载测试数据
test_loader = torch.utils.data.DataLoader(test_dataset, batch_size = 64, shuffle = True, num_
workers = 4)

print("训练集的长度:", len(train_loader))        #打印训练集的长度
print("测试集的长度:", len(test_loader))         #打印测试集的长度

#使用 next()函数和 iter()函数来获取数据加载器的下一个批次的数据和标签
data, label = next(iter(train_loader))          #获取训练集的下一个批次的数据和标签
print("data:",data)                             #打印数据
print("label:",label)                           #打印标签

plt.imshow(data[0, 0, :, :])                     #显示第一张图片
plt.title(label[0].item())                       #显示第一张图片的标签
plt.show() # 显示图像

#3.定义模型
class NeuralNetwork(torch.nn.Module):           #定义一个神经网络类,继承自 torch.nn.Module 类
    def __init__(self):                         #定义模型的构造函数
        super(NeuralNetwork, self).__init__()       #调用父类的构造函数
        self.input_layer = torch.nn.Flatten()      #定义一个输入层,它将图片的二维数组
#展平为一维的向量
        self.hidden_layer = torch.nn.Linear(784, 128) #定义一个隐藏层,它是一个全连接的线
#性层,它的输入大小是 784,输出大小是 128
        self.output_layer = torch.nn.Linear(128, 10) #定义一个输出层,它是一个全连接的
#线性层,它的输入大小是 128,输出大小是 10
        self.relu = torch.nn.ReLU()                 #定义一个 ReLU 函数,它是一个激活函数,它将负
#数变为 0,正数保持不变
        self.softmax = torch.nn.Softmax(dim = 1)    #定义一个 Softmax 函数,它是一个激活函数,它
#将输入归一化为[0, 1]的范围,并且保证它们的和为 1,它的参数 dim 表示沿着哪个维度进行归一化,
#这里选择第二个维度,即每行的元素之和为 1

    def forward(self, x):                        #定义模型的前向传播函数
        x = self.input_layer(x)                  #将输入的图片展平为一维向量
        x = self.hidden_layer(x)                 #将输入的向量映射到一个 128 维的向量
```

```python
        x = self.relu(x)                              # 将输出的向量通过 ReLU 函数转换
        x = self.output_layer(x)                      # 将输出的向量映射到一个 10 维的向量
        x = self.softmax(x)                           # 将输出的向量通过 Softmax 函数转换
        return x                                      # 返回输出的向量

# 定义损失函数和优化器
model = NeuralNetwork()                               # 创建一个神经网络对象
loss_function = torch.nn.CrossEntropyLoss()           # 创建一个交叉熵损失函数对象
optimizer = torch.optim.SGD(model.parameters(), lr = 0.01)   # 创建一个随机梯度下降优化器
# 对象,它的参数是模型的参数,它的学习率是 0.01


# 4. 训练模型
epochs = 10                                           # 定义训练的轮数
for epoch in range(epochs):                           # 遍历每一轮
    train_loss = 0                                    # 定义训练的损失值
    train_acc = 0                                     # 定义训练的准确率
    for data, label in train_loader:                  # 遍历训练集的每个批次
        optimizer.zero_grad()                         # 清空优化器中的梯度缓存
        output = model(data)                          # 将数据送入模型,得到输出的预测概率
        loss = loss_function(output, label)           # 将输出的预测概率和真实的标签送入损失函
# 数,得到损失值
        loss.backward()                               # 将损失值反向传播,得到模型参数的梯度
        optimizer.step()                              # 将模型参数的梯度送入优化器,更新模型参数
        train_loss += loss.item()                     # 累加每个批次的损失值
        _, pred = torch.max(output, 1)                # 获取每个批次的预测结果,即输出的最大值的
# 索引
        train_acc += torch.sum(torch.eq(pred, label)).item()    # 累加每个批次的正确预测
# 的数量,即预测结果和真实标签相等的数量
    train_loss = train_loss / len(train_loader)       # 计算每一轮的平均训练损失值
    train_acc = train_acc / len(train_loader.dataset) # 计算每一轮的平均训练准确率
    print(f'Epoch {epoch + 1}, Train Loss: {train_loss:.4f}, Train Accuracy: {train_acc:.4f}')
    # 打印每一轮的训练损失值和训练准确率


# 5. 评估模型
with torch.no_grad():                                 # 创建一个上下文管理器,禁用梯度计算
    test_loss = 0                                     # 定义测试的损失值
    test_acc = 0                                      # 定义测试的准确率
    for data, label in test_loader:                   # 遍历测试集的每个批次
        output = model(data)                          # 将数据送入模型,得到输出的预测概率
        loss = loss_function(output, label)           # 将输出的预测概率和真实的标签送入损
# 失函数,得到损失值
        test_loss += loss.item()                      # 累加每个批次的损失值
        _, pred = torch.max(output, 1)                # 获取每个批次的预测结果,即输出的最大值的索引
        test_acc += torch.sum(torch.eq(pred, label)).item()    # 累加每个批次的正确预测的
# 数量,即预测结果和真实标签相等的数量
    test_loss = test_loss / len(test_loader)          # 计算每一轮的平均测试损失值
    test_acc = test_acc / len(test_loader.dataset)    # 计算每一轮的平均测试准确率
    print(f'Test Loss: {test_loss:.4f}, Test Accuracy: {test_acc:.4f}')      # 打印每一轮的测试
# 损失值和测试准确率


# 6. 保存和加载模型
```

```
PATH = './net.pth'
torch.save(model.state_dict(), PATH)          # 保存模型的参数到 model.pth 文件
model = NeuralNetwork()                         # 创建一个新的神经网络对象
model.load_state_dict(torch.load(PATH))         # 加载 model.pth 文件中的模型参数到神经网络对象

torch.save(model,PATH)                          # 保存模型的整个状态到 model.pth 文件
model = torch.load(PATH)                        # 加载 model.pth 文件中的模型的整个状态
```

实验作业 17

1. 使用 MNIST 数据集,为测试集创建一个 DataLoader,批大小为 64。

2. 编写一个函数来计算给定模型(实验 17 中提供的 NeuralNetwork 类)在测试 DataLoader 上的准确率。

3. 使用提供的 NeuralNetwork 类并在测试 DataLoader 上计算一个未训练模型的准确率。

学习目标

- 理解卷积神经网络(Convolutional Neural Network,CNN)的基础知识。
- 掌握如何使用 PyTorch 构建和训练 CNN 模型。

视频讲解

18.1　CNN 的基础知识

CNN 是 Convolutional Neural Network(卷积神经网络)的简称,它是一种深度学习模型,广泛用于图像处理领域。

如图 18.1 所示,CNN 的基本结构分为输入层(Input Layer)、卷积层(Convolutional Layer)、池化层(Pooling Layer)、全连接层(Fully Connected Layer)、输出层(Output Layer)。

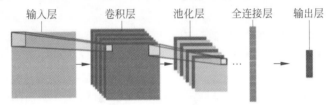

输入层　　卷积层　　池化层　　全连接层　　输出层

图 18.1　CNN 的基本结构

CNN 的各个结构的描述可参考表 18.1 和图 18.2。

表 18.1　CNN 的基本结构

组 件 名 称	功 能 描 述
输入层	接收原始输入数据,如图像,定义数据形状和类型,无处理
卷积层	使用可学习的滤波器提取输入数据特征,后接 ReLU 等激活函数增加非线性
池化层	降低特征图空间尺寸,减少参数和计算复杂性,增强对位置变化的鲁棒性
全连接层	根据提取的特征做出决策或分类,每个神经元与前一层的所有神经元相连
输出层	网络的最后一层,输出最终的分类或预测结果

1. 输入层

输入层是 CNN 的第一层,负责接收原始输入数据,如图像。这一层不进行任何处理或变换,仅将数据传递到网络的下一层。

输入层定义了输入数据的形状和类型,为后续的处理层提供了必要的输入信息。

2. 卷积层

卷积层使用一组可学习的滤波器(或称为卷积核)对输入数据进行卷积操作。这一操作通过在输入数据上滑动滤波器并计算点积来完成,从而提取出输入数据的特征(如边缘、纹理等)。每个滤波器提取一种特定的特征。

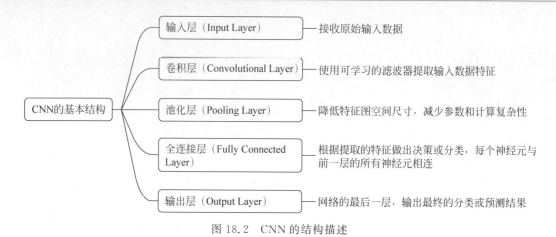

图 18.2 CNN 的结构描述

在每个卷积操作后通常会跟随一个激活函数,最常用的是 ReLU(Rectified Linear Unit)激活函数。激活函数的作用是引入非线性,帮助网络学习复杂的模式。

3. 池化层

池化层主要用于降低卷积层输出的空间尺寸(即宽度和高度),这有助于减少参数的数量和计算的复杂性,同时增强网络对输入数据中位置小变化的鲁棒性。常见的池化操作包括最大池化(Max Pooling)和平均池化(Average Pooling)。

4. 全连接层

在卷积层和池化层提取和处理特征后,全连接层会根据这些特征做出最终的判断或分类。全连接层的每个神经元都与前一层的所有神经元相连。

5. 输出层

这是网络的最后一层,它的输出对应最终的分类或预测结果。例如,在图像分类任务中,输出层可能表示不同的类别标签。

在多类分类问题中,输出层通常使用 softmax 函数来将输出值转换为概率分布,每个类别的概率反映了输入属于该类别的可能性。

18.2 CNN 的应用实例

CNN 在图像分类、物体检测、图像分割等多个领域都有显著的应用。它能够从图像中自动学习特征,无须人工提取。

【实验目的】

本实验的目的是通过构建和训练一个卷积神经网络来处理 CIFAR-10 数据集,从而深入理解 CNN 的工作原理,并学习如何使用 PyTorch 框架。

【实验步骤】

1. 导入库

在开始实验之前,需要导入一些必要的库和模块。

此外,还需要检查是否有可用的 GPU,如果有则使用 GPU,否则使用 CPU(默认使用 CPU)。可以在 Notebook 的第一个单元格中输入以下代码,并运行。

```
#1. 导入库
import torch
```

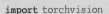
```
import torchvision
import torchvision.transforms as transforms
import torch.nn as nn
import torch.nn.functional as F
import torch.optim as optim
# 检查是否有可用的 GPU,如果有则使用 GPU,否则使用 CPU
# device = torch.device("cuda:0" if torch.cuda.is_available() else "cpu")
# 定义设备为 cpu
device = torch.device("cpu")
print("Using device:", device)
# 程序执行结果:Using device:cpu
```

2. 准备数据

如图 18.3 所示,本实验中将使用 CIFAR-10 数据集。CIFAR-10 数据集是一个广泛用于机器学习和计算机视觉研究的基准数据集。

图 18.3 CIFAR-10 数据集

CIFAR-10 数据集的关键信息可参考表 18.2。

表 18.2 CIFAR-10 数据集

特 征	描 述
数据集名称	CIFAR-10
数据集类型	计算机视觉数据集
图像数量	60 000 张(50 000 张训练图像和 10 000 张测试图像)
图像尺寸	32×32 像素(彩色图像)
类别数量	10 个类别
类别标签	飞机、汽车、鸟、猫、鹿、狗、青蛙、马、船、卡车
每类图像数量	每个类别均包含 6000 张图像
用途	机器学习算法测试和图像分类研究
难度	挑战性高,因为类别间相似性较大
下载链接	https://www.cs.toronto.edu/~kriz/cifar.html

导入及加载 CIFAR-10 数据集的代码如下。

```
# 2. 准备数据
# 定义类别
classes = ('plane', 'car', 'bird', 'cat','deer', 'dog', 'frog', 'horse', 'ship', 'truck')  # 定义
# 数据预处理操作
```

```
'''
使用 transforms.Compose()方法将多个变换方法组合在一起
使用 transforms.ToTensor()方法将图像转换为张量,并将像素值的范围从[0,255]变为[0,1]
使用 transforms.Normalize()方法对张量进行归一化,使得像素值的范围变为[-1,1]
'''
transform = transforms.Compose(
    [transforms.ToTensor(),
     transforms.Normalize((0.5, 0.5, 0.5), (0.5, 0.5, 0.5))])
#加载训练集
#使用 torchvision.datasets.CIFAR10()方法自动下载和加载 CIFAR-10 的训练集
#root 参数表示数据集的存储路径,train 参数表示加载训练集,download 参数表示自动下载数据集,
#transform 参数表示对数据进行预处理
trainset = torchvision.datasets.CIFAR10(root = './data', train = True, download = True, transform
= transform)
#trainset 参数表示要加载的训练集,batch_size 参数表示每个批次的大小,shuffle 参数表示对数据
#进行随机打乱,num_workers 参数表示加载数据时使用的子进程的数量
trainloader = torch.utils.data.DataLoader(trainset, batch_size = 4, shuffle = True, num_workers = 2)
#加载测试集
#使用 torchvision.datasets.CIFAR10()方法自动下载和加载 CIFAR-10 的测试集
testset = torchvision.datasets.CIFAR10(root = './data', train = False, download = True, transform
# = transform)
#使用 torch.utils.data.DataLoader()方法将测试集封装为一个可迭代的对象,方便进行批量处理和
#多线程加载
#testset 参数表示要加载的测试集,batch_size 参数表示每个批次的大小,shuffle 参数表示不对数据
#进行随机打乱,num_workers 参数表示加载数据时使用的子进程
testloader = torch.utils.data.DataLoader(testset, batch_size = 4, shuffle = False, num_workers = 2)
```

还可以定义一个函数 imshow 来显示图像,然后从训练集中随机获取一些图片并进行显示,具体代码如下。

```
#显示一些训练图片
import matplotlib.pyplot as plt
import numpy as np
#定义函数来显示图像
def imshow(img):
    img = img / 2 + 0.5 # unnormalize
    npimg = img.numpy()
    plt.imshow(np.transpose(npimg, (1, 2, 0)))
    plt.show()
#随机获取一些训练图片
dataiter = iter(trainloader)
images, labels = dataiter.next()
#显示图片
imshow(torchvision.utils.make_grid(images))
#打印标签
print(''.join('%5s' % classes[labels[j]] for j in range(4)))
```

程序执行结果(每次可能都不一样)如图 18.4 所示。

3. 定义模型

使用 PyTorch 的 torch.nn 模块来定义一个包含多个卷积层和全连接层的 CNN 模型,它的结构可参考表 18.3。其中,in_channels 和 out_channels 分别表示输入和输出通道数,kernel_size 表示卷积核大小,stride 表示步长,in_features 和 out_features 分别表示输入和输出特征维度。

deer　car truck ship

图 18.4　程序执行结果

表 18.3　定义的 CNN 模型结构

层 的 名 称	层 的 参 数	层 的 功 能
第一个卷积层	in_channels＝3，out_channels＝6，kernel_size＝5	第一个卷积层，使用 5×5 的卷积核从 RGB 图像中提取特征
第一个池化层	kernel_size＝2，stride＝2	池化层，使用 2×2 的窗口进行最大池化，以减少特征维度
第二个卷积层	in_channels＝6，out_channels＝16，kernel_size＝5	第二个卷积层，进一步提取特征并增加输出通道数
第一个全连接层	in_features＝1655，out_features＝120	第一个全连接层，将卷积层输出的二维特征图展平为一维向量
第二个全连接层	in_features＝120，out_features＝84	第二个全连接层，进一步处理特征
第三个全连接层	in_features＝84，out_features＝10	第三个全连接层，输出最终的分类结果（10 个类别）

如图 18.5 所示，定义 CNN 模型的步骤如下。

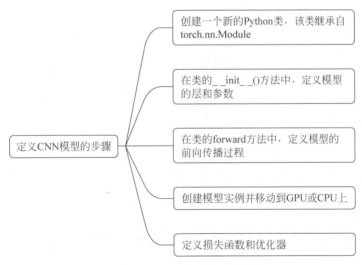

图 18.5　定义 CNN 模型的步骤

- 创建一个新的 Python 类，该类继承自 torch.nn.Module。
- 在类的__init__()方法中，定义模型的层和参数。例如，可能会定义卷积层、全连接层或其他类型的层。
- 在类的 forward 方法中，定义模型的前向传播过程，它的参数是一个输入的 Tensor，它的返回值是一个输出的 Tensor。这是模型如何从输入数据生成输出的地方。

- 创建模型实例并移动到 GPU 或 CPU 上。
- 定义损失函数和优化器。其中,nn. CrossEntropyLoss()是交叉熵损失函数,常用于多分类问题。optim. SGD()是 PyTorch 中的随机梯度下降优化器。

可以输入以下代码来定义模型的结构。

```
#3. 定义模型
class Net(nn.Module):                    #定义 Net 类,继承自 nn.Module
    def __init__(self):
        super(Net, self).__init__()      #调用父类的构造函数
        #第一个卷积层,输入通道数为 3(RGB 图像),输出通道数为 6,卷积核大小为 5×5
        self.conv1 = nn.Conv2d(3, 6, 5)
        #池化层,使用 2×2 的窗口进行最大池化
        self.pool = nn.MaxPool2d(2, 2)
        #第二个卷积层,输入通道数为 6(上一层的输出通道数),输出通道数为 16,卷积核大小为
#5×5
        self.conv2 = nn.Conv2d(6, 16, 5)
        #第一个全连接层,输入特征维度为 16×5×5(来自上一层的输出),输出特征维度为 120
        self.fc1 = nn.Linear(16 * 5 * 5, 120)
        #第二个全连接层,输入特征维度为 120,输出特征维度为 84
        self.fc2 = nn.Linear(120, 84)
        #第三个全连接层,输入特征维度为 84,输出特征维度为 10(分类的类别数)
        self.fc3 = nn.Linear(84, 10)
    def forward(self, x):
        #定义模型的前向传播路径
        x = self.pool(F.relu(self.conv1(x)))   #第一个卷积层后接 ReLU 激活函数和池化层
        x = self.pool(F.relu(self.conv2(x)))   #第二个卷积层后接 ReLU 激活函数和池化层
        x = x.view(-1, 16 * 5 * 5)             #将特征图展平为一维向量
        x = F.relu(self.fc1(x))                #第一个全连接层后接 ReLU 激活函数
        x = F.relu(self.fc2(x))                #第二个全连接层后接 ReLU 激活函数
        x = self.fc3(x)                        #第三个全连接层,输出最终的分类结果
        return x
#创建模型实例并移动到指定的设备(GPU 或 CPU)
net = Net().to(device)
#定义损失函数和优化器
criterion = nn.CrossEntropyLoss()                   #使用交叉熵损失函数,常用于多分类问题
    optimizer = optim.SGD(net.parameters(), lr = 0.001, momentum = 0.9)   #使用随机梯度下
#降优化器,设置学习率和动量
```

4. 训练模型

使用交叉熵损失函数和 SGD 优化器来训练模型,其训练步骤如图 18.6 所示。
该阶段的代码如下。

```
#4. 训练模型
for epoch in range(2):                     #遍历数据集两次
    running_loss = 0.0

    #遍历数据加载器,获取每个批次的数据和标签
    for i, data in enumerate(trainloader, 0):
        #获取输入(数据)并将其移至设备(例如 CPU 或 GPU)
        inputs, labels = data[0].to(device), data[1].to(device)
        optimizer.zero_grad()              #梯度清零 - 为新的迭代准备
        outputs = net(inputs)              #前向传播:将数据送入模型,获取输出预测概率
```

```
loss = criterion(outputs, labels)        # 计算损失：将输出预测概率与真实标签比较
loss.backward()                           # 反向传播：计算损失相对于模型参数的梯度
optimizer.step()                          # 更新模型参数：应用梯度下降法优化器
running_loss += loss.item()               # 累计损失
# 每2000个小批量后打印一次训练损失信息
if i % 2000 == 1999:
    print(f'[{epoch + 1}, {i + 1}] loss: {running_loss / 2000:.3f}')
    running_loss = 0.0
# 训练完成
print('Finished Training')
```

图 18.6　CNN 训练模型的步骤

程序执行结果如图 18.7 所示。

```
[1, 2000] loss: 2.237
[1, 4000] loss: 1.880
[1, 6000] loss: 1.664
[1, 8000] loss: 1.554
[1, 10000] loss: 1.494
[1, 12000] loss: 1.458
[2, 2000] loss: 1.379
[2, 4000] loss: 1.352
[2, 6000] loss: 1.319
[2, 8000] loss: 1.272
[2, 10000] loss: 1.269
[2, 12000] loss: 1.257
Finished Training
```

图 18.7　程序执行结果

5. 评估模型

接下来，将在测试集上评估模型的性能。评估该模型的代码如下。

```
# 5. 评估模型
correct = 0                              # 初始化正确预测数量
total = 0                                # 初始化总样本数量
# 不需要计算梯度
with torch.no_grad():                    # 禁用梯度计算
    # 遍历数据加载器，获取每个批次的数据和标签
    for data in testloader:
        images, labels = data[0].to(device), data[1].to(device)

        # 获取模型预测结果
        outputs = net(images)            # 将数据送入模型，获取输出的预测概率
```

```
        _, predicted = torch.max(outputs.data, 1)          #获取每个样本的预测类别
        total += labels.size(0)                              #累加样本总数
        correct += (predicted == labels).sum().item()        #累加正确预测的数量
#计算测试准确率
accuracy = 100 * correct / total
#打印测试准确率
print('Accuracy of the network on the test images: %.2f %% ' % accuracy)
```

程序执行结果如图 18.8 所示。

```
Accuracy of the network on the test images: 56.33 %
```

图 18.8　程序执行结果

6. 保存和加载模型

最后,使用以下代码保存和加载模型。

```
#6.保存和加载模型
#保存模型参数
PATH = './cifar_net.pth'                       #指定保存路径
torch.save(net.state_dict(), PATH)             #将模型的状态字典保存到指定文件中
#加载模型参数
net = Net().to(device)                         #创建一个新的模型实例
net.load_state_dict(torch.load(PATH, map_location = device))   #加载已保存的模型参数到新模型中
```

7. 本实验的完整代码

【例 18.1】　使用 CNN 处理 CIFAR-10 数据集。

```
#1.导入库
import torch
import torchvision
import torchvision.transforms as transforms
import torch.nn as nn
import torch.nn.functional as F
import torch.optim as optim
#检查是否有可用的 GPU,如果有则使用 GPU,否则使用 CPU
#device = torch.device("cuda:0" if torch.cuda.is_available() else "cpu")
#定义设备为 cpu
device = torch.device("cpu")
print("Using device:", device)
#2.准备数据
#定义类别
classes = ('plane', 'car', 'bird', 'cat','deer', 'dog', 'frog', 'horse', 'ship', 'truck')     #定义
#数据预处理操作
'''
使用 transforms.Compose()方法将多个变换方法组合在一起
使用 transforms.ToTensor()方法将图像转换为张量,并将像素值的范围从[0, 255]变为[0, 1]
使用 transforms.Normalize()方法对张量进行归一化,使得像素值的范围变为[-1, 1]
'''
transform = transforms.Compose(
    [transforms.ToTensor(),
     transforms.Normalize((0.5, 0.5, 0.5), (0.5, 0.5, 0.5))])
#加载训练集
#使用 torchvision.datasets.CIFAR10()方法自动下载和加载 CIFAR-10 的训练集
```

```
#root 参数表示数据集的存储路径,train 参数表示加载训练集,download 参数表示自动下载数据集,
#transform 参数表示对数据进行预处理
trainset = torchvision.datasets.CIFAR10(root = './data', train = True,
                                        download = True, transform = transform)
#trainset 参数表示要加载的训练集,batch_size 参数表示每个批次的大小,shuffle 参数表示对数据
#进行随机打乱,num_workers 参数表示加载数据时使用的子进程的数量
trainloader = torch.utils.data.DataLoader(trainset, batch_size = 4,
                                          shuffle = True, num_workers = 2)

#加载测试集
#使用 torchvision.datasets.CIFAR10()方法自动下载和加载 CIFAR-10 的测试集
testset = torchvision.datasets.CIFAR10(root = './data', train = False,
                                       download = True, transform = transform)
#使用 torch.utils.data.DataLoader()方法将测试集封装为一个可迭代的对象,方便进行批量处理和
#多线程加载
#testset 参数表示要加载的测试集,batch_size 参数表示每个批次的大小,shuffle 参数表示不对数据
#进行随机打乱,num_workers 参数表示加载数据时使用的子进程
testloader = torch.utils.data.DataLoader(testset, batch_size = 4,
                                         shuffle = False, num_workers = 2)
#显示一些训练图片
import matplotlib.pyplot as plt
import numpy as np
#定义函数来显示图像
def imshow(img):
    img = img / 2 + 0.5   #unnormalize
    npimg = img.numpy()
    plt.imshow(np.transpose(npimg, (1, 2, 0)))
    plt.show()
#获取一些随机训练图片
dataiter = iter(trainloader)
images, labels = dataiter.next()
#显示图片
imshow(torchvision.utils.make_grid(images))
#打印标签
print(''.join('%5s' % classes[labels[j]] for j in range(4)))
```

实验作业 18

1. 定义一个简单的 CNN,包含一个卷积层后接一个池化层和一个全连接层。

2. 创建形状为(1,1,28,28)的随机输入张量并通过 CNN 传递。打印输出张量的形状。

学习目标

- 理解长短期记忆网络(Long Short-Term Memory,LSTM)的基础知识。
- 掌握如何使用 PyTorch 构建 LSTM 模型来处理时间序列数据。

视频讲解

19.1 LSTM 的基础知识

LSTM(长短期记忆网络)是一种特殊类型的循环神经网络(RNN),它能够学习长期依赖信息。LSTM 通过引入三个门(遗忘门、输入门和输出门)来解决传统 RNN 在处理长序列数据时的梯度消失和梯度爆炸问题。

LSTM 的基本结构包括遗忘门(Forget Gate)、输入门(Input Gate)、单元状态(Cell State)和输出门(Output Gate)。LSTM 的基本结构中各个组件的功能可参考表 19.1。

表 19.1 LSTM 的基本结构和功能

组件名称	功 能	输 入	操 作	输 出
遗忘门	决定丢弃哪些信息	h_{t-1},x_t	Sigmoid 函数计算	遗忘因子(介于 0~1)
输入门	决定存储哪些新信息	h_{t-1},x_t	Sigmoid 函数确定更新哪些信息,tanh 层产生新的候选值向量	更新向量
单元状态	更新和存储长期信息	c_{t-1},遗忘门输出,输入门输出	遗忘门输出与 c_{t-1} 相乘,输入门输出与新候选值相乘 2 后相加	c_t(更新后的单元状态)
输出门	根据单元状态决定输出什么	h_{t-1},x_t,c_t	Sigmoid 函数确定输出的部分,tanh 处理 c_t,再相乘	h_t,z_t(当前隐藏状态和输出)

如图 19.1 所示,一个 LSTM 单元的内部结构和操作流程如下。

1. 遗忘门

- 输入:h_{t-1}(上一时间步的隐藏状态)和 x_t(当前时间步的输入)。
- 操作:将这两个输入通过一个 Sigmoid 函数。
- 输出:一个 0~1 的值,表示每个单元状态 c_{t-1} 的部分应该被遗忘多少。

2. 输入门

- 输入:同样是 h_{t-1} 和 x_t。
- 操作:首先通过一个 Sigmoid 函数确定更新状态的值,然后一个 tanh 层产生一个新的候选值向量。
- 输出:这两个输出将结合用来更新单元状态。

3. 输入调制门

- 输入:h_{t-1} 和 x_t。

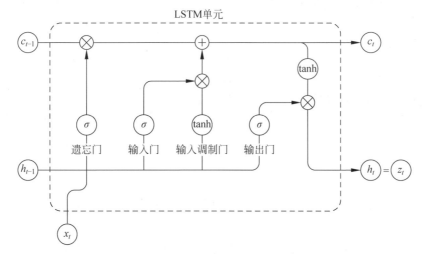

图 19.1　LSTM 单元的内部结构和操作流程

- 操作：通过 tanh 函数。
- 输出：候选值向量，与输入门的输出结合用来更新单元状态。

4. 单元状态

- 输入：来自遗忘门的 c_{t-1}（经过遗忘操作调整后的上一时间步的单元状态）和来自输入门及输入调制门的新候选值。
- 操作：将遗忘门的输出与 c_{t-1} 相乘，丢弃不需要的信息，然后将输入门和输入调制门的输出相乘，产生新的状态信息，并与前者相加。
- 输出：更新后的单元状态 c_t，用于传递到下一个时间步。

5. 输出门

- 输入：h_{t-1} 和 x_t，以及当前的单元状态 c_t。
- 操作：一个 Sigmoid 层确定单元状态的哪些部分应输出，然后当前单元状态通过 tanh 层处理并与 Sigmoid 层的输出相乘。
- 输出：h_t（当前时间步的隐藏状态）和 z_t（当前时间步的实际输出）。

在每个时间步，LSTM 单元通过这些门控结构能够选择性地读取输入（输入门），更新其记忆状态（单元状态），产生输出（输出门），并且忘记不再需要的信息（遗忘门）。这些机制共同工作，使得 LSTM 单元能够捕捉和利用长期依赖信息，这是普通 RNN 所做不到的。

19.2　LSTM 的应用实例

LSTM 在多个领域都表现出色，特别是在处理序列数据方面，如时间序列预测、语音识别和自然语言处理。

【实验目的】

本实验旨在通过构建和训练一个 LSTM 模型来预测时间序列数据中的乘客数量，然后将预测结果与原始数据进行可视化比较，以评估模型的性能。通过这个实验，旨在掌握以下关键概念和技能。

- 理解时间序列数据的特点，包括趋势和季节性成分。
- 构建一个适用于时间序列预测的深度学习模型（LSTM）。

- 数据的预处理和标准化。
- 使用平滑 L1 损失(Smooth L1 Loss)作为损失函数进行模型训练。
- 使用滑动窗口的方法创建输入序列和标签。
- 反标准化预测结果以获取原始数据范围内的预测值。
- 可视化原始数据和预测结果以评估模型性能。

【实验步骤】

本实验的任务是基于前 132 个月的旅行乘客人数数据,使用长短期记忆网络(LSTM)模型进行训练,以预测最后 12 个月的旅行乘客人数。

1. 导入库

首先,如图 19.2 所示,在导入所需的库之前,需要打开 Anaconda Prompt 进入自己创建的虚拟环境(pytorch_env)中输入以下命令安装 seaborn 库。

```
pip install seaborn
```

图 19.2 安装 seaborn 库

seaborn 库安装完成后打开 Jupyter Notebook 导入实验所需的库。

```
#1.导入库
# 导入 PyTorch 库,用于构建和训练深度学习模型
import torch
# 导入 PyTorch 中的神经网络模块,包括各种层和损失函数
import torch.nn as nn
# 导入 Seaborn 库,用于加载示例数据集和绘制数据可视化
import seaborn as sns
# 导入 NumPy 库,用于处理数值数据
import numpy as np
# 导入 Pandas 库,用于处理和分析数据
import pandas as pd
```

```
# 导入 Matplotlib 库,用于绘制图表和图形
import matplotlib.pyplot as plt
# 启用 Matplotlib 的内联模式,以便在 Jupyter Notebook 中显示图表
% matplotlib inline
```

2. 准备数据

1）查看数据集

本实验将使用 Python Seaborn 库中内置的 flights 数据集,输入以下命令可查看该数据集的信息。

```
# 2. 准备数据
# 检查是否有可用的 GPU。如果有可用的 GPU,则使用 GPU(即"cuda"),否则使用 CPU
device = torch.device("cuda" if torch.cuda.is_available() else "cpu")
flight_data = sns.load_dataset("flights")            # 加载名为"flights"的示例数据集
print(flight_data)                                   # 打印数据集
```

程序执行结果如图 19.3 所示。

```
     year month  passengers
0    1949  Jan         112
1    1949  Feb         118
2    1949  Mar         132
3    1949  Apr         129
4    1949  May         121
..    ...  ...         ...
139  1960  Aug         606
140  1960  Sep         508
141  1960  Oct         461
142  1960  Nov         390
143  1960  Dec         432

[144 rows x 3 columns]
```

图 19.3 程序执行结果

从图 19.3 可以看出,该数据集包含三列：year(年份)、month(月份)和 passengers(乘客人数)。其中,year 列表示观测年份,month 列表示具体月份,passengers 列记录每月乘客数量。此外,数据集共有 144 行,覆盖了 12 年的数据。通过以下代码可以绘制出每月乘客数量的变化趋势。

```
# 设置图形的大小
fig_size = plt.rcParams["figure.figsize"]
fig_size[0] = 15                                # 设置图形的宽度为 15
fig_size[1] = 5                                 # 设置图形的高度为 5
plt.rcParams["figure.figsize"] = fig_size
# 设置图形的标题、Y 轴标签、X 轴标签等属性,以便更好地可视化数据
plt.title('Monthly Traveling Passengers')      # 图形标题
plt.ylabel('Total Passengers')                  # Y 轴乘客数量
plt.xlabel('Months')                            # X 轴月份
# 打开图形的网格线,增加图形的可读性
plt.grid(True)
# 自动调整 X 轴的范围,使所有数据点都可见,同时使图形更紧凑
plt.autoscale(axis = 'x', tight = True)
# 绘制乘客人数随时间变化的数据曲线,使用数据集中的 passengers 列
plt.plot(flight_data['passengers'])
```

程序执行结果如图 19.4 所示。

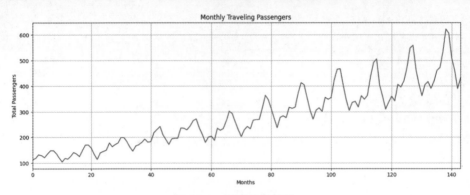

图 19.4   程序执行结果

程序执行结果显示,多年来乘坐飞机旅行的平均乘客人数增加了。一年内旅行的乘客数量波动是有道理的,因为与其他时间相比,寒暑假期间的旅行乘客数量会增加。

2) 数据预处理

在训练模型前需要对数据进行预处理,包括数据类型转换、归一化及创建训练所需的输入序列和标签等。

```
# 数据预处理
# 将乘客列的类型更改为浮点数
all_data = flight_data['passengers'].values.astype(float)
print(all_data)                                     # 输出修改后的乘客列
# 从总数据中划分训练集和测试集
train_data = all_data[: - test_data_size]           # 前 132 条记录将用于训练模型
test_data = all_data[- test_data_size:]             # 最后 12 条记录将用作测试集
# 打印训练集和测试集的长度
print(len(train_data))
print(len(test_data))
# 数据归一化处理,将数据缩放到范围[ - 1, 1]
scaler = MinMaxScaler(feature_range = ( - 1, 1))
train_data_normalized = scaler.fit_transform(train_data.reshape( - 1, 1))
print(train_data_normalized[:5])
print(train_data_normalized[ - 5:])
# 转换为 PyTorch 的 FloatTensor 格式,并重塑形状
train_data_normalized = torch.FloatTensor(train_data_normalized).view( - 1)
train_window = 12
'''
定义一个名为 create_inout_sequences 的函数
该函数将接收原始输入数据,并返回一个元组列表
在每个元组中,第一个元素将包含 12 个项目的列表,对应于 12 个月内旅行的乘客数量,
第二个元素将包含一项即第 13 个月的乘客数量
'''
def create_inout_sequences(input_data, tw):
    inout_seq = []
    L = len(input_data)
    for i in range(L - tw):
        train_seq = input_data[i:i + tw]
        train_label = input_data[i + tw:i + tw + 1]
        inout_seq.append((train_seq, train_label))
    return inout_seq
# 创建用于训练的序列和相应标签
train_inout_seq = create_inout_sequences(train_data_normalized, train_window)
```

```
＃打印前 5 个输入序列和标签序列
print(train_inout_seq[:5])
```

程序执行结果如图 19.5 所示。

```
[112. 118. 132. 129. 121. 135. 148. 148. 136. 119. 104. 118. 115. 126.
 141. 135. 125. 149. 170. 170. 158. 133. 114. 140. 145. 150. 178. 163.
 172. 178. 199. 199. 184. 162. 146. 166. 171. 180. 193. 181. 183. 218.
 230. 242. 209. 191. 172. 194. 196. 196. 236. 235. 229. 243. 264. 272.
 237. 211. 180. 201. 204. 188. 235. 227. 234. 264. 302. 293. 259. 229.
 203. 229. 242. 233. 267. 269. 270. 315. 364. 347. 312. 274. 237. 278.
 284. 277. 317. 313. 318. 374. 413. 405. 355. 306. 271. 306. 315. 301.
 356. 348. 355. 422. 465. 467. 404. 347. 305. 336. 340. 318. 362. 348.
 363. 435. 491. 505. 404. 359. 310. 337. 360. 342. 406. 396. 420. 472.
 548. 559. 463. 407. 362. 405. 417. 391. 419. 461. 472. 535. 622. 606.
 508. 461. 390. 432.]
132
12
[[-0.96483516]
 [-0.93846154]
 [-0.87692308]
 [-0.89010989]
 [-0.92527473]]
[[1.        ]
 [0.57802198]
 [0.33186813]
 [0.13406593]
 [0.32307692]]
[(tensor([-0.9648, -0.9385, -0.8769, -0.8901, -0.9253, -0.8637, -0.8066, -0.8066,
        -0.8593, -0.9341, -1.0000, -0.9385]), tensor([-0.9516])), (tensor([-0.9385, -0.8769, -0.8901, -0.9253, -0.8637, -0.8066, -0.8066,
0.8593,
        -0.9341, -1.0000, -0.9385, -0.9516]), tensor([-0.9033])), (tensor([-0.8769, -0.8901, -0.9253, -0.8637, -0.8066, -0.8066, -0.8593, -
0.9341,
        -1.0000, -0.9385, -0.9516, -0.9033]), tensor([-0.8374])), (tensor([-0.8901, -0.9253, -0.8637, -0.8066, -0.8066, -0.8593, -0.9341, -
1.0000,
        -0.9385, -0.9516, -0.9033, -0.8374]), tensor([-0.8637])), (tensor([-0.9253, -0.8637, -0.8066, -0.8066, -0.8593, -0.9341, -1.0000, -
0.9385,
        -0.9516, -0.9033, -0.8374, -0.8637]), tensor([-0.9077]))]
```

图 19.5　程序执行结果

3．定义模型

接下来，使用 PyTorch 的 torch.nn 模块定义一个 LSTM 模型，它继承自 PyTorch 库的 nn.Module 类。

```python
＃3.定义一个 LSTM 模型类,继承自 nn.Module
class LSTM(nn.Module):
    def __init__(self, input_size = 1, hidden_layer_size = 128, output_size = 1, num_layers = 2):
        ＃调用父类 nn.Module 的构造函数
        super(LSTM, self).__init__()
        ＃初始化隐藏层大小和 LSTM 的层数
        self.hidden_layer_size = hidden_layer_size
        self.num_layers = num_layers
        ＃定义 LSTM 层,输入大小为 input_size,隐藏层大小为 hidden_layer_size,层数为＃num_layers
        self.lstm = nn.LSTM(input_size, hidden_layer_size, num_layers)
        ＃定义一个全连接层,将 LSTM 的输出映射到指定的输出大小(output_size)
        self.linear = nn.Linear(hidden_layer_size, output_size)
    ＃定义前向传播函数,用于计算模型的输出
    def forward(self, input_seq):
        ＃将输入数据 reshape 为符合 LSTM 层要求的三维张量,并通过 LSTM 层计算输出
        lstm_out, _ = self.lstm(input_seq.view(len(input_seq), 1, -1))
        ＃将 LSTM 的输出 reshape 为二维张量,并通过线性层得到最终的预测结果
        predictions = self.linear(lstm_out.view(len(input_seq), -1))
        ＃返回最后一个时间步的预测值
        return predictions[-1]
＃实例化 LSTM 模型,并将其移动到指定的设备(如 GPU)
model = LSTM().to(device)
```

```
# 配置训练所用的损失函数,这里使用平滑 L1 损失函数
loss_function = nn.SmoothL1Loss()
# 配置优化器,使用 Adam 优化算法,学习率为 0.001
optimizer = torch.optim.Adam(model.parameters(), lr = 0.001)
# 配置学习率调度器,设定每训练 50 个 epoch 后将学习率衰减为原来的 0.5 倍
scheduler = torch.optim.lr_scheduler.StepLR(optimizer, step_size = 50, gamma = 0.5)
```

4. 训练模型

该阶段将训练模型的轮数(epoch)设置为 200。如果有需要,则可以尝试更多的 epochs。需要注意的是,每 25 个 epochs 后会打印损失值。

```
# 4.训练模型
# 设置训练的轮数(epoch)为 200
epochs = 200
# 开始训练循环
for i in range(epochs):
    # 遍历训练数据的序列和标签
    for seq, labels in train_inout_seq:
        # 将序列和标签移到指定的设备(如 CPU)
        seq, labels = seq.to(device), torch.tensor([labels], device = device)
        # 梯度清零,准备进行新的反向传播
        optimizer.zero_grad()
        # 初始化 LSTM 模型的隐藏状态和细胞状态为零
        model.hidden_cell = (torch.zeros(model.num_layers, 1, model.hidden_layer_size, device = device), torch.zeros(model.num_layers, 1, model.hidden_layer_size, device = device))
        # 通过模型进行前向传播,得到预测值
        y_pred = model(seq)
        # 计算预测值与实际标签之间的损失
        single_loss = loss_function(y_pred, labels)
        # 反向传播,计算梯度
        single_loss.backward()
        # 使用优化器更新模型参数
        optimizer.step()
    # 每个 epoch 结束后,更新学习率调度器
    scheduler.step()
    # 每经过 25 个 epoch,打印一次当前的损失值
    if i % 25 == 1:
        print(f'Epoch {i} Loss: {single_loss.item():10.8f}')
```

```
epoch:   1 loss: 0.00220749
epoch:  26 loss: 0.01114607
epoch:  51 loss: 0.01401715
epoch:  76 loss: 0.00000663
epoch: 101 loss: 0.00581082
epoch: 126 loss: 0.00038679
epoch: 149 loss: 0.0085757291
```

图 19.6　程序执行结果

程序执行结果如图 19.6 所示。

根据程序执行结果显示,该模型在训练过程中逐渐优化自己的权重和偏置,以最小化损失函数。

5. 评估模型

接下来,在测试集上评估模型的性能。评估该模型的代码如下。

```
# 5.评估模型
# 设置未来预测的时间步数
fut_pred = 12
# 获取用于测试的输入数据(即训练数据的最后 train_window 个数据点),并将其转换为列表形式
test_inputs = train_data_normalized[- train_window:].tolist()
# 将模型设置为评估模式(不进行梯度更新)
```

```
model.eval()
# 循环进行未来预测
for i in range(fut_pred):
    # 从测试输入数据中获取最后 train_window 个数据点,转换为浮点张量
    seq = torch.FloatTensor(test_inputs[ - train_window:]).to(device)
    # 使用模型进行预测,不计算梯度
    with torch.no_grad():
        # 初始化模型的隐藏状态和细胞状态
        model.hidden_cell = (torch.zeros(model.num_layers, 1, model.hidden_layer_size, device =
device),torch.zeros(model.num_layers, 1, model.hidden_layer_size, device = device))
        # 将预测结果(一个标量)添加到测试输入数据中
        test_inputs.append(model(seq).item())
# 将预测结果反归一化,以恢复到原始数据的比例
actual_predictions = scaler.inverse_transform(np.array(test_inputs[train_window:]).reshape
( - 1, 1))
# 创建时间序列,用于绘制预测数据的 x 轴,这里是最后 12 个月的月份索引
x = np.arange(132, 144, 1)
# 绘制图形
plt.figure(figsize = (15, 5))                        # 设置图形大小
plt.title('Monthly Traveling Passengers')            # 图表标题
plt.xlabel('Months')                                 # X 轴标签:月份
plt.ylabel('Total Passengers')                       # Y 轴标签:乘客总数
plt.grid(True)                                        # 显示网格线,便于观察数据趋势
# 绘制原始乘客数据的折线图
plt.plot(flight_data['passengers'], label = 'Original Data', linestyle = ' - ')
# 绘制预测乘客数据的折线图
plt.plot(x, actual_predictions, label = 'Predicted Data', linestyle = ' -- ')
plt.legend()                                          # 显示图例,区分原始数据和预测数据
plt.show()                                            # 显示图表
```

程序执行结果如图 19.7 所示。

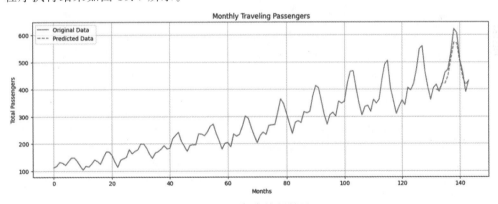

图 19.7　程序执行结果

LSTM 模型所做出的预测由虚线表示,实际数据由实线表示。由于模型初始化和训练中的随机性,每次运行时的预测结果可能有所不同。

为了更清晰地观察数据集中最后 12 个月乘客数量的变化趋势,可以使用以下代码绘制实际和预测的乘客数量图表。

```
# 更详细的实际和预测乘客人数
plt.title('Monthly Traveling Passengers')            # 设置图表的标题
plt.xlabel('Months')                                  # X 轴月份
```

```
plt.ylabel('Total Passengers')              # 设置 y 轴的标签
plt.grid(True)                              # 开启网格线
plt.autoscale(axis = 'x', tight = True)     # 自动调整 x 轴的范围以适应数据
# 绘制原始数据的线,数据来自 'passengers' 列的最后 'train_window' 个数据
plt.plot(flight_data['passengers'][ - train_window:])
# 绘制预测数据的线,数据来自 'actual_predictions'
plt.plot(x, actual_predictions)
plt.show()                                  # 显示图表
```

程序执行结果如图 19.8 所示。

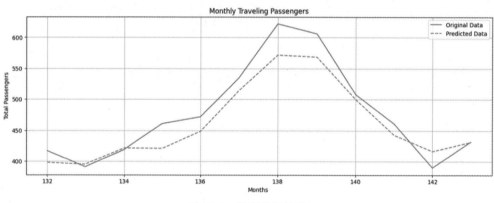

图 19.8　程序执行结果

从图 19.8 可以看到,LSTM 模型虽然可以捕捉到整体趋势的方向(如上升和下降的趋势),但在数量上存在偏差,特别是在数据波动较大时,模型预测的准确性有所下降。这表明模型可能需要进一步调整或改进,以提高预测的精度。

6. 保存和加载模型

最后,使用以下代码保存和加载模型。

```
#6. 保存和加载模型
# 保存模型参数
PATH = './lstm_model.pth'                   # 指定保存路径
torch.save(model.state_dict(), PATH)        # 将训练好的模型参数保存到指定文件中
# 加载模型参数
model = LSTM().to(device)                   # 创建一个新的 LSTM 模型实例
# 加载已保存的模型参数到新模型中
model.load_state_dict(torch.load(PATH, map_location = device))
model.eval()                                # 设置模型为评估模式
```

7. 本实验的完整代码

【例 19.1】　使用 LSTM 预测数据集未来 12 个月旅行的乘客人数。

```
#1.导入库
# 导入 PyTorch 库,用于构建和训练深度学习模型
import torch
# 导入 PyTorch 中的神经网络模块,包括各种层和损失函数
import torch.nn as nn
# 导入 Seaborn 库,用于加载示例数据集和绘制数据可视化
import seaborn as sns
# 导入 NumPy 库,用于处理数值数据
```

```
import numpy as np
# 导入 Pandas 库,用于处理和分析数据
import pandas as pd
# 导入 Matplotlib 库,用于绘制图表和图形
import matplotlib.pyplot as plt
# 启用 Matplotlib 的内联模式,以便在 Jupyter Notebook 中显示图表
% matplotlib inline


# 2.准备数据
# 检查是否有可用的 GPU。如果有可用的 GPU,则使用 GPU(即"cuda"),否则使用 CPU
device = torch.device("cuda" if torch.cuda.is_available() else "cpu")
flight_data = sns.load_dataset("flights")        # 加载名为"flights"的示例数据集
print(flight_data) # 打印数据集
# 绘制每月旅行乘客数量的频率
# 设置图形的大小
fig_size = plt.rcParams["figure.figsize"]
fig_size[0] = 15                                 # 设置图形的宽度为 15
fig_size[1] = 5                                  # 设置图形的高度为 5
plt.rcParams["figure.figsize"] = fig_size
# 设置图形的标题、Y 轴标签、X 轴标签等属性,以便更好地可视化数据
plt.title('Monthly Traveling Passengers')        # 图形标题
plt.ylabel('Total Passengers')                   # Y 轴乘客数量
plt.xlabel('Months')                             # X 轴月份
# 打开图形的网格线,增加图形的可读性
plt.grid(True)
# 自动调整 X 轴的范围,使所有数据点都可见,同时使图形更紧凑
plt.autoscale(axis = 'x', tight = True)
# 绘制乘客人数随时间变化的数据曲线,使用数据集中的 'passengers' 列
plt.plot(flight_data['passengers'])
# 数据预处理
# 将乘客列的类型更改为浮点数
all_data = flight_data['passengers'].values.astype(float)
print(all_data)                                  # 输出修改后的乘客列
test_data_size = 12                              # 设置测试数据集的大小
# 从总数据中划分训练集和测试集
train_data = all_data[: - test_data_size]        # 前 132 条记录将用于训练模型
test_data = all_data[ - test_data_size:]         # 最后 12 条记录将用作测试集
# 打印训练集和测试集的长度
print(len(train_data))
print(len(test_data))
# 数据归一化处理,将数据缩放到[ - 1, 1]
scaler = MinMaxScaler(feature_range = ( - 1, 1))
train_data_normalized = scaler.fit_transform(train_data.reshape( - 1, 1)).flatten()
print(train_data_normalized[:5])
print(train_data_normalized[ - 5:])
# 转换为 PyTorch 的 FloatTensor 格式,并重塑形状
train_data_normalized = torch.FloatTensor(train_data_normalized).to(device)
train_window = 12
'''
定义一个名为 create_inout_sequences 的函数
该函数将接收原始输入数据,并返回一个元组列表
在每个元组中,第一个元素将包含 12 个项目的列表,对应 12 个月内旅行的乘客数量,
第二个元素将包含一项即第 13 个月的乘客数量
'''
def create_inout_sequences(input_data, tw):
```

```python
        inout_seq = []
        L = len(input_data)
        for i in range(L - tw):
            train_seq = input_data[i:i + tw]
            train_label = input_data[i + tw]
            inout_seq.append((train_seq, train_label))
        return inout_seq
# 创建用于训练的序列和相应标签
train_inout_seq = create_inout_sequences(train_data_normalized, train_window)
# 打印前 5 个输入序列和标签序列
print(train_inout_seq[:5])


# 3. 定义一个 LSTM 模型类,继承自 nn. Module
class LSTM(nn.Module):
    def __init__(self, input_size = 1, hidden_layer_size = 128, output_size = 1, num_layers = 2):
        # 调用父类 nn. Module 的构造函数
        super(LSTM, self).__init__()
        # 初始化隐藏层大小和 LSTM 的层数
        self.hidden_layer_size = hidden_layer_size
        self.num_layers = num_layers
        # 定义 LSTM 层,输入大小为 input_size,隐藏层大小为 hidden_layer_size,层数为
# num_layers
        self.lstm = nn.LSTM(input_size, hidden_layer_size, num_layers)
        # 定义一个全连接层,将 LSTM 的输出映射到指定的输出大小(output_size)
        self.linear = nn.Linear(hidden_layer_size, output_size)
    # 定义前向传播函数,用于计算模型的输出
    def forward(self, input_seq):
        # 将输入数据 reshape 为符合 LSTM 层要求的三维张量,并通过 LSTM 层计算输出
        lstm_out, _ = self.lstm(input_seq.view(len(input_seq), 1, -1))
        # 将 LSTM 的输出 reshape 为二维张量,并通过线性层得到最终的预测结果
        predictions = self.linear(lstm_out.view(len(input_seq), -1))
        # 返回最后一个时间步的预测值
        return predictions[-1]
# 实例化 LSTM 模型,并将其移动到指定的设备(例如 GPU)
model = LSTM().to(device)
# 配置训练所用的损失函数,这里使用平滑 L1 损失函数
loss_function = nn.SmoothL1Loss()
# 配置优化器,使用 Adam 优化算法,学习率为 0.001
optimizer = torch.optim.Adam(model.parameters(), lr = 0.001)
# 配置学习率调度器,设定每训练 50 个 epoch 后将学习率衰减为原来的 0.5 倍
scheduler = torch.optim.lr_scheduler.StepLR(optimizer, step_size = 50, gamma = 0.5)


# 4. 训练模型
# 设置训练的轮数(epoch)为 200
epochs = 200
# 开始训练循环
for i in range(epochs):
    # 遍历训练数据的序列和标签
    for seq, labels in train_inout_seq:
        # 将序列和标签移到指定的设备(如 CPU)
        seq, labels = seq.to(device), torch.tensor([labels], device = device)
        # 梯度清零,准备进行新的反向传播
        optimizer.zero_grad()
        # 初始化 LSTM 模型的隐藏状态和细胞状态为零
        model.hidden_cell = (torch.zeros(model.num_layers, 1, model.hidden_layer_size, device =
device), torch.zeros(model.num_layers, 1, model.hidden_layer_size, device = device))
```

```
            #通过模型进行前向传播,得到预测值
            y_pred = model(seq)
            #计算预测值与实际标签之间的损失
            single_loss = loss_function(y_pred, labels)
            #反向传播,计算梯度
            single_loss.backward()
            #使用优化器更新模型参数
            optimizer.step()
        #每个 epoch 结束后,更新学习率调度器
        scheduler.step()
        #每经过 25 个 epoch,打印一次当前的损失值
        if i % 25 == 1:
            print(f'Epoch {i} Loss: {single_loss.item():10.8f}')


#5.评估模型
#设置未来预测的时间步数
fut_pred = 12
#获取用于测试的输入数据(即训练数据的最后 train_window 个数据点),并将其转换为列表形式
test_inputs = train_data_normalized[-train_window:].tolist()
#将模型设置为评估模式(不进行梯度更新)
model.eval()
#循环进行未来预测
for i in range(fut_pred):
        #从测试输入数据中获取最后 train_window 个数据点,转换为浮点张量
        seq = torch.FloatTensor(test_inputs[-train_window:]).to(device)
        #使用模型进行预测,不计算梯度
        with torch.no_grad():
                #初始化模型的隐藏状态和细胞状态
                model.hidden_cell = (torch.zeros(model.num_layers, 1, model.hidden_layer_size, device =
device),torch.zeros(model.num_layers, 1, model.hidden_layer_size, device = device))
                #将预测结果(一个标量)添加到测试输入数据中
                test_inputs.append(model(seq).item())
#将预测结果反归一化,以恢复到原始数据的比例
actual_predictions = scaler.inverse_transform(np.array(test_inputs[train_window:]).reshape
(-1, 1))
#创建时间序列,用于绘制预测数据的 x 轴,这里是最后 12 个月的月份索引
x = np.arange(132, 144, 1)
#绘制图形
plt.figure(figsize = (15, 5))                          #设置图形大小
plt.title('Monthly Traveling Passengers')             #图表标题
plt.xlabel('Months')                                   #X 轴标签:月份
plt.ylabel('Total Passengers')                         #Y 轴标签:乘客总数
plt.grid(True)                                          #显示网格线,便于观察数据趋势
#绘制原始乘客数据的折线图
plt.plot(flight_data['passengers'], label = 'Original Data', linestyle = '-')
#绘制预测乘客数据的折线图
plt.plot(x, actual_predictions, label = 'Predicted Data', linestyle = '--')
plt.legend()                                            #显示图例,区分原始数据和预测数据
plt.show()                                              #显示图表


#6. 保存和加载模型
# 保存模型参数
PATH = './lstm_model.pth' #指定保存路径
torch.save(net.state_dict(), PATH)                      #将模型的状态字典保存到指定文件中
#加载模型参数
```

```
net = Net().to(device)                                    # 创建一个新的模型实例
net.load_state_dict(torch.load(PATH, map_location = device))    # 加载已保存的模型参数到新模型中
```

实验作业 19

1. 创建一个 LSTM 网络,输入形状为(序列长度,批大小,特征数)并输出相同长度的序列。

2. 初始化一个形状为(10,1,5)的随机输入张量并通过 LSTM 网络打印输出形状。

实 验 20　深度神经网络的简介及应用

视频讲解

学习目标

- 理解深度神经网络(Deep Neural Network,DNN)的基础知识。
- 掌握如何使用 PyTorch 构建 DNN 模型解决图像分类问题。

20.1　DNN 的基础知识

　　DNN 是一种由多层感知机(MLP)构成的神经网络,可以学习到数据的复杂模式,广泛应用于图像识别、语音处理等领域。

　　如图 20.1 所示,DNN 内部的神经网络层可以分为三类:输入层,隐藏层和输出层。在实际实现中,这些层通常通过全连接层来构建,其每个层的具体功能可参考表 20.1。

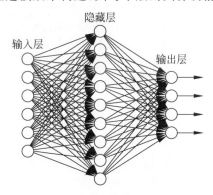

图 20.1　DNN 内部的神经网络层

表 20.1　DNN 每层的功能

组 件 名 称	功　　　　能
输入层	接收原始输入数据,如图像像素值、传感器读数等
隐藏层	一层或多层,每层包含若干神经元。神经元之间可以有复杂的连接模式,负责提取特征和进行非线性变换
输出层	输出最终结果,如分类标签或回归值。与任务类型相关,如分类任务通常使用 Softmax 函数

20.2　DNN 的应用实例

　　如图 20.2 所示,DNN 的主要应用包括图像和语音识别、自然语言处理等,在这些领域,DNN 能够处理大量的、高维度的数据,并从中提取有用的特征。

　　【实验目的】

　　本实验的目的是使用 PyTorch 构建一个深度神经网络(DNN)模型来解决一个二分类问

图 20.2　DNN 的应用场景

题。具体来说,通过训练 DNN 模型来区分图像是横向还是纵向。

【实验步骤】

1. 导入库

在开始实验之前,需要导入一些必要的库和模块。

```
#1.导入库
import torch                         # PyTorch 主要深度学习库
import torch.nn as nn                # PyTorch 中的神经网络模块
import torch.optim as optim          # PyTorch 中的优化算法模块
import numpy as np                   # 导入 NumPy 库,用于科学计算的基础库
import pandas as pd                  # 导入 Pandas 库,用于数据处理和分析的库
import matplotlib.pyplot as plt      # Matplotlib 库,用于绘制图表和可视化数据
```

2. 准备数据

如图 20.3 所示,在这个实验中,使用的是一个包含宽度(x1)、高度(x2)和标签(y)的数据集(train.csv),其中,标签为 1 表示横向,标签为 -1 表示纵向。

```
x1,x2,y
235,591,-1
216,539,-1
204,519,-1
273,282,-1
248,260,-1
681,635,1
892,956,-1
477,429,1
269,206,1
274,738,-1
562,544,1
217,929,-1
580,578,1
```

图 20.3　train.csv 数据集

可以通过输入以下代码加载和显示这个数据集。

```
#2.数据准备
# 从 CSV 文件中加载数据,指定逗号为分隔符,跳过第一行(表头)
train = np.loadtxt(r'F:\train.csv', delimiter = ',', skiprows = 1)
train_x = train[:, 0:2]                              # 提取特征数据(宽度和高度)
train_y = train[:, 2]                                # 提取标签数据
# 绘制训练数据散点图
```

```
plt.plot(train_x[train_y == 1, 0], train_x[train_y == 1, 1], 'o')    #用圆点表示标签为1的数据
plt.plot(train_x[train_y == -1, 0], train_x[train_y == -1, 1], 'x')        #用叉号表示标签
#为-1的数据
plt.xlabel('Width')                        #设置x轴标签为宽度
plt.ylabel('Height')                       #设置y轴标签为高度
plt.axis('scaled')                         #保持横纵坐标轴比例一致
```

程序执行结果如图 20.4 所示。

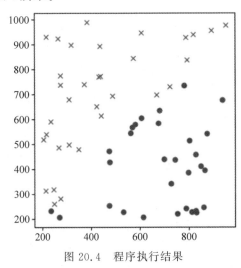

图 20.4   程序执行结果

其中,标签为 1(横向图片)的数据用圆点表示,标签为-1(纵向图片)的数据用叉号表示。

3. 定义模型

使用 PyTorch 的 torch.nn 模块来定义一个包含多个全连接层的 DNN 模型,它的结构可参考表 20.2。

表 20.2   定义的 DNN 模型

层 的 名 称	层 的 参 数	层 的 功 能
fc1	in_features=2,out_features=64	第一个全连接层,输入 2 维,输出 64 维
fc2	in_features=64,out_features=32	第二个全连接层,输入 64 维,输出 32 维
fc3	in_features=32,out_features=1	第三个全连接层,输入 32 维,输出 1 维

其中,fc1、fc2、fc3 分别代表第一、第二、第三个全连接层。

定义模型的代码如下。

```
#3.定义 DNN 模型
class DNN(nn.Module):
    def __init__(self):
        super(DNN, self).__init__()
        self.fc1 = nn.Linear(2, 64)        #第一个全连接层,输入 2 维,输出 64 维
        self.fc2 = nn.Linear(64, 32)       #第二个全连接层,输入 64 维,输出 32 维
        self.fc3 = nn.Linear(32, 1)        #第三个全连接层,输入 32 维,输出 1 维
    def forward(self, x):
        x = torch.relu(self.fc1(x))        #第一个全连接层使用 ReLU 激活函数
        x = torch.relu(self.fc2(x))        #第二个全连接层使用 ReLU 激活函数
        x = self.fc3(x)                    #最后一层不使用激活函数
```

```
    return x
#转换数据为 PyTorch Tensor
data_tensor = torch.tensor(train_x, dtype = torch.float32)
labels_tensor = torch.tensor(train_y, dtype = torch.float32).view( - 1, 1)
#创建模型和定义损失函数、优化器
model = DNN()                                #实例化定义的神经网络模型
criterion = nn.MSELoss()                      #使用均方误差损失函数
optimizer = optim.Adam(model.parameters(), lr = 0.001)     #使用 Adam 优化器,学习率为 0.001
```

4. 训练模型

该阶段将训练模型的总轮数设置为 1000。如果有需要,则可以尝试更多的 num_epochs。需要注意的是,每 100 个 num_epochs 后会打印损失值。

```
#4. 训练模型
num_epochs = 1000                       # 训练的总轮数
for epoch in range(num_epochs):
    #前向传播
    outputs = model(data_tensor)         #将输入数据传入模型获取预测结果
    loss = criterion(outputs, labels_tensor) #计算模型输出和实际标签之间的均方误差损失
    #反向传播和优化
    optimizer.zero_grad()                #梯度清零
    loss.backward()                      #反向传播计算梯度
    optimizer.step()                     #使用优化器更新模型参数
    if (epoch + 1) % 100 == 0:
        #每 100 个 epoch 打印一次损失
        print(f'Epoch [{epoch + 1}/{num_epochs}], Loss:{loss.item()}')
```

程序执行结果如图 20.5 所示。

```
Epoch [100/1000], Loss: 0.8684130907058716
Epoch [200/1000], Loss: 0.2961166203022003
Epoch [300/1000], Loss: 0.22543437778949738
Epoch [400/1000], Loss: 0.19829750061035156
Epoch [500/1000], Loss: 0.1813325732946396
Epoch [600/1000], Loss: 0.16798947751522064
Epoch [700/1000], Loss: 0.15607792139053345
Epoch [800/1000], Loss: 0.14561501145362854
Epoch [900/1000], Loss: 0.13658180832862854
Epoch [1000/1000], Loss: 0.12883737683296204
```

图 20.5　程序执行结果

可以看出模型经过 1000 轮次的训练,损失逐渐减小,表现出对训练数据的良好学习和拟合。

5. 评估模型

接下来,在测试集上评估模型的性能并绘制该模型的决策边界,以可视化模型的学习结果。

```
#5. 评估模型,并绘制训练数据和模型拟合结果
model.eval()                                   #将模型设置为评估模式,不进行梯度计算
with torch.no_grad():
    predicted_labels = model(data_tensor).numpy()  #使用训练好的模型进行预测
plt.figure(figsize = (10, 5))                   #创建一个大小为 10×5 的图形窗口
#用圆点表示标签为 1 的数据
plt.plot(train_x[train_y == 1, 0], train_x[train_y == 1, 1], 'o', label = 'Horizontal')
#用叉号表示标签为 - 1 的数据
```

```
plt.plot(train_x[train_y == -1, 0], train_x[train_y == -1, 1], 'x', label = 'Vertical')
♯绘制模型的决策边界
x1_range = np.linspace(train_x[:, 0].min(), train_x[:, 0].max(), 100)    ♯在宽度特征的范围内生
♯成 100 个均匀间隔的点
x2_range = np.linspace(train_x[:, 1].min(), train_x[:, 1].max(), 100)    ♯在高度特征的范围内生
♯成 100 个均匀间隔的点
xx, yy = np.meshgrid(x1_range, x2_range)                           ♯创建网格点坐标矩阵
mesh_data = torch.tensor(np.c_[xx.ravel(), yy.ravel()], dtype = torch.float32)   ♯将网格点
♯数据转换为 PyTorch Tensor
with torch.no_grad():
    decision_boundary = model(mesh_data).numpy().reshape(xx.shape)
    ♯使用模型预测决策边界
plt.contour(xx, yy, decision_boundary, levels = [0.5], colors = 'green', linewidths = 2,
linestyles = 'dashed')                                 ♯绘制决策边界
plt.xlabel('Width')                                    ♯设置 x 轴标签为宽度
plt.ylabel('Height')                                   ♯设置 y 轴标签为高度
plt.legend()                                           ♯显示图例
plt.title('Training Data and Model Decision Boundary')    ♯设置图表标题
plt.show()
```

程序执行结果如图 20.6 所示。

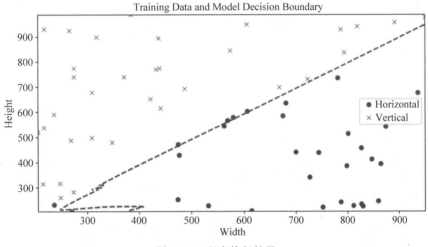

图 20.6　程序执行结果

从结果可以看出,该模型的决策边界(虚线)能够较好地区分不同类别的数据点,说明模型在训练数据上学到了合适的特征。

6. 保存和加载模型

最后,使用以下代码保存和加载模型,并使用加载的模型对用户输入的宽和高进行预测。

```
♯6.保存和加载模型
♯保存训练好的模型
PATH = 'dnn_model.pth'
torch.save(model.state_dict(), PATH)
♯加载模型
♯先定义模型结构
loaded_model = DNN()
♯加载已保存的模型参数
loaded_model.load_state_dict(torch.load(PATH))
```

```
#使用加载的模型进行用户输入的宽和高的预测
user_input_width = float(input("请输入图像宽度:"))
user_input_height = float(input("请输入图像高度:"))
#转换用户输入为 PyTorch Tensor
user_input_tensor = torch.tensor([[user_input_width, user_input_height]], dtype = torch.
float32)
#将模型设置为评估模式,不进行梯度计算
loaded_model.eval()
#在计算用户输入的宽和高的预测时,由于不需要进行梯度计算,使用 torch.no_grad()上下文管理器
with torch.no_grad():
    #使用加载的模型对用户输入进行预测
    prediction = loaded_model(user_input_tensor).item()
#打印预测结果
if prediction > 0.5:
    print("预测为横向图像")
else:
    print("预测为纵向图像")
```

程序执行结果如图 20.7 所示。

```
请输入图像宽度:  5221
请输入图像高度:  5200

预测为横向图像
```

图 20.7　程序执行结果

从结果看出,定义和训练的 DNN 模型在图像的纵向和横向分类中取得了非常不错的效果。

7. 本实验的完整代码

【例 20.1】　使用 DNN 判断图像的横纵方向。

```
#1.导入库
import torch                          # PyTorch 主要深度学习库
import torch.nn as nn                 # PyTorch 中的神经网络模块
import torch.optim as optim           # PyTorch 中的优化算法模块
import numpy as np                    #导入 NumPy 库,用于科学计算的基础库
import pandas as pd                   #导入 Pandas 库,用于数据处理和分析的库
import matplotlib.pyplot as plt       #导入 Matplotlib 库,用于绘制图表和可视化数据的库
#2.数据准备
#从 CSV 文件中加载数据,指定逗号为分隔符,跳过第一行(表头)
train = np.loadtxt(r'F:\train.csv', delimiter = ',', skiprows = 1)
train_x = train[:, 0:2]               #提取特征数据(宽度和高度)
train_y = train[:, 2]                 #提取标签数据
#绘制训练数据散点图
plt.plot(train_x[train_y == 1, 0], train_x[train_y == 1, 1], 'o')    #用圆点表示标签为 1 的数据
plt.plot(train_x[train_y == -1, 0], train_x[train_y == -1, 1], 'x')   #用叉号表示标签为 -1
#的数据
plt.xlabel('Width')                   #设置 x 轴标签为宽度
plt.ylabel('Height')                  #设置 y 轴标签为高度
plt.axis('scaled')                    #保持横纵坐标轴比例一致
#3.定义 DNN 模型
class DNN(nn.Module):
    def __init__(self):
        super(DNN, self).__init__()
        self.fc1 = nn.Linear(2, 64)   #第一个全连接层,输入 2 维,输出 64 维
```

```python
        self.fc2 = nn.Linear(64, 32)              #第二个全连接层,输入 64 维,输出 32 维
        self.fc3 = nn.Linear(32, 1)               #第三个全连接层,输入 32 维,输出 1 维
    def forward(self, x):
        x = torch.relu(self.fc1(x))               #第一个全连接层使用 ReLU 激活函数
        x = torch.relu(self.fc2(x))               #第二个全连接层使用 ReLU 激活函数
        x = self.fc3(x)                           #最后一层不使用激活函数
        return x
#转换数据为 PyTorch Tensor
data_tensor = torch.tensor(train_x, dtype = torch.float32)
labels_tensor = torch.tensor(train_y, dtype = torch.float32).view(-1, 1)
#创建模型和定义损失函数、优化器
model = DNN()                                     #实例化定义的神经网络模型
criterion = nn.MSELoss()                          #使用均方误差损失函数
optimizer = optim.Adam(model.parameters(), lr = 0.001)    #使用 Adam 优化器,学习率为 0.001
#4.训练模型
num_epochs = 1000                                 #训练的总轮数
for epoch in range(num_epochs):
    #前向传播
    outputs = model(data_tensor)                  #将输入数据传入模型获取预测结果
    loss = criterion(outputs, labels_tensor)      #计算模型输出和实际标签之间的均方误差损失
    #反向传播和优化
    optimizer.zero_grad()                         #梯度清零
    loss.backward()                               #反向传播计算梯度
    optimizer.step()                              #使用优化器更新模型参数
    if (epoch + 1) % 100 == 0:
        #每 100 个 epoch 打印一次损失
        print(f'Epoch [{epoch + 1}/{num_epochs}],Loss: {loss.item()}')
#5. 评估模型,并绘制训练数据和模型拟合结果
model.eval()                                      #将模型设置为评估模式,不进行梯度计算
with torch.no_grad():
    predicted_labels = model(data_tensor).numpy()     #使用训练好的模型进行预测
plt.figure(figsize = (10, 5))                     #创建一个大小为 10×5 的图形窗口
#用圆点表示标签为 1 的数据
plt.plot(train_x[train_y == 1, 0], train_x[train_y == 1, 1], 'o', label = 'Horizontal')
#用叉号表示标签为 -1 的数据
plt.plot(train_x[train_y == -1, 0], train_x[train_y == -1, 1], 'x', label = 'Vertical')
#绘制模型的决策边界
x1_range = np.linspace(train_x[:, 0].min(), train_x[:, 0].max(), 100)    #在宽度特征的范围内生
#成 100 个均匀间隔的点
x2_range = np.linspace(train_x[:, 1].min(), train_x[:, 1].max(), 100)    #在高度特征的范围内生
#成 100 个均匀间隔的点
xx, yy = np.meshgrid(x1_range, x2_range)          #创建网格点坐标矩阵
mesh_data = torch.tensor(np.c_[xx.ravel(), yy.ravel()], dtype = torch.float32)   #将网格点数据
#转换为 PyTorch Tensor
with torch.no_grad():
    decision_boundary = model(mesh_data).numpy().reshape(xx.shape)    #使用模型预测决策边界
plt.contour(xx, yy, decision_boundary, levels = [0.5], colors = 'green', linewidths = 2,
linestyles = 'dashed')                            #绘制决策边界
plt.xlabel('Width')                               #设置 x 轴标签为宽度
plt.ylabel('Height')                              #设置 y 轴标签为高度
plt.legend()                                      #显示图例
plt.title('Training Data and Model Decision Boundary')    #设置图表标题
plt.show()
#6. 保存和加载模型
#保存训练好的模型
```

```
PATH = 'dnn_model.pth'
torch.save(model.state_dict(), PATH)
#加载模型
#先定义模型结构
loaded_model = DNN()
#加载已保存的模型参数
    loaded_model.load_state_dict(torch.load(PATH))
    #使用加载的模型进行用户输入的宽和高的预测
    user_input_width = float(input("请输入图像宽度:"))
    user_input_height = float(input("请输入图像高度:"))
    #转换用户输入为 PyTorch Tensor
    user_input_tensor = torch.tensor([[user_input_width, user_input_height]], dtype = torch.
float32)
    #将模型设置为评估模式,不进行梯度计算
    loaded_model.eval()
    #在计算用户输入的宽和高的预测时,由于不需要进行梯度计算,使用 torch.no_grad()上下文管
#理器
    with torch.no_grad():
        #使用加载的模型对用户输入进行预测
        prediction = loaded_model(user_input_tensor).item()
    #打印预测结果
    if prediction > 0.5:
        print("预测为横向图像")
    else:
        print("预测为纵向图像")
```

实验作业 20

1. 定义一个简单的 DNN,包括两个全连接层,第一个全连接层将输入维度从 2 映射到 64,第二个全连接层从 64 映射到 1。

2. 创建一个形状为(1, 2)的随机输入张量并通过 DNN 打印输出张量的值。

## 第5部分

基于大语言模型的自然语言处理编程

近年来,随着自然语言处理(Natural Language Processing,NLP)技术的快速发展,大语言模型(Large Language Model,LLM)已成为推动 NLP 研究和应用的重要力量。常见的模型(如 BERT、GPT、T5 等)通过在海量文本数据上进行预训练,展现了卓越的语言理解或生成能力,显著提升了机器在各种语言任务中的表现。得益于这些模型的广泛应用,研究人员和开发者能够轻松应对从文本分类到复杂对话生成的多样化任务。

本部分将详细介绍如何基于大语言模型进行自然语言处理编程,主要内容如下。

(1) Hugging Face 作为 NLP 领域的重要贡献者,提供了 Transformers 库,这是一个强大而灵活的工具,能够大大简化使用和微调预训练模型的过程。本部分将介绍 Hugging Face 框架的基本架构和功能,如何安装和设置 Transformers 库,以及如何访问和使用各种预训练模型。

(2) Hugging Face 提供管道 API,管道(Pipeline)是一个高层次的接口,可以快速部署各种 NLP 任务,如文本分类、情感分析、文本生成等。通过管道,复杂任务的实现将变得简单且高效。

(3) 文本分类是 NLP 中的核心任务之一,广泛应用于情感分析、垃圾邮件检测、新闻分类等领域。本部分将详细讲解如何利用 Hugging Face 的预训练模型进行文本分类,包括数据处理、模型选择、训练和评估等环节。

(4) 本部分将详细介绍文本生成任务,展示如何利用大语言模型生成文本内容,如生成新闻文章、摘要、对话等。通过理解不同模型的特点,读者将学习如何生成高质量的文本。

(5) 模型微调是指在特定任务上进一步优化预训练模型,以提高其在该任务上的表现。本部分将详细讨论微调的基本概念、参数配置和常用技巧,帮助读者在实际应用中充分发挥模型的潜力。

通过本部分的学习,读者将掌握使用 Hugging Face 框架开发、训练和优化自然语言处理模型,并掌握利用大语言模型进行自然语言处理编程的关键技术,从而能够在实际项目中高效应用这些先进的工具和方法。

视频讲解

学习目标
- 了解 Hugging Face 的基本知识。
- 掌握如何使用 Hugging Face。

本实验将介绍 Hugging Face 的基础知识,包括其提供的主要内容和平台的目标。接着,演示如何在开发环境中搭建 Hugging Face,并以 bert-base-uncased 模型为例,展示如何使用该模型来获取文本特征。

21.1　Hugging Face 的基础知识

Hugging Face 是一个以自然语言处理(Natural Language Processing,NLP)为核心领域的开源人工智能平台和社区,致力于提供先进的预训练模型、工具和资源,以帮助研究人员、工程师和开发者开展自然语言处理相关的项目,以下是 Hugging Face 的主要内容。

(1)预训练模型库。Hugging Face 提供了一个庞大的预训练模型库,包括如 BERT、GPT、RoBERTa、T5 等各种先进的 NLP 模型。这些模型经过大规模的训练,可以用于各种任务,如文本分类、情感分析、问答、文本生成等。

(2)Transformers 框架。Hugging Face 开发了 Transformers 框架,用于训练、微调和部署 NLP 模型。这个框架提供了易于使用的 API,使研究人员和工程师可以方便地使用和扩展预训练模型。

(3)模型库和示例。Hugging Face 提供了大量的模型权重文件和示例代码,可以帮助用户在不同的 NLP 任务中快速开始。这些示例包括文本分类、命名实体识别、机器翻译等。

(4)Tokenizers。Hugging Face 开发了用于文本分词的 Tokenizers 库,支持多种语言,能够帮助用户处理文本数据,使其适合 NLP 模型的输入。

(5)数据集。Hugging Face 提供了大量的 NLP 数据集,这些数据集可用于训练和评估 NLP 模型。这些数据集包括各种任务,如文本分类、问答、生成等。

(6)社区和协作。Hugging Face 有一个活的社区,研究人员、工程师和开发者可以在平台上分享他们的研究、模型和工具。这种开放的协作方式推动了 NLP 领域的创新。

(7)Hub 和模型共享。Hugging Face 提供了模型存储库,让用户能够分享和访问他们的模型、权重文件和文本数据。这个 Hub 使得模型共享和部署变得更容易。

(8)研究论文和教程。Hugging Face 提供了大量关于 NLP 领域的研究论文和教程,使研究者和开发者能够了解最新的技术和最佳实践。

Hugging Face 成为 NLP 领域的一个重要资源,为社区提供了开发和部署 NLP 应用的有力工具和资源。这个平台的目标是使自然语言处理技术更加易于访问和可行,从而推动 NLP 领域的创新。

Hugging Face 成为 NLP 领域的一个重要资源,为社区提供了开发和部署 NLP 应用的有力工具和资源。这个平台的目标是使自然语言处理技术更加易于访问和可行,从而推动 NLP 领域的创新。Hugging Face 的官网是 https://huggingface.co/,由模型、数据集、文档等组成。

21.2　Hugging Face 开发环境搭建

以 bert-base-uncased 模型为例,下面是如何使用这个模型来获得 PyTorch 中给定文本的特征。

1. 安装 Transformers 库

可以使用 pip 安装 Transformers 库,运行以下命令。

```
pip install transformers
```

2. 导入 Transformers 库

一旦安装了 Transformers 库,可以在 Python 代码中导入它,以便使用其功能。

```
from transformers import *
```

3. 使用预训练模型

Transformers 提供了许多预训练的语言模型,如 BERT、GPT-2、RoBERTa 等。可以选择一个适合自己任务的模型,然后加载它。以下是加载一个预训练 BERT 模型的示例。

```
model_name = 'bert - base - uncased'
model = BertModel.from_pretrained(model_name)
```

4. 处理输入数据

Transformers 提供了一些工具来处理文本数据,如分词器和数据加载器。需要使用适当的分词器将文本数据转换为模型可以处理的格式。

```
tokenizer = BertTokenizer.from_pretrained(model_name)
text = "Hello, how are you?"
inputs = tokenizer(text, return_tensors = "pt")
"""接收文本作为输入,将其分词并转换为 PyTorch 张量("pt"表示 PyTorch 张量).这将文本编码为包含标记化文本的张量,以便输入模型中。"""
```

5. 运行模型

一旦加载了模型和处理了输入数据,可以将数据传递给模型并获取输出。

```
outputs = model( ** inputs)    #使用双星号操作符 ** 将字典中的键 - 值对解包为参数
```

6. 处理模型输出

模型的输出通常是一个字典,包含各种信息,如模型的预测。可以从输出中提取所需的信息,具体取决于自己的任务。

7. 进行后处理和可视化

根据任务,可能需要进行进一步的后处理和结果可视化,以获得想要的输出。

实验作业 21

1. Hugging Face 框架搭建：使用 Hugging Face 提供的 bert-base-uncased 模型和分词器，对文本"How are you doing today?"进行编码并输出编码后的张量。

2. 使用 bert-base-uncased 模型将文本"Hello，how are you?"编码成向量，并将这些向量保存到一个文本文件中。

实验 22　**Hugging Face管道的介绍** ▶

学习目标

视频讲解

- 了解管道的概念及其组成部分。
- 了解管道的工作流程。
- 掌握各种类型管道的使用。

本实验首先介绍管道的相关基础知识,然后展示管道背后是如何工作的,最后介绍如何使用管道去完成相关任务。

22.1　Transformer 中管道的基本概念

在现代计算机科学和软件工程中,管道指的是一种组织数据处理的方式,它通过一系列有序的处理单元来顺序处理数据。类似于制造业的流水线,每个处理单元完成特定的任务后,将数据传递给下一个单元,这种模式允许数据持续流动,提高处理效率。

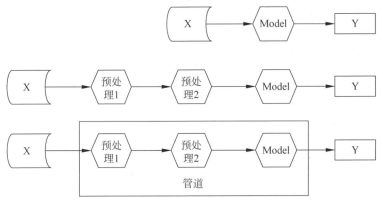

图 22.1　管道示意图

Hugging Face 的管道(Pipeline)是一种强大的工具,它使得开发者能够使用极少的代码快速开启各种 NLP 任务。这个管道具备了数据预处理、模型处理、模型输出后处理等步骤,用户可以直接输入原始数据,然后得到预测结果。

具体来说,给定一个任务之后,Pipeline 会自动调用一个预训练好的模型,并根据用户提供的输入执行以下步骤。

(1)将用户输入的文本进行预处理,使其转换为模型可以理解的格式。

(2)将预处理后的输入传递给模型进行推理处理。

(3)对模型的输出结果进行后处理,使得预测结果更加易于理解和使用。

Hugging Face 的管道工具可以轻松使用 Hub 中的任何模型来推理各种任务,包括语言、计算机视觉、语音和多模式任务。用户可以使用特定的分词器或模型,将 Pipeline 用于音频、视觉和多模式任务。此外,虽然每个任务都有一个对应的专用 Pipeline,但使用通用 Pipeline

更为简单,因为它会自动加载适用于任务的默认模型和预处理类。

　　Hugging Face的模型库中有许多已经非常成熟的经典模型,这些模型使得即使不进行任何训练也可以得到较好的预测结果,即零样本学习(Zero-Shot Learning)。使用管道工具时,调用者只需告诉管道工具进行的任务类型,管道工具就会自动分配合适的模型,直接给出预测结果。如果预测结果满足调用者的需求,那么就不需要再次进行训练。

　　总的来说,Hugging Face的管道工具提供了一种便捷的方式来执行各种NLP任务,其API简捷且隐藏了大量复杂的代码,使得开发者能够更专注于任务和数据的处理,而不是底层的实现细节。

22.2　管道的基本组成和工作流程

　　Hugging Face管道的基本组成和工作流程涉及几个关键部分,这些部分协同工作以完成NLP任务。以下是其基本组成和工作流程的概述。

22.2.1　管道的基本组成

　　(1) Tokenizer:负责数据的预处理。将原始文本数据转换为模型可以理解和处理的格式。这通常包括分词(将文本分隔成小的单位,如单词或子词)、将每个编码的token映射到一个ID,以及可能包括一些辅助信息,如词的位置或上下文等。

　　(2) Model:是进行推理的核心部分。它根据输入的数据(经过Tokenizer处理后的)生成预测或输出。模型通常是预训练的,已经学习到了大量的语言模式和信息,可以针对特定任务进行微调或直接使用。

　　(3) Post-processing:负责对模型的输出进行后处理,使其更易于理解和使用。这可能包括将模型的原始输出转换为人类可读的格式,或根据任务需求进行特定的格式转换。

22.2.2　管道的工作流程

　　(1) 输入:用户将原始文本或数据输入管道中。

　　(2) 预处理:Tokenizer对输入数据进行预处理。它将文本转换为模型可以接受的格式,包括分词、编码等步骤。

　　(3) 模型推理:经过预处理的数据被传递给模型。模型根据输入数据生成预测或输出。

　　(4) 后处理:模型的输出被后处理步骤进一步处理。这可能包括将模型的原始输出转换为更易于理解的形式,或进行其他特定的格式化操作。

　　(5) 输出:最终,处理后的结果作为管道的输出返回给用户。这些结果可能包括分类标签、情感分析得分、翻译文本等,具体取决于管道的任务类型。

　　Hugging Face的管道工具通过隐藏底层实现的复杂性,使得开发者能够更轻松地利用预训练的模型进行NLP任务。用户无须深入了解模型的内部工作原理,只需要通过简单的API调用即可执行推理任务。这使得Hugging Face的管道成为一个强大而灵活的工具,广泛应用于各种NLP应用场景中。

22.3 管道的功能和优势

22.3.1 管道的功能

Hugging Face 的管道支持多种 NLP 任务,这些任务包括但不限于以下几种。

(1) 文本分类:此任务涉及将文本数据分类到预定义的类别中。例如,情感分析就是将文本分为积极、消极或中性的情感类别。

(2) 命名实体识别:此任务的目标是识别文本中特定类型的实体,如人名、地名、组织机构名、日期、时间等。

(3) 问答系统:这涉及回答用户提出的问题,通常是从给定的文本或知识库中寻找答案。

(4) 摘要提取:此任务旨在从较长的文本中提取关键信息,以形成简短的摘要。

(5) 文本生成:这包括多种任务,如机器翻译(将一种语言的文本转换为另一种语言)、文本补全(根据已有文本生成后续内容),以及对话生成(模拟人类对话)。

(6) 特征提取:将文本转换为数值特征向量,以便于机器学习模型进行进一步处理。

(7) 填充掩码:对于包含掩码(如"[MASK]")的句子,此任务会预测并填充最可能的词或短语。

(8) 实体链接:将文本中的命名实体链接到知识库中的对应条目。

(9) 零样本分类:使用未经过训练的模型来执行分类任务,这通常依赖于模型在预训练期间学到的知识。

(10) 语义相似性:判断两个文本段落在语义上是否相似。

这些只是 Pipeline 支持的部分任务,随着 NLP 领域的发展,Hugging Face 可能会不断添加新的任务类型到 Pipeline 中。为了获取最新的任务列表和详细的使用说明,建议查阅 Hugging Face 的官方文档或相关资源。同时,Pipeline 的灵活性也允许开发者自定义任务,以满足特定的应用需求。

22.3.2 管道的优势

Hugging Face 的管道(Pipeline)工具在 NLP 应用中具有显著的优势,这些优势使得它成为开发者们进行自然语言处理任务时的理想选择,以下是管道工具的主要优势。

(1) 简化操作流程。管道工具将 NLP 任务分解为预处理、模型推理和后处理三个主要步骤,并自动执行这些步骤。这极大地简化了操作流程,使得开发者无须手动处理复杂的细节,只须关注任务和数据的处理。

(2) 易于使用。通过简捷的 API 调用,开发者可以轻松地创建和使用管道。用户只须指定任务类型和输入数据,管道工具就会自动加载合适的模型和预处理器,并返回预测结果。这使得即使是没有深厚 NLP 背景的开发者也能快速上手。

(3) 灵活性和可扩展性。管道工具支持多种 NLP 任务,包括但不限于文本分类、实体识别、情感分析、问答等。同时,由于它基于 Hugging Face 的 Transformers 库构建,开发者可以轻松地扩展和自定义管道,以满足特定任务的需求。

(4) 利用预训练模型。管道工具可以自动加载 Hugging Face Hub 中的预训练模型,这些模型已经在大规模数据集上进行了训练,并具备强大的性能。通过利用这些预训练模型,开发者可以快速地构建出高效的 NLP 应用,而无须从头开始训练模型。

（5）性能优化。管道工具经过优化,可以在不同的硬件上高效地运行。无论是CPU还是GPU,它都能充分利用硬件资源,实现快速的推理速度。这使得管道工具能够处理大规模数据集,并满足实时应用的需求。

（6）社区支持和文档完善。Hugging Face拥有庞大的社区支持,为开发者提供了丰富的资源和帮助。同时,管道的文档也非常完善,包含详细的使用说明和示例代码,使得开发者能够轻松地了解和使用它。

综上所述,Hugging Face的管道工具通过简化操作流程、易于使用、灵活性和可扩展性、利用预训练模型、性能优化以及社区支持和文档完善等方面的优势,为开发者提供了一种高效、便捷地进行NLP任务的方式。

22.4　Pipeline 任务列表

使用pipeline()是利用预训练模型进行推理的最简单的方式。pipeline()可以直接应用于跨不同模态的多种任务(无须额外配置),它支持的任务列表如表22.1所示。

表 22.1　Pipeline 任务列表

任　务	描　述	模　态	Pipeline
文本分类	为给定的文本序列分配一个标签	NLP	pipeline(task="sentiment-analysis")
文本生成	根据给定的提示生成文本	NLP	pipeline(task="text-generation")
命名实体识别	为序列周围的 token 分配一个标签（人、组织、地点等）	NLP	pipeline(task="ner")
问答系统	通过给定的上下文和问题, 在文本中提取答案	NLP	pipeline(task="question-answering")
掩码填充	预测出正确信息中被掩盖的 token	NLP	pipeline(task="fill-mask")
文本摘要	为文本序列或文档生成总结	NLP	pipeline(task="summarization")
文本翻译	将文本从一种语言翻译为另一种语言	NLP	pipeline(task="translation")
图像分类	为图像分配一个标签	Computer vision	pipeline(task="image-classification")
图像分割	为图像中的每个独立的像素分配标签（支持语义、全景和实例分割）	Computer vision	pipeline(task="image-segmentatio")
目标检测	预测图像中目标对象的边界框和类别	Computer vision	pipeline(task="object-detection")

22.5　管道使用示例

创建一个pipeline()实例并且指定想要将它用于的任务,就可以开始使用了。通常可以将pipeline()用于任何一个上面提到的任务,如果要查看pipeline()支持任务的完整列表,则可以查阅pipeline API 参考,这里将pipeline()用在一个情感分析示例上。

```
#首先从transformers库中导入pipeline
from transformers import pipeline
#如果没有指定加载模型,pipeline()会自动加载一个默认模型和一个能够进行任务推理的预处理类
classifier = pipeline("sentiment-analysis")
```

```
#然后就可以在目标文本上使用 classifier 了
#将要进行预测的文本输入
classifier("We are very happy to show you the Transformers library.")
```

程序执行结果如图 22.2 所示。

[{'label': 'POSITIVE', 'score': 0.9997994303703308}]

图 22.2　程序执行结果

如果有不止一个输入,可以把所有输入放入一个列表,然后传给 pipeline(),它将会返回一个字典列表。

```
#将要进行预测的文本输入
results = classifier(["We are very happy to show you the Transformers library.", "We hope you don
't hate it."])
#使用 for 循环遍历结果
for result in results:
    print(f"label: {result['label']}, with score: {round(result['score'], 4)}")
```

程序执行结果如图 22.3 所示。

label: POSITIVE, with score: 0.9998
label: NEGATIVE, with score: 0.5309

图 22.3　程序执行结果

实验作业 22

使用 pipeline 进行命名实体识别任务。给定文本"Apple was founded by Steve Jobs and Steve Wozniak in April 1976.",使用命名实体识别管道识别文本中的命名实体,并将其标注为人名、地名、组织名等,输出每个命名实体的类型和位置信息。

学习目标

- 了解文本分类的概念。
- 熟悉文本分类任务的相关应用。
- 掌握基于预训练模型的文本分类方法。

本实验先向读者介绍文本分类的相关知识,展示文本分类相关的应用,然后介绍传统文本分类方法,最后介绍如何使用基于预训练模型的文本分类方法去完成相关分类任务。

视频讲解

23.1　文本分类简述

文本分类(Text Classification),也称为自动文本分类(Automatic Text Categorization),是自然语言处理领域的一个核心问题。它涉及将载有信息的文本映射到预先定义的一个或多个类别或主题,如图 23.1 所示。实现这一过程的算法模型被称为分类器。

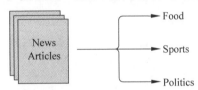

图 23.1　文本分类示意图

文本分类根据预定义类别的不同,主要分为两种:二分类和多分类。二分类问题关注将文本划分为两个互斥的类别,如垃圾邮件与非垃圾邮件。而多分类问题则涉及多个类别,如新闻文章的分类(政治、经济、体育等)。

从标注的角度看,文本分类还可以分为单标签分类和多标签分类。在单标签分类中,每个文本仅关联一个类别。相比之下,多标签分类允许一个文本同时关联多个类别。例如,一篇新闻报道可能同时被标记为"政治"和"经济"。

文本分类应用广泛,它不仅用于信息检索、情感分析和垃圾邮件识别,还在社交媒体监控、客户服务自动化和推荐系统中扮演重要角色。随着深度学习技术的发展,预训练模型如 BERT、GPT 等在文本分类任务中展示了卓越的性能,能够更深入地理解和处理语言复杂性。

23.2　文本分类的任务

如图 23.2 所示是文本分类的相关应用,其中主要包括情感分析、垃圾邮件过滤、舆情分析、新闻分类、语种识别等。

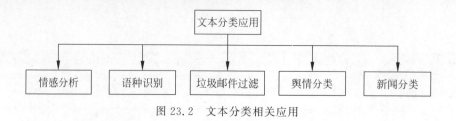

图 23.2　文本分类相关应用

23.3　文本分类方法

23.3.1　基于规则的文本分类方法

在自然语言处理的早期,文本分类方法主要基于规则。

实现机制:专家根据对特定领域的深入理解编写一套复杂的规则。这些规则通常基于特定的关键词、短语,甚至特定的句法结构。例如,对于经济类文档,如果文档包含如"股市""投资""金融"等关键词,系统就将其分类为经济类。

23.3.2　基于机器学习的文本分类方法

随着机器学习技术的发展,文本分类开始采用更为复杂的统计方法。

(1) 朴素贝叶斯:朴素贝叶斯是一种基于概率的分类方法,它利用贝叶斯定理,结合特定文档中出现的单词的概率,来预测文档的分类。尽管"朴素"地假设了特征之间的独立性,但在许多简单场景中,它的表现出奇得好。

(2) 支持向量机(Support Vector Machine,SVM):SVM 是一种强大的分类器,它通过在高维空间中寻找能够最好地分隔不同类别的超平面来工作。在文本分类中,SVM 特别适用于处理高维稀疏数据集,如文本数据。

(3) 决策树:决策树通过构造一个树状结构来做出决策。每个内部节点代表对某个属性的测试,每个分支代表测试的结果,树的每个叶节点代表一个类别。决策树易于理解和解释,但容易过拟合。

在传统机器学习方法中,特征工程是性能提升的关键。如下是两种机器学习中常用的特征工程方法。

(1) 词袋模型(Bag of Words,BOW):BOW 模型将文本转换为一个固定长度的向量,每个维度代表一个词或短语的出现频率。这种方法简单高效,但忽略了单词之间的顺序和上下文信息。

(2) TF-IDF(Term Frequency-Inverse Document Frequency):TF-IDF 是 BOW 的一种改进,它减少了常用词对分类结果的影响,并增强了罕见词的作用。

23.3.3　基于深度学习的文本分类方法

随着深度学习技术的发展,自动特征学习成为可能。

(1) 卷积神经网络(Convolutional Neural Network,CNN):CNN 在文本分类中用于捕捉文本的局部特征,如 n-gram 信息。通过不同大小的卷积核,CNN 能够捕捉不同长度的词组合,从而获取文本的局部关联性。

(2) 循环神经网络(Recurrent Neural Network,RNN)和长短期记忆网络(Long Short-

Term Memory,LSTM)：这些模型特别适用于处理顺序数据。它们能够捕捉文本中的长距离依赖,记住序列中先前的信息,并利用这些信息影响后续的输出。

（3）双向编码器表示(Bidirectional Encoder Representations from Transformers,BERT)和 Transformer 模型：这些基于自注意力机制的模型提供了处理序列数据的新方法。它们能够捕捉文本中的复杂语义关系,并在各种 NLP 任务中取得了突破性的成果。

23.3.4　基于预训练模型的文本分类方法

近年来,预训练模型在文本分类中取得了显著的成就,GPT、BERT 等模型在大量的文本数据上进行预训练,以学习语言的通用表示,然后可以在特定任务上进行微调。这种方法的优势在于它利用了大规模数据集的学习,大幅度提高了模型在特定任务上的表现。

总的来说,文本分类方法的发展反映了整个自然语言处理领域从简单规则到复杂模型的演进,展现了技术的不断进步和深入。

【例 23.1】　使用 Hugging Face Transformers 库中的 bert-base-uncased 模型进行文本分类。

```python
# 从 transformers 库导入 BertForSequenceClassification 和 BertTokenizer 类
from transformers import BertForSequenceClassification, BertTokenizer
import torch
# 加载预训练模型和分词器
model_name = "bert-base-uncased"     # 指定使用的模型,这里的'bert-base-uncased'表示未经大
# 小写敏感处理的基础 BERT 模型
model = BertForSequenceClassification.from_pretrained(model_name)    # 从预训练权重中加载
# 序列分类模型
tokenizer = BertTokenizer.from_pretrained(model_name)            # 加载对应 BERT 模型的分词器
# 准备要分类的输入文本
input_text = "This movie is really good and I enjoyed it a lot."    # 我们想要分类的文本
# 对输入文本进行分词和编码
input_ids = tokenizer.encode(input_text, add_special_tokens = True)    # 将文本转换成带有特殊令
# 牌的令牌 id 序列
# 将编码后的输入转换为模型所需的张量格式
input_ids = torch.tensor([input_ids])                    # 转换为张量
# 使用模型进行分类
outputs = model(input_ids)                        # 通过模型进行推理得到输出
predictions = torch.argmax(outputs.logits, dim = 1)        # 在输出的 logits 上使用 argmax 得到预
# 测结果的索引解码预测结果
predicted_label = predictions.item()                    # 获取预测标签的具体值
# 根据预测标签定义解释输出结果
if predicted_label == 0:
    sentiment = "Negative"                    # 如果标签为 0,预测结果为负面
elif predicted_label == 1:
    sentiment = "Positive"                    # 如果标签为 1,预测结果为正面
# 打印预测结果
print("Predicted sentiment:", sentiment)                # 输出预测的情感
```

程序执行结果如图 23.3 所示。

```
Predicted sentiment: Positive
```

图 23.3　程序执行结果

23.4 基于预训练模型的文本分类实战案例

以下是使用 Hugging Face Transformers 库结合预训练模型(BERT)在 num_train_epochs 数据集上执行情感分类的示例脚本。IMDb 数据集是一个英文电影评论数据集,分类标签的值包括 neg(0),pos(1)。用于二分类任务,即判断评论是正面的还是负面的。

数据集概况:IMDb 数据集包含 5 万条电影评论,平均分为训练集和测试集。每个集合中正面和负面评论的数量是均等的,如图 23.4 所示。

图 23.4 示例数据集概况

该数据集的具体网址为 https://huggingface.co/datasets/imdb。

在开始之前,请确保已安装 transformers 和 datasets 库。如果还没有安装,则可以通过以下命令进行安装。

```
pip install transformers datasets
```

然后,在代码中使用以下方式加载数据集。

```
from datasets import load_dataset
# 从 Hugging Face Datasets 中加载数据集
dataset = load_dataset("imdb")
# 获取 IMDb 数据集中的训练数据
train_data = dataset["train"]
```

【例 23.2】 使用 bert-base-uncased 模型在 IMDb 数据集上进行文本分类。

```
from datasets import load_dataset
# 从 Hugging Face Datasets 中加载数据集
dataset = load_dataset("imdb")
# 获取 IMDb 数据集中的训练数据
train_data = dataset["train"]
from transformers import BertForSequenceClassification, BertTokenizer
```

```
# 指定模型名称
model_name = "bert - base - uncased"
# 从 Hugging Face Transformers 中加载预训练的 BERT 模型
model = BertForSequenceClassification.from_pretrained(model_name)
# 从 Hugging Face Transformers 中加载预训练的 BERT 分词器
tokenizer = BertTokenizer.from_pretrained(model_name)
import torch
# 定义文本分类函数
def classify_text(text):
    # 使用 BERT 分词器对文本进行编码,并将结果转换为 PyTorch 张量
    input_ids = tokenizer.encode(text, return_tensors = "pt", truncation = True, padding = True)
    # 使用 BERT 模型进行文本分类
    outputs = model(input_ids)
    # 获取预测的标签索引
    predicted_label = torch.argmax(outputs.logits).item()
    # 获取标签的名称
    labels = dataset["train"].features["label"].names
    predicted_label_name = labels[predicted_label]
    return predicted_label_name
# 示例:对 IMDb 数据集中的第 7、8 条数据进行预测
for i in range(6, 8):
    print(f"\n 文本 {i + 1}:")
    print(train_data[i]["text"])          # 打印第 7、8 条文本内容
    predicted_label = classify_text(train_data[i]["text"])
    print("\n 预测的标签:")
    print(predicted_label)                # 打印预测的标签名称
print(" = " * 50)
```

程序执行结果如图 23.5 所示。

文本 7:
Whoever wrote the screenplay for this movie obviously never consulted any books about Lucille Ball, especially her autobiography. I'
ever seen so many mistakes in a biopic, ranging from her early years in Celoron and Jamestown to her later years with Desi. I could
e a whole list of factual errors, but it would go on for pages. In all, I believe that Lucille Ball is one of those inimitable peop.
o simply cannot be portrayed by anyone other than themselves. If I were Lucie Arnaz and Desi, Jr., I would be irate at how many mis
were made in this film. The filmmakers tried hard, but the movie seems awfully sloppy to me.

预测的标签:
neg
==

文本 8:
When I first saw a glimpse of this movie, I quickly noticed the actress who was playing the role of Lucille Ball. Rachel York's por
l of Lucy is absolutely awful. Lucille Ball was an astounding comedian with incredible talent. To think about a legend like Lucille
being portrayed the way she was in the movie is horrendous. I cannot believe out of all the actresses in the world who could play a
s tough. It is pretty hard to find someone who could resemble Lucille Ball, but they could at least find someone a bit similar in l
and talent. If you noticed York's portrayal of Lucy in episodes of I Love Lucy like the chocolate factory or vitavetavegamin, nothi
similar in any way-her expression, voice, or movement.

To top it all off, Danny Pino playing Desi Arnaz is horrible. Pin
s not qualify to play as Ricky. He's small and skinny, his accent is unreal, and once again, his acting is unbelievable. Although F
nd Ethel were not similar either, they were not as bad as the characters of Lucy and Ricky.

Overall, extremely horrible
ng and the story is badly told. If people want to understand the real life situation of Lucille Ball, I suggest watching A&E Biogra
f Lucy and Desi, read the book from Lucille Ball herself, or PBS' American Masters: Finding Lucy. If you want to see a docudrama, "
e the Laughter" would be a better choice. The casting of Lucille Ball and Desi Arnaz in "Before the Laughter" is much better compar
this. At least, a similar aspect is shown rather than nothing.

预测的标签:
neg
==

图 23.5　程序执行结果

实验作业 23

1. 使用 bert-base-chinese 模型对中文新闻标题进行分类。考虑 4 个类别：经济、政治、体育和科技。给定一条新闻标题"央行提高利率以抑制通货膨胀"，判断这条新闻属于哪个类别。

2. 利用预训练的 bert-base-uncased 模型和 ag_news 数据集对新闻标题进行分类。ag_news 数据集包含 4 个类别："World"(世界)"Sports"(体育)"Business"(商业)和"Sci/Tech"(科学/技术)。对测试集中前 1000 条数据进行预测，评估模型在这个分类任务上的表现，并讨论结果。

视频讲解

学习目标

- 了解文本生成概念。
- 熟悉文本生成任务相关应用。
- 掌握基于预训练模型的文本生成方法。

本实验首先介绍文本生成的相关知识,展示文本生成相关的应用,然后介绍传统文本生成方法,最后介绍如何使用基于预训练模型的文本生成方法去完成相关分类任务。

24.1　文本生成简述

文本生成是指利用自然语言处理技术,通过对大量文本数据的学习和理解,以及对语言规律的掌握,自动生成符合语法和语义要求的文本内容。如图 24.1 所示是 NLP 领域的几大核心任务,可见,文本生成和文本理解在技术路线上是有着千丝万缕的联系的。文本生成的意义在于能够为人类提供更高效、更准确、更灵活的自然语言交互方式,为智能客服、智能问答、聊天机器人等领域提供更加智能的解决方案。

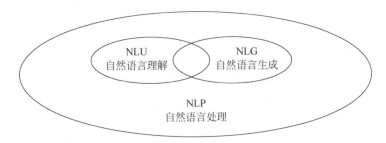

图 24.1　自然语言处理核心任务关系图

同时,文本生成还有很重要的应用价值,如自动撰写新闻、短篇小说、广告等文本内容,减轻人工撰写负担;帮助内容生成平台、社交媒体等实现更高效、更自然的文本内容生成;通过文本生成,可以实现对知识的积累和学习,为知识图谱等领域提供支持。

24.2　文本生成的任务

Hugging Face 在文本生成方面提供了广泛的支持,涵盖了多种主要任务。以下是 Hugging Face 文本生成的主要任务概述。

(1) 机器翻译。这是将一种语言的文本自动转换为另一种语言的过程。Hugging Face 提供了预训练的翻译模型,如基于 Transformer 架构的模型,用于实现高效的机器翻译任务。

(2) 文本摘要。文本摘要任务旨在从较长的文本中提取关键信息,生成简洁的摘要。这包括抽取式摘要和生成式摘要两种类型。Hugging Face 提供了相应的模型和工具,用于自动化地生成高质量的文本摘要。

(3) 对话系统。对话生成涉及模拟人类对话的过程,根据输入生成合适的响应。Hugging Face 提供了预训练的对话模型,如基于 GPT 架构的模型,能够生成流畅、自然的对话内容。

(4) 文本复述。文本复述任务要求以不同的方式重新表达原始文本的内容,同时保持其意义不变。这有助于增加文本的多样性和可读性。Hugging Face 提供了相关的模型和技术,支持文本复述任务的实现。

(5) 诗歌和故事生成。这是根据给定的主题或风格,自动生成符合诗歌或故事规范的诗句。Hugging Face 的模型能够学习诗歌的韵律、结构和意境,从而生成具有艺术价值的诗歌或故事作品。

(6) 条件文本生成。在给定特定条件或上下文的情况下,生成符合要求的文本。这些条件可以是关键词、主题、风格等,使得生成的文本具有更高的针对性和相关性。

这些只是 Hugging Face 在文本生成方面支持的主要任务的一部分。随着 NLP 技术的不断发展,Hugging Face 将继续扩展其文本生成的功能和任务列表,以满足更多场景和需求。

为了使用 Hugging Face 进行文本生成任务,开发者可以利用其提供的预训练模型和 Pipeline 工具。Pipeline 工具简化了文本生成的过程,使得开发者能够轻松地将输入数据转换为所需的文本输出。同时,Hugging Face 还提供了丰富的文档和社区支持,帮助开发者更好地理解和应用这些文本生成任务,具体如图 24.2 所示。

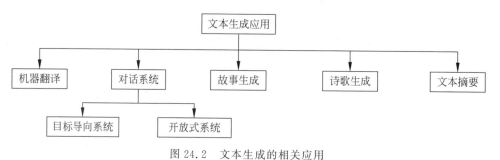

图 24.2　文本生成的相关应用

24.3　文本生成方法

传统的文本生成系统通常采用规则驱动和基于统计的方法,其系统架构可以分为如图 24.3 所示的架构,以下为几个关键步骤。

(1) 输入处理:这个组件负责接收和处理用户提供的输入信息,可能是关键词、主题或其他指示生成文本的信息。输入处理将用户输入转换为系统可以理解的形式,并传递给下一步的文本生成组件。

(2) 语言模型:语言模型是文本生成的核心组件,它根据输入信息生成新的文本。在传统方法中,语言模型可能基于规则、N-gram 模型、马尔可夫模型等。

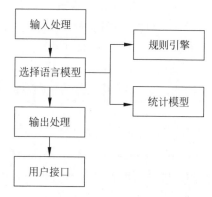

图 24.3　传统文本生成架构

模型的选择取决于任务的性质和要求。

（3）规则引擎：规则引擎是一个包含预定义规则和模板的组件，用于指导文本的生成。这些规则可以包括语法规则、词汇替换规则等。规则引擎通常用于确保生成的文本满足一定的语法和语义规范。

（4）统计模型：在一些系统中，可以使用统计模型来捕捉文本中的概率关系，如 N-gram 模型。这些模型帮助系统更好地理解和生成自然语言。

（5）输出处理：生成的文本需要进行后处理，以确保其质量符合特定的输出标准。这可能包括语法纠正、语义调整等。

（6）用户接口：用户接口是系统与用户交互的界面，用户通过这个界面提供输入信息，并从中获取生成的文本输出。这可以是一个简单的命令行接口、图形用户界面（GUI）或通过 API 进行集成。

整体而言，这种传统文本生成系统的架构相对简单，主要由规则、统计模型和语言模型组成。这些系统通常适用于特定领域或任务，因为它们在捕捉复杂语法和语义结构方面的能力相对有限。近年来，随着深度学习技术的发展，更复杂的神经网络模型逐渐取代了一些传统的文本生成方法，取得了更显著的性能提升。

24.3.1 基于规则的文本生成方法

基于规则的文本生成是一种使用人为定义的规则和模板来创建文本的方法。这种方法通常适用于需要生成结构化、符合特定语法和语义规则的文本的任务，具体如图 24.4 所示。

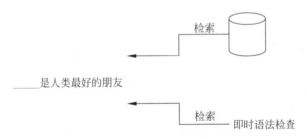

图 24.4 基于规则的文本生成方法

文本生成的过程依赖预先定义的规则，这些规则包括语法规则、语义规则、词汇替换规则等。规则的设计通常基于任务的需求，确保生成的文本满足特定标准。基于规则的文本生成通常采用模板化的方法。系统使用预定义的文本模板，这些模板中可能包含占位符，规则引擎会根据输入信息填充这些占位符，生成最终的文本。用户通过提供输入信息（如关键词、主题）来引导文本生成的方向。规则引擎根据用户提供的信息调整生成的文本内容。

24.3.2 基于统计的文本生成方法

基于统计的文本生成是一种利用统计模型来生成文本的方法，这种方法通常基于训练数据中的统计信息，以预测和模拟文本的生成过程，如图 24.5 所示。

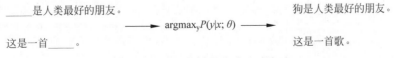

图 24.5 基于统计的文本生成方法

基于统计的文本生成在一些任务上取得了一定的成功,但它也有一些局限性,尤其是对于处理长距离依赖和抽象语义的任务。随着深度学习技术的发展,预训练语言模型等方法逐渐成为义本生成领域的主流。

24.3.3 基于预训练模型的文本生成方法

实现文本生成任务的预训练模型通常是指使用预先训练好的语言模型,如 GPT-3、GPT-2(Generative Pre-trained Transformer)或 BERT(Bidirectional Encoder Representations from Transformers)。这些模型在大规模文本数据上进行了预训练,学到了丰富的语言表示和语法结构,可以用于各种自然语言处理任务,包括文本生成。如图 24.6 所示是用预训练模型实现文本生成任务的一般步骤。

图 24.6 采用预训练模型文本生成一般步骤

具体步骤如下。

(1)选择预训练模型:选择适用于文本生成任务的预训练模型。GPT 系列模型通常被广泛用于生成任务,因为它们是生成模型,具有生成连贯、有意义文本的能力。

(2)加载模型:使用相应的深度学习框架(如 PyTorch、TensorFlow)加载选定的预训练模型。这需要下载预训练模型的权重参数。

(3)准备输入数据:根据模型的输入要求,准备输入数据。对于文本生成任务,通常是一段文本或一个提示句,作为生成的起点。

(4)生成文本:将准备好的输入数据输入预训练模型中,并使用模型的生成功能生成文本。生成的文本可以是单词、短语、句子,甚至是段落,具体取决于任务的需求。

(5)调整参数:根据实际应用情况,可以调整模型的参数,如温度参数来控制生成文本的多样性和 k-top 采样等参数。

(6)后处理:对生成的文本进行后处理,例如,进行语法校正、去重、截断或其他与任务相关的处理。

(7)评估和优化:如果有标准的评估指标,可以使用这些指标来评估生成文本的质量,并根据需要进行优化。

【例 24.1】 使用 Hugging Face Transformers 库中的 GPT-2 模型进行文本生成。

```python
from transformers import GPT2LMHeadModel, GPT2Tokenizer
# 加载预训练模型和分词器
model_name = "gpt2"
model = GPT2LMHeadModel.from_pretrained(model_name)
tokenizer = GPT2Tokenizer.from_pretrained(model_name)
# 输入数据
input_text = " Surrounded by towering mountains and a clear blue sky, the scenery"
# 分词和生成文本
input_ids = tokenizer.encode(input_text, return_tensors = "pt") # 这一行代码的作用是使用 GPT - 2 模
# 型的分词器(tokenizer)将输入文本(input_text)编码成模型可接受的张量(tensor)格式. return_
# tensors = "pt" 参数指定返回 PyTorch 张量.
output = model.generate(input_ids, max_length = 50, num_return_sequences = 1, no_repeat_ngram_
size = 2)
```

```
# input_ids: 是包含输入文本编码的 PyTorch 张量
# max_length: 指定生成文本的最大长度,这里设置为 50
# num_return_sequences: 指定生成的序列数目,这里设置为 1
# no_repeat_ngram_size: 设置避免生成重复 n - gram 的大小,这里设置为 2。# 解码生成的文本
generated_text = tokenizer.decode(output[0], skip_special_tokens = True) # 使用分词器的
# decode 方法将生成的文本编码解码成人类可读的文本。output[0]包含生成文本的编码
# skip_special_tokens = True 参数用于跳过特殊标记,如[CLS]、[SEP]等
print(generated_text)
```

程序执行结果如图 24.7 所示。

Surrounded by towering mountains and a clear blue sky, the scenery is breathtaking.

The city is a beautiful place to visit. The city has a rich history and culture. It is also a place where people can learn about the history of the city.

图 24.7　程序执行结果

随着深度学习和自然语言处理领域的不断发展,可以期待更强大、更准确的自然语言生成模型的涌现。未来的模型可能会更好地理解上下文、语境,生成更加自然、富有创造性的文本。

24.4　基于预训练模型的文本生成实战案例

以下是使用 Hugging Face Transformers 库结合预训练模型(GPT-2)在 CNN/DailyMail 数据集上执行生成式摘要的简单脚本。在这个示例中,使用了一个简单的文本摘要数据集,可以根据需要替换为更大的数据集。

数据集概况:CNN/DailyMail 数据集是一个英文数据集,包含超过 30 万篇由 CNN 和 DailyMail 记者撰写的独特新闻文章,如图 24.8 所示。当前版本同时支持抽取和抽象摘要,而原始版本则不支持。

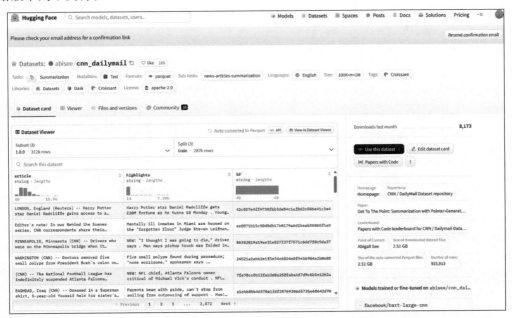

图 24.8　示例数据集概况

在此示例中使用的是 CNNDailyMail 数据集,读者可以从 Hugging Face Datasets 中获取

该数据集。首先,请确保安装了 datasets 库。

```
pip install datasets
```

然后,在代码中使用以下方式加载数据集。

```
from datasets import load_dataset
# 加载 CNNDailyMail 数据集
dataset = load_dataset("cnn_dailymail", "3.0.0")
train_data = dataset["train"]
```

注意: CNNDailyMail 数据集可能较大,读者可以根据需求选择其他适合的文本摘要数据集。在实际应用中,读者可能需要对数据进行预处理,如删除不需要的字段以确保数据格式符合模型的输入要求等。

【例 24.2】 使用 GPT-2 模型在 CNNDailyMail 数据集上进行摘要生成。

```
from transformers import BartForConditionalGeneration, BartTokenizer
from datasets import load_dataset
# 加载 BART 模型和对应的分词器
model_name = "facebook/bart - large - cnn"          # 选择用于文本摘要生成的预训练模型
model = BartForConditionalGeneration.from_pretrained(model_name)    # 加载 BART 模型
tokenizer = BartTokenizer.from_pretrained(model_name)              # 加载 BART 的分词器
# 加载 CNNDailyMail 数据集
# 使用 Hugging Face datasets 加载 CNN/DailyMail 数据集
dataset = load_dataset("cnn_dailymail", "3.0.0")
train_data = dataset["train"]                                      # 获取训练数据集部分
# 生成使用 BART 模型的摘要的函数
def generate_summary(text, max_length = 150, min_length = 50):
    inputs = tokenizer.encode(text, return_tensors = "pt", max_length = 1024, truncation = True)
    # 将文本编码为模型的输入张量,并截断超长文本
    # 使用模型生成摘要
    summary_ids = model.generate(
        inputs, # 输入张量
        max_length = max_length,                    # 生成的文本最大长度
        min_length = min_length,                    # 生成的文本最小长度
        length_penalty = 2.0,                       # 长度惩罚系数,值越大则生成的文本越长
        num_beams = 4,                              # 束搜索的宽度,越大则生成的多样性越高
        early_stopping = True                       # 当满足生成条件时提前停止
    )
    # 解码生成的摘要文本,跳过特殊符号
    summary = tokenizer.decode(summary_ids[0], skip_special_tokens = True)
    return summary                                  # 返回生成的摘要

# 示例: 为 1 篇文章生成摘要
for example in train_data[:1]["article"]:           # 从训练集中选择第 1 篇文章
    print("\n 文章:")                               # 输出文章的标签
    print(example)                                  # 输出原始文章内容
    summary = generate_summary(example, max_length = 150, min_length = 50)  # 生成摘要
    print("\n 生成的摘要:")                          # 输出摘要的标签
    print(summary)                                  # 输出生成的摘要
    print("\n" + " = " * 50)                        # 输出分隔线
```

程序执行结果如图 24.9 所示。

What does the future hold for AI?
One of my favorite parts about this topic is that I've always been fascinated with how humans and other primates are interacting in a world we can only conceive as very different. It's like talking to an elephant: You don't know if you're going anywhere, but even when there was no elephants on Earth during our childhood days – then it would have taken me forever to figure out why they were doing what these two apes did (the monkeys). Now imagine walking across Africa from your home city where all those wild animals just lived so long ago at any time now or possibly ever again; people who live here today will be aware immediately because suddenly everything around them looks identical! But perhaps most interestingly though… The

图 24.9 程序执行结果

实验作业 24

创建一个自定义的文本生成任务,并使用 pipeline 进行模型推理。可以选择一个感兴趣的主题,然后编写一段简短的描述,让模型继续生成下文,输出生成的文本。

实验 25 模型微调

学习目标
- 了解模型微调的概念及模型微调的目的。
- 了解不同微调方法的优劣。
- 掌握模型微调的具体步骤。

本实验首先向读者介绍模型微调的相关基础知识,然后展示不同的微调方法之间的优劣分析,最后通过一个实战案例来介绍模型微调的具体步骤。

视频讲解

25.1 模型微调的定义

模型微调(Fine-Tuning)是一种迁移学习技术,在这种技术中,一个已经在大型数据集上预训练的模型(如 BERT、GPT)被进一步训练(或"微调"),以适应特定的任务或数据集。微调就是将这些预训练过的模型应用于自己的数据集,并在此过程中调整和优化模型的参数,使之更好地适应特定任务的数据和需求,如图 25.1 所示。

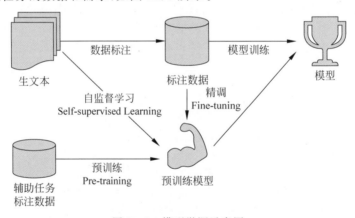

图 25.1 模型微调示意图

25.2 微调模型的目的和意义

微调的首要目的是增强模型对特定数据集的适应性。预训练模型虽然掌握了广泛的语言理解能力,但无法直接很好地应用于某些特定任务,通过微调,模型可以更精细地理解和处理特定领域的数据。微调可以加速模型的部署过程,已经预训练好的模型在结构和参数上已经非常成熟,因此,微调后直接部署这些模型可以节省大量的开发时间和资源。

微调模型的目的是让预训练的大型机器学习模型能够更好地适应特定任务或领域。

25.2.1　模型微调目标

（1）降低成本：由于大型模型的参数量巨大，从头开始训练的成本非常高，包括时间、计算资源和经济成本。通过微调，可以在现有的模型基础上进行修改，显著降低这些成本。

（2）提升性能：大模型虽然在多个任务上表现良好，但对于特定场景下的问题可能无法准确回答。微调可以使模型更加精确地理解和处理特定领域的数据，例如，医药、法律等专业领域的问题。

（3）提高效率：微调避免了从零开始训练模型时可能遇到的诸多问题，如模型不收敛、参数不够优化、准确率低、泛化能力差和过拟合等风险。通过使用预训练模型已经学习到的知识作为起点，可以更快地达到满意的性能水平。

（4）适配特定任务：当手头的数据集与预训练模型使用的数据集相似度不高时，直接应用预训练模型可能效果不佳。微调允许模型学习特定于目标任务的特征，从而提高在新任务上的表现。

（5）迁移学习：微调是迁移学习的一种形式，它利用在一个任务上学到的知识来帮助相关但不相同的任务。这种方法特别适用于数据量较小或计算资源有限的情况。

（6）快速迭代：在产品或服务的快速迭代过程中，微调模型可以帮助快速适应用户需求的变化或新出现的用例，而无须从头开始构建模型。

（7）定制化服务：对于需要提供个性化服务的企业，微调模型可以根据其客户群的具体需求和特点来定制模型的行为和输出。

（8）知识更新：随着时间推移，某些领域的知识可能会发生变化。微调模型可以更新其知识库，以反映最新的信息和发展。

总结来说，微调模型是一种高效、经济且实用的机器学习策略，它使得预训练的大模型能够更好地适应并解决具体的实际问题。

25.2.2　微调模型的优点

（1）节约成本：微调减少了昂贵的计算资源需求，因为只需要在相对较小的数据集上进行额外训练，而不是从零开始训练整个模型。

（2）减少时间：相比于完整的训练周期，微调一个预训练模型可以在更短的时间内达到所需的性能指标。

（3）提高模型稳定性：在预训练的基础上进行微调通常能得到更稳定的模型，因为模型已经学会了在各种情况下泛化的能力。

（4）支持快速迭代：企业可以快速适应市场变化，通过微调快速更新模型以响应新的数据或业务需求。

25.3　不同微调方法的比较与分析

不同微调方法的比较如表25.1所示。

表 25.1　不同微调方法的比较

微调类型	描述与特点	适用场景	优　点	缺　点
完全微调	微调预训练模型的所有层	适用于有大量且特定任务数据的场景	可以充分利用大量数据,适应特性显著提高	需要更多的数据和计算资源,训练时间长
部分微调	只对模型的顶层或部分层进行微调,其他层保持固定	当训练数据较少时适用,尤其是包含特定领域的数据集	减少过拟合,可以使训练更快	可能无法完全发挥预训练模型的全部能力
适应性微调	对模型特定部分如注意力层进行更复杂的微调	需要高度针对特定领域或任务进行调整的应用	针对性强,可以优化模型的关键部分以发挥特定任务的性能	需要深入了解模型架构和特性,调试过程更为复杂
多任务微调	同时在多个相关任务上进行训练	当处理多个相关联的任务时,尤其是数据稀少时	通过任务间的知识共享,提高模型的泛化能力和鲁棒性	可能难以在所有任务上均衡表现,需要仔细平衡不同任务之间的影响
特定领域微调	在特定领域(如医疗、法律等)进行微调,以适应该领域的特殊性	面向特定行业或领域的独特需求和知识	提高在特定领域的表现,使模型更贴合领域的语言和情境	可能导致模型的泛化能力下降,难以在其他领域适用
连续学习微调	在一系列任务上逐步微调模型,每个任务都在前一个任务的基础上进行学习	适用于任务是连续出现且有联系的场景,例如长时间的学习任务	有助于模型在多个任务上的连续学习和知识积累,避免遗忘	需要有效管理知识和保持长时间的稳定性,可能更具挑战性

25.4　模型微调的步骤

Hugging Face 是一个领先的机器学习平台,为自然语言处理(NLP)和机器学习研究者、开发人员和爱好者提供了大量预训练模型和工具。使用 Hugging Face 进行模型微调(fine-tuning)通常涉及以下几个步骤。

(1) 选择预训练模型。从 Hugging Face 的模型库(Model Hub)中选择一个适合任务的预训练模型。这些模型可以是 BERT、GPT、T5、RoBERTa 等,它们已经在大量文本数据上进行了预训练。

(2) 准备数据集。准备用于微调的数据集。这通常包括输入文本(如句子或段落)以及相应的标签或目标输出。应确保数据集格式正确,并将数据集划分为训练集、验证集(可选)和测试集。

(3) 安装必要的库。安装 transformers 库和 datasets 库。transformers 库提供了访问和微调 Hugging Face 模型的接口,而 datasets 库则用于加载和处理数据集。

(4) 加载预训练模型和数据集。使用 transformers 库加载所选的预训练模型。使用 datasets 库加载并预处理数据集。

(5) 配置微调参数。设置微调时所需的参数,如学习率、批处理大小、训练轮数等。这些参数可以根据任务和数据集进行调整。

(6) 进行微调。调用模型的 train 方法或类似的函数,使用训练数据集进行微调。这通常涉及多个 epoch 的训练过程,每个 epoch 都会遍历整个训练数据集。

(7) 评估模型。在验证集(如果有)上评估模型的性能。这可以通过计算准确率、F1 分数等指标来完成。

(8) 使用微调后的模型。一旦模型微调完成并达到满意的性能,就可以将其保存下来,并在其他数据或应用程序中使用。

【例 25.1】　使用 Hugging Face 进行模型微调。

```python
＃简化的代码示例,展示了如何使用 Hugging Face 进行模型微调
from transformers import AutoTokenizer, AutoModelForSequenceClassification
from datasets import load_dataset
from transformers import TrainingArguments, Trainer
＃加载预训练模型和分词器
model_name = "bert - base - uncased"
tokenizer = AutoTokenizer.from_pretrained(model_name)
model = AutoModelForSequenceClassification.from_pretrained(model_name, num_labels = 2)
＃假设是二分类问题
＃加载数据集
dataset = load_dataset('your_dataset_name')              ＃替换为自己的数据集名称
＃数据预处理
def preprocess_function(examples):
    ＃在这里编写预处理逻辑
    return examples
encoded_dataset = dataset.map(preprocess_function, batched = True, remove_columns = ["text"])
＃划分数据集
train_dataset = encoded_dataset["train"]
val_dataset = encoded_dataset["validation"]            ＃如果有验证集
＃设置训练参数
training_args = TrainingArguments(
    output_dir = './results',                          ＃输出目录
    num_train_epochs = 3,                              ＃训练轮数
    per_device_train_batch_size = 16,                  ＃每个设备的批处理大小
    warmup_steps = 500,                                ＃预热步数
    weight_decay = 0.01,                               ＃权重衰减
    logging_dir = './logs',                            ＃TensorBoard 日志目录
    logging_steps = 10,
)
＃初始化 Trainer
trainer = Trainer(
    model = model,                                     ＃模型
    args = training_args,                              ＃训练参数
    train_dataset = train_dataset,                     ＃训练数据集
    eval_dataset = val_dataset,                        ＃验证数据集(如果有)
    tokenizer = tokenizer,                             ＃分词器
)
＃开始训练
trainer.train()
```

25.5　使用 Trainer API 微调模型

本节将详细介绍如何使用 Hugging Face transformers 库中的 Trainer 类进行模型的微调。Trainer 类提供了一个高级接口,使得训练和评估预训练模型变得更加简便高效。在介绍

Trainer 的功能和用途后,下面将通过一个完整的代码示例,展示如何使用 Trainer 进行模型的微调和评估。

25.5.1 Trainer 类概述

Trainer 类是 Hugging Face transformers 库中的一个类,用于简化模型训练和评估的过程。它提供了一个高级的接口,封装了训练过程中的多种复杂操作,如训练循环、数据加载、损失计算和优化器步骤等。通过使用 Trainer,开发者可以减少编写和管理训练循环的代码量,并借助 TrainingArguments 类轻松调整训练过程中的各种超参数,如学习率、批次大小、训练轮数等。Trainer 自动管理 GPU 或 CPU 的使用,优化了资源的利用。此外,Trainer 还支持在训练过程中轻松添加模型的评估步骤,帮助开发者实时监控模型的性能。这个功能对于需要频繁调整模型的应用场景尤其有用。

25.5.2 使用 Trainer 进行模型微调

(1) 加载预训练模型和分词器。

首先,选择一个预训练模型并加载相应的分词器。本例使用 bert-base-uncased 模型进行二分类任务。这个模型对大小写不敏感,适合处理各种英文文本。

```python
# 导入自动加载分词器和分类模型的模块
from transformers import AutoTokenizer, AutoModelForSequenceClassification
model_name = "bert - base - uncased"                    # 指定预训练模型的名称
tokenizer = AutoTokenizer.from_pretrained(model_name)    # 加载对应模型的分词器
# 加载预训练的 BERT 模型,并设置为二分类任务
model = AutoModelForSequenceClassification.from_pretrained(model_name, num_labels = 2)
```

(2) 加载和预处理数据集。

接着使用 datasets 库加载一个公开数据集,并对其进行预处理,使得数据格式符合模型的输入要求。本例使用 GLUE 数据集中的 MRPC 任务,该任务涉及两个句子的相似性判断。这里需要先对数据进行预处理,将原始文本转换为模型可接受的输入格式。

```python
from datasets import load_dataset                        # 导入数据集加载模块
dataset = load_dataset('glue', 'mrpc')                   # 加载 GLUE 数据集中的 MRPC 任务
# 定义数据预处理函数
def preprocess_function(examples):
    # 对输入句子进行分词和截断
return tokenizer(examples['sentence1'], examples['sentence2'], truncation = True)
# 对数据集进行预处理
encoded_dataset = dataset.map(preprocess_function, batched = True)
```

(3) 设置训练参数。

使用 TrainingArguments 类可以方便地配置模型训练的各种参数,包括输出目录、训练轮数、批处理大小等,以确保模型能够按照设定的要求进行训练。

```python
from transformers import TrainingArguments              # 导入训练参数配置模块
training_args = TrainingArguments(
    output_dir = './results',                           # 输出目录
    num_train_epochs = 3,                               # 训练轮数
    per_device_train_batch_size = 8,                    # 每个设备的批处理大小
    per_device_eval_batch_size = 8,                     # 验证时每个设备的批处理大小
```

```
        warmup_steps = 500,                        #预热步数
        weight_decay = 0.01,                       #权重衰减
        logging_dir = './logs',                    #TensorBoard 日志目录
        logging_steps = 10,                        #日志记录步数
        evaluation_strategy = "epoch",             #每个 epoch 结束后进行评估
)
```

（4）初始化 Trainer 并开始训练。

通过 Trainer 类可以简化模型训练的过程。将模型、训练参数、训练数据集和验证数据集传递给 Trainer,然后调用 train()方法即可开始训练。

```
from transformers import Trainer               # 导入 Trainer 类,用于管理模型训练过程
trainer = Trainer(
        model = model,                          # 加载的预训练模型
        args = training_args,                   # 训练参数
        train_dataset = encoded_dataset["train"],      # 训练数据集
        eval_dataset = encoded_dataset["validation"],  # 验证数据集
        tokenizer = tokenizer                   # 分词器
)
# 开始训练
trainer.train()
```

程序执行结果如图 25.2 所示。

Epoch	Training Loss	Validation Loss
1	0.542800	0.423092
2	0.338200	0.456823
3	0.103900	0.564605

```
Out[5]: TrainOutput(global_step=1377, training_loss=0.3891209309830039, metrics={'train_runtime': 450.4711, 'train_samples_per_second': 24.428,
        'train_steps_per_second': 3.057, 'total_flos': 4055404469624800.0, 'train_loss': 0.3891209309830039, 'epoch': 3.0})
```

图 25.2 程序执行结果

（5）评估模型。

在训练完成后,可以在验证集上评估模型的性能,通常通过计算准确率、F1 分数等指标进行实现。通过自定义的评估函数 compute_metrics 可以计算这些特定的评估指标,并将其传递给 Trainer,以便于在训练和评估过程中自动计算这些指标。

```
import numpy as np                              # 导入 NumPy,用于数组操作
from datasets import load_metric                # 导入 load_metric,用于加载评估指标
# 加载 GLUE MRPC 任务的评估指标
metric = load_metric("glue", "mrpc")
# 定义自定义的评估函数
def compute_metrics(eval_pred):
        logits, labels = eval_pred              # 分离模型的预测值和实际标签
predictions = np.argmax(logits, axis = - 1)     # 通过 argmax 找到预测的类别
# 计算并返回评估指标
        return metric.compute(predictions = predictions, references = labels)
# 使用自定义的评估函数更新 Trainer
trainer = Trainer(
        model = model,                          # 使用的模型
        args = training_args,                   # 训练参数
        train_dataset = encoded_dataset["train"],      # 训练数据集
        eval_dataset = encoded_dataset["validation"],  # 验证数据集
        compute_metrics = compute_metrics,      # 自定义评估函数
```

```
        tokenizer = tokenizer                              # 分词器
)
# 重新训练并进行评估
trainer.train()
```

程序执行结果如图 25.3 所示。

Epoch	Training Loss	Validation Loss	Accuracy	F1
1	0.110000	0.878480	0.826431	0.880546
2	0.196700	0.849407	0.838235	0.888514
3	0.001900	0.877822	0.848039	0.893471

Out[6]: TrainOutput(global_step=1377, training_loss=0.11428357873141723, metrics={'train_runtime': 447.331, 'train_samples_per_second': 24.599, 'train_steps_per_second': 3.078, 'total_flos': 405540469624800.0, 'train_loss': 0.11428357873141723, 'epoch': 3.0})

图 25.3　程序执行结果

在 Trainer 中,评估通常通过定义一个 compute_metrics 函数进行实现。该函数计算并返回所需的评估指标,如准确率、F1 分数等。在模型评估阶段,Trainer 会自动调用这个函数,并输出模型在验证集上的性能指标。通过设置,Trainer 可以在每个训练周期结束时自动评估模型的性能。这些指标有助于了解模型的实际表现,并为必要的调整和优化提供依据。

25.6　文本分类模型微调实战案例

下面是一个不使用 Hugging Face Trainer 类,而是通过定义特定的下游任务模型并额外添加一层神经网络进行模型微调的完整过程。这个过程涵盖了从数据准备到模型定义、训练、评估的所有步骤,基本流程如图 25.4 所示。

加载和处理数据表 → 加载预训练模型 → 定义下游任务模型 → 模型训练 → 模型评估

图 25.4　文本分类模型微调基本流程

数据集概况:Lansinuote/ChnSentiCorp 数据集的内容主要包括中文文本和对应的情感标签。这些文本是从网络上收集的评论或者观点表达,而情感标签则根据文本的情感倾向被标记为正面、负面。它包含三个子集:训练集(约 9600 条数据)、验证集(1200 条数据)和测试集(1200 条数据),数据集具体内容如图 25.5 所示。

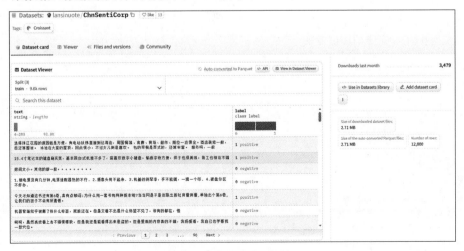

图 25.5　示例数据集概况

1. 加载和处理数据集

这一步的目的是加载数据集并进行预处理，使其适用于模型训练。ChnSentiCorp 是一个中文情感分析数据集，由中文文本组成，主要用于情感倾向分类。数据集包含 9600 条数据，每条评论都有相应的情感标签（正面或负面）。使用 Hugging Face 的 transformers 库中的 BERT 分词器对数据进行预处理。最后，通过数据加载器（DataLoader）为模型训练准备批处理的数据。

```python
import torch                                    # 导入 PyTorch 库
from datasets import load_dataset              # 从 datasets 库导入 load_dataset 函数
from transformers import BertTokenizer         # 从 transformers 库导入 BertTokenizer 类
# 定义数据集
class Dataset(torch.utils.data.Dataset):
    # 加载数据集
    def __init__(self, split):
        self.dataset = load_dataset(path = 'seamew/ChnSentiCorp', split = split)
    # 返回数据集的长度
    def __len__(self):
        return len(self.dataset)
    # 获取单个样本的文本和标签
    def __getitem__(self, i):
        text = self.dataset[i]['text']
        label = self.dataset[i]['label']
        return text, label
# 实例化数据集
dataset = Dataset('train')
# 加载 BERT 分词器
tokenizer = BertTokenizer.from_pretrained('bert - base - chinese')
def collate_fn(batch):
    sents, labels = zip( * batch)              # 将批次数据拆分成句子和标签
# 编码文本数据
    data = tokenizer.batch_encode_plus(
        batch_text_or_text_pairs = sents,     # 输入的文本数据
        truncation = True,                     # 截断文本
        padding = 'max_length',                # 填充到最大长度
        max_length = 500,                      # 设置最大长度为 500
        return_tensors = 'pt',                 # 返回 PyTorch 张量
        return_token_type_ids = True,          # 返回 token type ids
        return_attention_mask = True           # 返回 attention mask
    )
# 将编码后的数据移动到设备上
    input_ids = data['input_ids'].to(device)   # 输入的 token ids
    attention_mask = data['attention_mask'].to(device)
    # 输入的 attention mask
    token_type_ids = data.get('token_type_ids', torch.tensor([])).to(device) # 输入的 token
# type ids
    labels = torch.tensor(labels).to(device)   # 标签数据
    return input_ids, attention_mask, token_type_ids, labels
# 数据加载器
loader = torch.utils.data.DataLoader(
    dataset = dataset,                         # 使用的数据集
    batch_size = 16,                           # 批大小为 16
    collate_fn = collate_fn,                   # 使用 collate_fn 进行数据整理
    shuffle = True,                            # 打乱数据
    drop_last = True                           # 丢弃最后一个不完整的 batch
)
```

2. 加载预训练模型并定义下游任务模型

这一步的目的是在预训练的 BERT 模型基础上构建一个用于特定任务的自定义模型。首先加载了一个预训练的 BERT 模型,并在此基础上添加了一个全连接层来进行分类。该模型被设计为接收编码后的文本输入,并输出对应的分类结果。

```
from transformers import BertModel          # 从 transformers 库导入 BertModel
import torch.nn as nn                        # 导入 PyTorch 的神经网络模块
# 指定设备为 GPU(如果可用),否则使用 CPU
device = torch.device("cuda" if torch.cuda.is_available() else "cpu")
# 加载预训练模型'BERT - base - chinese'并将其移至指定的设备(GPU 或 CPU)
pretrained = BertModel.from_pretrained('bert - base - chinese').to(device)
# 定义下游任务模型,继承自 nn.Module
class Model(nn.Module):
    def __init__(self):
        super(Model, self).__init__()        # 调用 nn.Module 的构造函数
        self.bert = pretrained               # 将加载的预训练 BERT 模型赋值给 self.bert
        self.dropout = nn.Dropout(0.3)       # 添加 dropout 层,设置丢弃率为 0.3
        self.fc = nn.Linear(768, 2)          # 添加一个线性层,输入维度为 768(BERT 输出维
# 度),输出维度为 2(分类任务)
    def forward(self, input_ids, attention_mask, token_type_ids):
        with torch.no_grad():                # 在前向传播时不计算梯度(节省计算资源,因
# 为 BERT 参数不会更新)
            bert_output = self.bert(input_ids = input_ids,
                                    attention_mask = attention_mask,
                                    token_type_ids = token_type_ids)   # 将输入传递给 BERT
# 模型并获取输出
        pooled_output = bert_output[1]       # 从 BERT 输出中获取池化后的输出(对应于[CLS]
# 标记的输出)
        dropout_output = self.dropout(pooled_output)     # 在 dropout 层应用丢弃操作
        logits = self.fc(dropout_output)     # 将 dropout 后的输出传递给线性层,获取最终
# 的 logits 实例化模型并将其移至 GPU(如果可用)或 CPU
model = Model().to(device)
```

3. 模型训练

这段代码定义了模型训练的完整流程,包括前向传播、损失计算、反向传播和参数更新。代码中还包括将数据移动到 GPU 上的操作,以及定期打印训练进度的功能。这样的训练循环帮助模型在给定的数据集上学习,通过不断更新参数以减小损失,最终提高模型的分类准确率。

```
from transformers import AdamW              # 从 transformers 库导入 AdamW 优化器
# 设置优化器,使用 AdamW(一种针对 BERT 模型优化的 Adam 变种)
optimizer = AdamW(model.parameters(), lr = 5e - 4)
import torch.nn as nn                        # 导入 PyTorch 的神经网络模块
# 设置损失函数,使用交叉熵损失,适合分类任务
criterion = nn.CrossEntropyLoss()
# 训练模型
model.train()                               # 将模型设置为训练模式(启用 Dropout 等)
for epoch in range(3):                       # 进行 3 个训练周期(epochs)
    for i, (input_ids, attention_mask, token_type_ids, labels) in enumerate(loader):   # 从数据
# 加载器获取批次
        # 将所有张量移动到配置的设备(GPU 或 CPU)
        input_ids = input_ids.to(device)
        attention_mask = attention_mask.to(device)
        token_type_ids = token_type_ids.to(device)
```

```
        labels = labels.to(device)
        #正向传播:将输入传递给模型并获取输出
        outputs = model(input_ids = input_ids, attention_mask = attention_mask, token_type_ids =
token_type_ids)
        #计算损失:比较模型输出和真实标签
        loss = criterion(outputs, labels)
        #反向传播:计算损失相对于模型参数的梯度
        loss.backward()
        #更新模型参数
        optimizer.step()
        #清除梯度:在下一个批次之前清除旧的梯度,因为它们会累积
        optimizer.zero_grad()
        #每 5 个批次打印一次损失信息
        if (i + 1) % 5 == 0:
                print(f'Epoch [{epoch + 1}/{3}], Step [{i + 1}/{len(loader)}], Loss: {loss.
item()}')
```

程序执行结果如图 25.6 所示。

```
Epoch [1/3], Step [5/600], Loss: 0.7819299101829529
Epoch [1/3], Step [10/600], Loss: 0.3107370436191559

Epoch [3/3], Step [595/600], Loss: 0.45061349868774414
Epoch [3/3], Step [600/600], Loss: 0.5306807160377502
```

图 25.6　程序执行结果

4. 模型评估

这段代码定义了一个测试函数,用于评估模型在验证集上的性能。它通过计算模型的预测准确率来评估模型的效果。在每个批次中,模型的输出(预测结果)与真实标签进行比较,以统计正确预测的数量。最终,函数输出模型在测试数据上的总体准确率。

```
def test(loader_test):
    model.eval()                          #将模型设置为评估模式,这会关闭 Dropout 等特定于训练的层
    correct = 0                           #正确预测的数量
    total = 0                             #总预测数量
    with torch.no_grad():                 #在评估过程中不计算梯度,以减少内存使用和加速
        for i, (input_ids, attention_mask, token_type_ids, labels) in enumerate(loader_test):
            #将所有张量移动到 GPU(如果可用)或 CPU
            input_ids = input_ids.to(device)
            attention_mask = attention_mask.to(device)
            token_type_ids = token_type_ids.to(device)
            labels = labels.to(device)
            #正向传播:将输入数据传递给模型并获取输出
            outputs = model(input_ids = input_ids, attention_mask = attention_mask, token_type_
ids = token_type_ids)
            #从模型输出中获取最可能的预测结果
            _, predicted = torch.max(outputs.data, 1)
            #更新正确预测的数量和总数
            total += labels.size(0)
            correct += (predicted == labels).sum().item()
            #打印当前批次的准确率
            print(f'Batch {i + 1}, Accuracy: {100 * correct / total}%')
    #计算并打印整体测试集的准确率
    accuracy = 100 * correct / total
    print(f'Test set accuracy: {accuracy}%')
```

```
# 创建验证集的数据加载器
loader_test = torch.utils.data.DataLoader(dataset = Dataset('validation'),
                                          batch_size = 32,        # 根据 GPU 内存调整批次大小
                                          collate_fn = collate_fn,
                                          shuffle = True,
                                          drop_last = True)

# 进行模型评估
test(loader_test)
```

程序执行结果如图 25.7 所示。

```
Batch 1, Accuracy of the model on the test images: 90.625%
Batch 2, Accuracy of the model on the test images: 89.0625%

Batch 36, Accuracy of the model on the test images: 85.50347222222223%
Batch 37, Accuracy of the model on the test images: 85.64189189189189%
Accuracy of the model on the test set: 85.64189189189189%
```

图 25.7　程序执行结果

实验作业 25

在实验 23 中的文本分类练习题目中,直接使用了预训练的 bert-base-uncased 模型来在 ag_news 数据集上进行分类,但发现未经微调的模型在此任务上的表现并不理想。现在的任务是对 bert-base-uncased 模型在 ag_news 数据集上进行微调,然后验证正确率是否有所提升。

实验 26　网络数据爬取

学习目标

- 掌握 XPath-helper 工具。
- 熟悉 XPath 语法。
- 掌握网络数据爬取的基本流程和技巧。

本实验将介绍如何使用 XPath-helper 工具进行数据提取,熟悉 XPath 语法,并掌握网络数据爬取的基本技能,为后续的数据分析和处理提供支持。

视频讲解

26.1　网络爬取助手 XPath Helper

学会从网络中收集数据非常重要,但要写一个可用的网络爬虫对初学者来说较难,而且往往只需要数据本身,对于如何获取并不关心,因此本实验不讲如 Scrapy 等网络爬虫框架,而是简单讲初学者可以快速上手使用的方法,这就是借助 XPath Helper 工具,然后使用 XPath 语法对数据进行解析。

首先下载 XPath Helper 插件,然后在 Chrome 浏览器中安装,具体步骤如图 26.1 所示。

(1) 下载 XPath Helper 插件的 CRX 文件(如.crx 格式)。

(2) 在 Chrome 浏览器地址栏中输入"chrome://extensions/"并回车,打开扩展程序管理页面。确保开发者模式已被开启(页面右上角通常有一个开关)。

(3) 将下载好的.crx 文件拖曳到扩展程序管理页面,浏览器会提示是否添加扩展程序,单击"添加"按钮。

图 26.1　安装 XPath Helper 的步骤

26.2　XPath 语法

XPath(XML Path Language)是一种在 XML 文档中查找信息的语言,可用来在 XML 文档中对元素和属性进行遍历。XPath 提供了一种简洁明了的路径选择表达式,用来选择 XML

文档中的节点或节点集。XPath 常用的语法如表 26.1 所示。

表 26.1　XPath 常用语法

语　　法	语法说明	实　　例	实例解释
//	99％情况使用//	//div	选择页面上的所有 div 元素
/	用/来选择子元素	/div/span	选择 div 元素下的所有 span 元素
// * //	可以用// * 来选择后代元素	//div// * span	选择所有 div 元素的后代 span 元素
[]	用在标签后面添加筛选条件,用@符号通过元素的属性实现实施	//div[@class="example"]	筛选所有类等于 example 的 div 元素
*	适配所有元素	//div/ *	选择所有 div 元素的孩子元素
text()	选择拥有特定的文本名称	//div/p[text()='poi']	选择 div 的孩子元素 p,且该子元素拥有'poi'文本节点
contains（属性,属性的值)	包含特定属性值的元素	//div[contains(text(),'忘记密码')]	选择 div 下文本包含'忘记密码'的元素
starts-with（属性,属性的开头值)	包含属性的开头值的元素	//input［starts-with（@class,'xa-emailOrphone')]	选择 class＝'xa-emailOrphone'开头的元素

26.2.1　XPath 语法应用举例

```
　< bookstore >
< book >
< title lang = "en"> Harry Potter </title >
< price > 29.99 </price >
</book >
< book >
< title lang = "en"> Learning XML </title >
< price > 39.95 </price >
</book >
</bookstore >
选择所有 < book > 元素:/bookstore/book
选择所有 < title > 元素:/bookstore/book/title
选择所有具有 "en" 语言的 < title > 元素:/bookstore/book/title[@lang = 'en']
选择价格超过 35.00 的 < book > 元素:/bookstore/book[price > 35.00]
```

26.2.2　实战收集网络评论数据

以 B 站为例,进入"热门",随便选择一个文档,单击右键,选择"检查",这一步主要便于查看想要爬取的数据在哪个标签下面,如果不容易定位,也可以使用 Ctrl＋F 组合键,搜索准备爬取的数据,看在哪个标签下,便于写 XPath 语句。

（1）打开拟爬取的界面和拟爬取的内容,然后单击鼠标右键,选择"检查"。

（2）定位爬取内容并查看其标签符号,便于书写 XPath 语法。可以使用 Ctrl＋F 组合键搜索的方式。

（3）单击 XPath Helper 工具,打开对话框,并在左边书写 XPath 语法,右边显示查询结果,将结果复制到 Excel 进一步分析。向下拉动页面,只要单击 XPath 工具的 QUERY 栏,新的数据将自动收集。

　　总结，借助 Chrome 浏览器的 XPath Helper 工具，可以快捷收集数据，适合初学者。

实验作业 26

　　运用上述方法，在微博上爬取"热门榜单"的评论数据并粘贴到 Excel 里，要求内容正能量且数据不少于 5000 条。

参考文献

[1] 明日科技.零基础学 Python[M].长春：吉林大学出版社,2018.

[2] HETLAND M L. Python 基础教程[M].司维,曾军崴,谭颖华,译.2 版.北京：人民邮电出版社,2010.

[3] LUTZ M. Python 学习手册[M].秦鹤,林明,译.5 版.北京：机械工业出版社,2018.

[4] 高春艳,刘志铭.Python 数据分析从入门到实践[M].长春：吉林大学出版社,2020.

[5] MATTHES E. Python 编程[M].袁国忠,译.3 版.北京：人民邮电出版社,2023.

[6] 段小手.深入浅出 Python 机器学习[M].北京：清华大学出版社,2018.

[7] 周志华.机器学习[M].北京：清华大学出版社,2016.

[8] HACKELING G. scikit-learn 机器学习[M].张浩然,译.2 版.北京：人民邮电出版社,2019.

[9] 李航.机器学习方法[M].北京：清华大学出版社,2022.

[10] 李福林.HuggingFace 自然语言处理详解：基于 BERT 中文模型的任务实战[M].北京：清华大学出版社,2023.